航天科工出版基金资助出版

自顶向下的 Ceph 分布式存储系统基本原理

石春刚　郑宇宁　徐庆吉　著

中国宇航出版社

·北京·

图书在版编目（CIP）数据

自顶向下的 Ceph 分布式存储系统基本原理 / 石春刚，郑宇宁，徐庆吉著. -- 北京 : 中国宇航出版社 2023.12

ISBN 978 - 7 - 5159 - 2312 - 3

Ⅰ.①自⋯　Ⅱ.①石⋯　②郑⋯　③徐⋯　Ⅲ.①分布式存贮器　Ⅳ.①TP333.2

中国国家版本馆 CIP 数据核字（2023）第 256028 号

责任编辑　王杰琼　　　　**封面设计**　王晓武

出 版
发 行　**中国宇航出版社**

社　址　北京市阜成路 8 号　**邮　编**　100830
　　　　（010）68768548

网　址　www.caphbook.com

经　销　新华书店

发行部　（010）68767386　　（010）68371900
　　　　（010）68767382　　（010）88100613（传真）

零售店　读者服务部　　　　（010）68371105

承　印　北京中科印刷有限公司

版　次　2023 年 12 月第 1 版
　　　　2023 年 12 月第 1 次印刷

规　格　787×1092

开　本　1/16

印　张　13.75

字　数　335 千字

书　号　ISBN 978 - 7 - 5159 - 2312 - 3

定　价　78.00 元

本书如有印装质量问题，可与发行部联系调换

前　言

随着技术的不断发展，软件定义（Software Defined）逐渐成为信息技术领域的发展趋势。软件定义主要指的是将传统的硬件功能和控制逻辑抽象化、虚拟化，并通过软件来实现。软件定义正在日益普遍地改变各个行业的方式和方法，带来更高的灵活性、可定制性和可管理性。

在网络领域，软件定义网络（Software Defined Networking，SDN）已经成为一种重要的网络架构和管理方式。SDN 将网络控制平面与数据转发平面分离，通过集中式的控制器来统一管理和配置网络。这样可以提高网络的灵活性、可编程性和可管理性，满足不断增长的网络需求。

在存储领域，软件定义存储（Software Defined Storage，SDS）正在广泛应用。SDS 利用标准的服务器硬件和软件，通过虚拟化技术将存储资源整合起来，提供可扩展、灵活和高性能的存储解决方案。SDS 具有较低的成本、易于管理和高度可定制的特点，因此在云计算、大数据和虚拟化等场景中得到了广泛应用。Ceph 便是该领域的典型应用之一。

Ceph 也是分布式系统的典型案例。分布式系统是指由多个独立计算机或服务器组成的系统，这些计算机通过网络互相通信和协作，以高并发的方式共同完成任务。为了确保分布式系统的可用性，在传统的单机事务模型 ACID（Atomicity Consistency Isolation Durability，原子性、一致性、隔离性、持久性）的基础上，业界提出了 CAP（Consistency Availability Partition Tolerance，一致性、可用性、分区容错性）定理。CAP 定理指出，一个分布式系统无法同时满足一致性、可用性和分区容错性，最多能满足其中的两个特性。CAP 理论给出了分布式系统的约束，但没有给出一个明确的解决方案。为此，业界又提出了 BASE（Basically Available，Soft State，Eventually Consistent，基本可用、软状态、最终一致性）理论。BASE 理论指出分布式系统即使无法做到强一致性，但是可以根据自身业务的特性，采用合适的方式、合理的设计达到最终一致性。通过这些针对性的设计，使分布式系统具有故障独立性（当系统发生部分节点故障时，不会影响系统的整体功能）等特性，进一步保证了分布式系统的高可靠性、高性能和可扩展性。

分布式系统的应用涵盖了多个方面。在分布式计算领域，通过将计算任务分解为多个子任务，在多台计算机上并行执行，并将结果进行合并，可以提高计算效率和处理能力。分布式计算广泛应用于大规模数据处理、机器学习、科学计算等场景。在分布式数据库领域，分布式数据库将数据分散存储在多个节点上，并提供分布式查询和事务处理能力。分布式数据库系统可以处理大规模数据，并提供高性能和数据一致性。

在分布式存储领域，分布式存储将数据分散存储在多个节点上，通过软硬件协同，依托高效网络连接多个节点，实现存储功能；采用可扩展的系统结构，以提高存储的可用性、可靠性和可扩展性。Ceph 使用分布式技术，在保证可靠性的基础上，较传统集中式存储大大提高了其线性扩展能力。

Ceph 是一个开源的、软件定义的、分布式存储系统，并逐渐在多个行业中成熟和普及。Ceph 设计的目标是提供可扩展性、高可用性和高性能的分布式存储解决方案。Ceph 由多个组件组成，包括 Monitor 节点、OSD（Object Storage Device，对象存储设备）节点和 MDS（Meta Data Server，元数据服务器）节点，以及 RGW（RADOS Gateway）对象存储、RBD（RADOS Block Device）块存储和 CephFS 文件系统等，这些组件一起工作，构成一个统一的分布式存储基础设施。Ceph 运行在标准的服务器硬件上，并使用软件定义技术实现其设计目标。

基于 Ceph 的广泛应用，以及其软件定义和分布式技术特性，本书对其基本原理进行深入浅出的分析。一方面可帮助读者从原理上了解和认识 Ceph 系统；另一方面将其作为软件定义和分布式技术的典型案例，读者可通过本书了解这些技术的应用方式和实现细节。Ceph 主要使用 C++ 语言实现，系统组件多，程序代码量大，程序实现中涉及了线程、队列、加密通信等多种底层技术，本书将这些技术放在 Ceph 程序案例中进行介绍，也有助于读者通过本书学习了解使用 C++ 语言设计复杂的软件系统。

由于作者水平有限，书中不足之处在所难免，恳请读者批评指正。

目　录

第1章　Ceph 概述

1.1　Ceph 简介

Ceph 是一种软件定义的、分布式的统一存储，最早起源于 Sage 读博士期间的研究。在存储形态上，与传统以软硬一体形式交付的存储不同，其以软件形式交付给用户，交付的软件运行在通用计算设备上，不依赖专用硬件设备，因此属于软件定义存储；在技术架构上，Ceph 采用了去中心化的分布式技术架构，并且其通过 CRUSH（Controlled Replication Under Scalable Hashing）算法进行数据寻址，放弃了传统的集中式地址数据存储、中心化地址查询的方案，获得了更快的效率和更高的稳定性；在应用场景方面，Ceph 系统面向用户的同时支持块存储（Block Storage）、文件存储（File Storage）和对象存储，还支持用户开发自定义的存储应用，因此称其为统一存储。由于较好的高可用性、高性能和高可扩展性，Ceph 成为目前全球广受欢迎的开源分布式存储项目，不仅是互联网行业，通信、金融等行业中也有 Ceph 发挥作用的身影；另外，随着 Ceph 广泛的应用以及应用行业的不断拓宽，Ceph 本身也在不断地发展和更新。

Ceph 的主要思想就是以基础的对象存储支撑统一存储，面向用户提供块存储、对象存储和文件存储，通过同一个底层架构统一支持这 3 种存储方式，用户也可以在统一的底层架构下自定义自己的存储应用。基础的对象存储指的是在 Ceph 内部，数据以一个个基础对象〔本书称为 RADOS（Reliable Autonomic Distributed Object Store，可靠的、自动化的、分布式的对象存储）对象，Ceph 后端部分〕的方式落盘存储，每个 RADOS 对象都不大，但通过众多 RADOS 对象共同支撑了块存储、文件存储等不同的应用。3 种存储方式简述如下。

1）块存储：一种存储的应用方式，将存储以块设备的形式提供给计算机系统使用。在计算机系统中，块设备通常用于存储操作系统、应用程序和用户数据。传统块设备通常是硬盘驱动器（Hard Disk Drive，HDD）或固态硬盘（Solid State Drive，SSD），Ceph 可通过 RBD（RADOS Block Device）客户端以网络形式向计算机系统提供块设备。块存储的一个主要特点是以固定大小的"块"为单位进行数据读写，应用可以随机访问存储介质上的任意块；每个块都有一个唯一的地址，每个块都能独立于其他块进行读写操作。这种随机访问的能力使得块存储非常适用于需要频繁访问和更新数据的应用，如数据库系统和虚拟化环境。

2）文件存储：常用的存储应用方式，以文件为单位组织和管理数据。文件存储将数据组织为具有层次结构的目录和文件，在操作系统中，文件存储以文件系统的形式出现。

文件存储与块存储相比，更加适合存储和管理大量的非结构化数据。文件存储提供了更高级别的文件和目录抽象，使得数据的组织和访问更加方便和灵活。文件存储的一个主要特点是通过文件路径进行数据访问。每个文件都有一个唯一的路径，由顶层目录、子目录和文件名组成。通过指定文件路径，可以直接读取、写入或删除文件中的数据。Ceph 可通过 CephFS（Ceph File System，Ceph 文件系统）客户端向计算机系统提供文件存储。

3）对象存储：在面对越来越庞大的数据量和越来越多的非结构数据时，直接对硬盘操作的块存储和基于目录架构的文件存储都不能很好地保证足够高的效率，对象存储随即应运而生。对象存储就是将数据和元数据包装成为对象，每个对象都有一个唯一的全局标识符 Key，元数据中保存的是数据的特性，这样通过元数据进行分类排序，再通过 Key 进行查找，就可以实现只通过标识符就能进行数据的存取（不需要对具体怎么存储、存储到具体什么位置进行了解），大大提高了面对大数据量和非结构数据时的存储效率。Ceph 通过 RGW（RADOS Gateway）客户端向用户提供对象存储。

Ceph 底层架构具有如下特点。

1）去中心化。去中心化就是在整个分布式系统中并不存在一个节点是其他节点的中心，领导并分配任务，对存储过程进行规划。Ceph 中每个节点都可以与其他节点通信，而不是通过与"中心节点"进行联系，由中心节点存储所需的操作。这样不仅使整个系统有更高的安全性，而且即使出现单点故障也不会影响系统整体的功能，更加节约资源，使资源得到充分的利用。

2）分布式。因为存储系统要存放的数据很多，单一服务器无论是连接到的物理介质数量还是 I/O 性能都无法保证在面对越来越庞大的数据量时的效率与正确性，因此要通过多台服务器协同工作进行存储，通过每台服务器物理介质共同完成存储工作。

3）Ceph 在数据寻址方面也独具特色。随着数据量的不断增大，传统的分级查询方式的数据量越来越大，极大地影响了数据寻址时的速度，效率很低。所以，Ceph 放弃了分级查询方式，而是采用了 CRUSH 算法计算数据的存储位置，用 CRUSH 算法对 PG（Placement Group，归置组）和 OSD（Object Storage Device，对象存储设备）集群进行映射，并使数据在集群中均匀分布。这样不仅可以极大地简化寻址操作，也可以增强稳定性、避免单点故障等。

目前，Ceph 凭借其成本低廉、性能优异的优势以及区别于传统集中式存储的特性，在云平台、大容量文件存储以及海量小文件存储等方面被广泛应用并发挥了不可取代的作用。尤其是针对目前数据碎片化、数据规模巨大化的趋势，Ceph 的发展和广为应用也是大势所趋。

Ceph 作为全球比较成熟的开源分布式存储系统，在国内也非常受欢迎，在多领域多行业，如云平台场景、云盘场景以及容器场景等，Ceph 都开始起到至关重要的作用，成为不少大型头部企业的存储选择。随着国内对存储越来越高的要求和对 Ceph 越来越重视，也有更多的企业根据 Ceph 的架构进行分布式存储再开发。相信在国内 Ceph 的发展势头会越来越好。

1.2　Ceph 架构

1.2.1　Ceph 架构简介

Ceph 架构如图 1-1 所示。Ceph 架构主要分为 3 层，最上层是支持不同存储应用方式的客户端，通过这些客户端，可使 Ceph 以一个底层架构支持多种应用方式。中间层为 LibRADOS 层，Ceph 通过 LibRADOS 与底层 RADOS 存储模块进行交互，完成数据 I/O 请求。其中，LibRADOS 层的主要作用是将上层的不同存储需求转化为 RADOS 层可以直接执行的存储操作。底层 RADOS 层承担了基础的存储服务，数据的落盘存储与访问均在该层实现，其与上层应用相对独立。

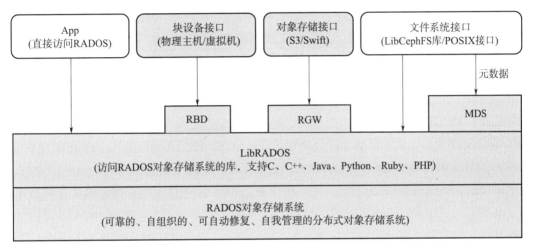

图 1-1　Ceph 架构

Ceph 各模块的组成如图 1-2 所示（灰色部分为本书涉及内容）。Ceph 应用客户端主要有 3 个，分别为 RBD 块存储、RGW 对象存储和 CephFS 文件存储，这 3 种存储都需要经过 LibRADOS 层才能对 RADOS 层进行读写操作。RADOS 层主要由 Monitor 管理模块、用于缓存元数据的 MDS（Meta Data Server，元数据服务器）节点和完成落盘必不可少的 OSD 节点等组成〔RADOS 层还有 Ceph-mgr（Ceph Manager，Ceph 管理器）等辅助管理的模块〕。

在了解了 Ceph 整体架构之后，下面对 Ceph 的各部分组成进行详细介绍。

1）RGW 对象存储客户端。RGW 是在 LibRADOS 之上构建的对象存储接口，接受并解析用户提交的对象数据 I/O 请求。对 RADOS 而言，RGW 是一种 RADOS 集群的客户端，通过 RGW 客户端和 LibRADOS 一起访问和使用 RADOS，为对象提供数据存储。RGW 支持 S3（Amazon Simple Storage）协议和 Swift 协议。

2）RBD 块存储客户端。RBD 与 RGW 一样，构建在 LibRADOS 之上。RBD 为客户端提供的是块存储。块存储是将数据以大小固定的"块"进行数据读写，每个块相对独立。RBD 在 RADOS 系统的基础上，以客户端软件的形式向计算机系统提供块设备。

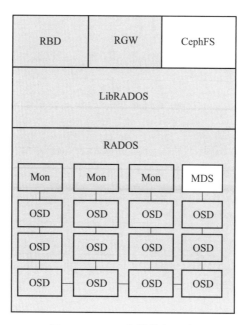

图 1-2　Ceph 各模块的组成

RBD 提供块存储的方式主要有 3 种，分别是内态核的 rbd＋libceph 方式、内态核的 nbd＋用户态 librbd 方式和用户态 librbd 方式。

3）CephFS 文件存储客户端。Ceph 构建在 LibRADOS 之上，并对外提供文件系统应用，实现了与 POSIX（Portable Operating System Interface of UNIX，UNIX 可移植操作系统接口）兼容的语义。与另外两种存储方式一样，CephFS 依赖底层 RADOS 进行数据存储。CephFS 的设计理念是元数据和内容数据分离，并为元数据提供更快的 I/O 速度，因此 CephFS 依赖 RADOS 中的 MDS（其他两种客户端不依赖 MDS）。

4）LibRADOS。LibRADOS 接口是 RADOS 与上层应用的接口，上层应用通过 LibRADOS 与 OSD 节点直接进行交互，进行数据的存取。RADOS 层主要提供 Pool 存储池以及池内的数据读写，上层应用如 RBD、RGW 等不直接访问 RADOS 层，所以需要 LibRADOS 接口将上层对 Pool 存储池的读写指令转化为对 RADOS 对象的操作。

5）RADOS。RADOS 是 Ceph 的核心，其主要由两类节点组成（还有 MDS 等其他辅助节点），其中 OSD 节点负责存储数据，Monitor 节点负责管理，它们共同组成 RADOS，用于将数据以对象的形式进行存储保存。

6）Mon 节点。Monitor 节点（简称 Mon 节点）是整个集群状态的管理者，负责维护集群的状态，以及客户端访问权限的认证与管理。Monitor 节点通过 Paxos 一致性算法形成集群并选举出 Leader 节点，经由 Leader 节点维护集群的各种 map 数据，包括 OSDMAP、MDSMAP 等。

7）OSD 节点。OSD 节点是 Ceph 集群功能的基础，数据以其为基础进行存储和访问，数据的最末级组织单元 PG 也运行在其内。OSD 节点负责将上层应用经由 LibRADOS 接口发送过来的操作请求转变成为事务并向下发送给 BlueStore 或 FileStore 等后端存储，完成数据 I/O，同时还要向 Monitor 节点更新自身状态。

8）MDS。MDS 是支撑 CephFS 的元数据服务器，负责管理分布式文件系统的元数据，包括目录和权限等信息，并支撑 CephFS 访问控制等功能的实现。在 Ceph 文件存储中，文件数据通常被分散存储在多个存储节点上；而元数据则由专门的 MDS 来管理，并用速度更快的 SSD 等存储介质支撑 MDS。

1.2.2　Ceph 中的数据流向

下面从数据 I/O 请求的角度对 Ceph 中的写操作数据流向进行总体介绍。

1）与操作常规设备类似，RBD 等上层应用客户端在发起数据 I/O 请求前需先打开相应的设备。在这一过程中，上层应用客户端会和 Monitor 节点建立连接，进行必要的身份和权限认证，并从 Monitor 获取最新的 OSDMAP 等必要的信息。

2）上层应用客户端发起数据的 I/O 请求。这些数据 I/O 请求与具体的上层应用类型有关，如 RBD 发起的是针对块设备某一目标地址的数据 I/O 请求，RGW 发起的则是针对某一 RGW 对象的数据 I/O 请求。

由于 Ceph 为对象存储，块设备等应用层的数据最终是由后端的 RADOS 对象支撑的，因此在上层应用客户端内部会将数据 I/O 请求转换为针对具体目标 RADOS 对象的操作请求。例如，针对块设备，RBD 会将针对块设备的数据 I/O 请求根据块内地址分解为针对具体 RADOS 对象的 I/O 请求；针对对象存储，RGW 会将针对对象的数据 I/O 请求根据偏移地址分解为针对相关 RADOS 对象的 I/O 请求。经过这些转换操作，将不同类型的应用层的数据 I/O 请求变成统一的针对 RADOS 对象的 I/O 请求，不仅简化了后续步骤的操作，也提高了 Ceph 满足多种应用场景需求的适应性。

3）上层应用的 I/O 请求会交由 LibRADOS 进行进一步的处理。需要说明的是，LibRADOS 运行在 RBD 等上层应用客户端进程内，上一步 I/O 请求的分解过程也会用到 LibRADOS 的一些接口，LibRADOS 与应用客户端并不是完全分开的。针对分解后的对象 I/O 请求，LibRADOS 会利用从 Monitor 节点获取的 CRUSHMAP 等信息，运用 CRUSH 算法计算出 RADOS 对象所在的目标 OSD 组，并向目标 OSD 发送对象 I/O 请求。

4）在多副本数据保护策略下，LibRADOS 会将对象 I/O 请求发送给主目标 OSD 节点（CRUSH 算法计算出的目标 OSD 组的第一个 OSD）。OSD 收到 I/O 请求后，会先确定目标 RADOS 对象的状态，然后进行有关快照等特色功能的处理，最后将读写请求封装为事务，发送给 OSD 的底层组件 BlueStore 或 FileStore，进行读写操作的最终落盘。在 BlueStore 或 FileStore 内部，会进一步将事务的操作解析，分解成元数据操作和内容数据操作等，并将这些分解后的操作按照严格的逻辑组织起来并进行落盘存储。在主目标 OSD 落盘的同时，主目标 OSD 还会将事务发送给其他从副本的 OSD，这些从副本也会将写操作通过 BlueStore 或 FileStore 进行落盘，并向主 OSD 反馈落盘结果。

5）当主 OSD 设备收到从副本 OSD 和本地正确落盘的结果后，向运行在客户端中的 LibRADOS 反馈数据 I/O 结果，LibRADOS 会进一步通知上层应用客户端数据 I/O 请求的完成结果。

Ceph 中的写操作数据流向如图 1 - 3 所示。

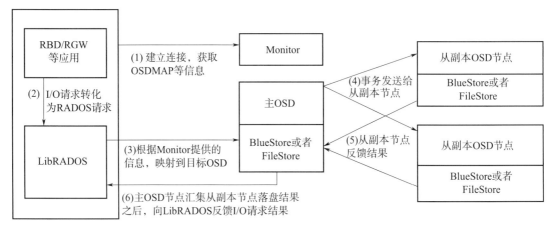

图 1 - 3　Ceph 中的写操作数据流向

1.3　本书章节介绍

本书以分析 Ceph 的总体原理和关键实现细节为目标，分析时重点说明模块间的接口，注重数据在读写过程中的结构变化，以及数据落盘的状态，过程中对于模块内部的实现细节并不多做阐述。通过这种方式的处理，读者可对 Ceph 系统的原理有一个整体的、清晰的认知。有了这些认知，读者理解模块内部的具体程序实现就变得更有目的性，也更为简单。

本书采用自顶向下的形式按模块逐一介绍。学习 Ceph 系统首先关注到的是它的功能，了解功能后再分析它的实现原理，因此本书后续章节安排如下。

第 2 章　RGW 对象存储：RGW 对象存储是 Ceph 一种重要的应用方式，兼具块存储的高读写效率和文件存储的便捷共享功能。本章将以 S3 协议为例，介绍 RGW 对象存储的组成结构及功能实现的关键点，并着重介绍将 RGW 对象分解为多个 RADOS 对象的具体操作流程。

第 3 章　RBD 块存储：RBD 块存储是 Ceph 的又一应用方式，本章介绍块设备的存储镜像与 RADOS 对象的关联关系和写操作处理流程，并对 RBD 块设备的快照、QoS（Quality of Service，服务质量）功能进行了介绍。

第 4 章　LibRADOS 接口：LibRADOS 是完成上层应用对下层集群数据访问的重要接口，本章介绍 LibRADOS 提供的功能接口以及 LibRADOS 的结构组成，还将介绍 Pool 存储池以及 PG 的相关背景知识，以及实现 RADOS 对象到存放数据的 OSD 的寻址算法——CRUSH 算法和它的数据基础 CRUSHMAP。

第 5 章　Monitor 节点：Monitor 节点是 Ceph 的管理者，负责管理、监控节点信息并维护集群状态。本章介绍 Monitor 的结构和 Paxos 算法，以及 Monitor 节点的认证功能和 OSDMAP 的更新与传播过程。

第 6 章　OSD 节点：OSD 节点是 Ceph 集群最重要的组件，是实现存储功能的基础。OSD 有两个重要的组成部分，分别是后端存储 BlueStore（将在第 7 章介绍）和 PG，本章将着重介绍 PG 的相关知识，并给出实际操作示例。

第 7 章　本地后端存储 BlueStore：BlueStore 是实现数据落盘的最后一站，本章将介绍 BlueStore 的对外接口、内部程序实现细节以及事务在 BlueStore 中的实现。

第 8 章　RADOS 故障恢复：Ceph 基于 RADOS 提供高可靠、高性能、分布式的统一存储，RADOS 故障恢复是 Ceph 系统的常态化的高可靠保证机制，通过这一机制从软件上弥补了通用硬件设备可靠性不足的问题，也是分布式系统有关"故障独立性"的一种实现。本章在前几章的基础上对 RADOS 故障恢复的 Peering 机制和 Recovery 及 Backfill 数据恢复方法进行详细介绍。

第 2 章　RGW 对象存储

2.1　RGW 简介

RGW 是 Ceph 系统的一种应用，用于对外提供对象存储服务，是 Ceph 的 3 种应用场景之一。随着技术的发展，网络中的非结构化数据越来越多，而且数据量特别大，这些数据在技术上表现为大块的顺序读写，且单次写入、多次读取，数据内容上传后几乎不会修改，这就对使用分布式技术存储这些对象数据有了迫切需求。RGW 是其中基于 Ceph 技术的一种需求实现，互联网中常见的云存储是这类需求的具体应用。

RGW 以 S3 协议和 Swift 协议对外提供对象存储服务，两个协议有较多的相似之处。S3 源于亚马逊早期推出的云计算服务，Swift 是 OpenStack 云平台的一个云存储子系统，两者的对象访问方式均为 HTTP（Hyper Text Transfer Protocol，超文本传输协议），上传对象的接口为 PUT，下载对象的接口为 GET，删除对象的接口为 DELETE；但两者在用户管理、对象集合方面有些差异，S3 协议采用 Bucket 组织对象，Swift 则采用 Container 组织对象。基于此，RGW 在上层针对两个协议分别实现，以屏蔽两者的差异；在中间层以后则采用一致的设计实现。为支持 HTTP 协议，RGW 模块内部还集成了 Web 服务器 Civetweb。本章重点以 S3 协议为例进行阐述。S3 协议与 Swift 协议主要接口对比如表 2-1 所示。

表 2-1　S3 协议与 Swift 协议主要接口对比

接口	查询用户的存储桶	查询存储桶内的对象	上传对象	下载对象	删除对象
S3 协议	List Buckets	List Bucket	Put Object	Get Object	Delete Object
Swift 协议	List Containers	List Container	Put Object	Get Object	Delete Object

对内而言，用户的对象经由 RGW 处理后，会最终存放在后端 RADOS 系统内。RGW 负责的就是用户对象到后端 RADOS 对象的转换。用户对象就是用户的文件，如文本文件、图片文件、音视频文件或者打包的压缩文件。其大小可能很小，只有几字节；也可能很大，数 GB 或者数 TB。用户对象经由 RGW 处理后，这些文件都将以 RADOS 对象的方式存储。单个 RADOS 对象理论上也可以存放大量数据，但是综合考虑 I/O 效率、数据迁移和各节点均衡分布等因素，在实际使用时一般会限制单个 RADOS 对象的大小。对于 RGW 应用场景而言，默认限制单个 RADOS 对象的大小最大为 4MB。在这种情形下，RGW 就需要处理 RGW 对象怎么分解为多个 RADOS 对象、这些 RADOS 对象怎么组织、RGW 元数据如何存放等问题，这也是本章分析的重点。RADOS 对象与 RGW 对象主要特性对比如表 2-2 所示。

表 2 - 2　RADOS 对象与 RGW 对象主要特性对比

特性	服务协议	对象大小	覆盖写支持	索引支持	版本控制
RADOS 对象	HTTP	一般限制在 4MB，默认不超过 100GB	支持	不支持	不支持
RGW 对象	LibRADOS	S3 协议默认限制在 5TB	不支持	支持	支持

2.2　RGW 的组成结构

　　RGW 是运行于 RADOS 集群之上的一个 RADOS Client 实例，是 Ceph 集群对外提供对象存储服务的一个网关，它允许用户通过 Restful API（Application Program Interface，应用程序接口）的方式访问 Ceph 集群。其提供的 Restful API 具体为 S3 API 和 Swift API，即符合 S3 协议和 Swift 协议。

　　向下 RGW 通过 LibRADOS 接口库访问 RADOS 集群。RGW 的所有数据，包括集群内 RGW 服务单元 zone 的配置信息、用户信息等元数据和实际内容数据均存放在 RADOS 集群内，RGW 自身不持久化存储数据。RGW 与 RADOS 集群的通信方式为网络通信，基于 TCP（Transmission Control Protocol，传输控制协议）协议与 RADOS 集群内的 Monitor 节点和 OSD 节点进行高速的数据访问与处理。

　　RGW 的组成结构如图 2 - 1 所示。

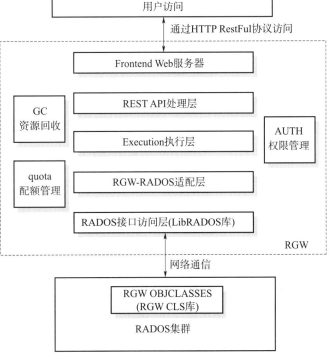

图 2 - 1　RGW 的组成结构

图 2-1 中，Frontend Web 服务器用于监听并接收 HTTP 服务请求。在默认情况下，RGW 内嵌入了 Web 服务器 Civetweb（N 版本[①]后换成了 beast），相关请求在 RGW 进程内直接处理；此外，RGW 支持 Apache、Nginx 等第三方 Web 服务器。与第三方 Web 服务器集成时，RGW 与 Web 服务器是独立的进程，Web 服务器通过 RGW 注册的监听端口转发请求给 RGW。本节以内嵌入的 Civetweb 为例进行说明，在此情形下 Civetweb 以线程池的模式运行在 RGW 进程内，以便于多任务的并发处理；默认线程数为 512 个，并受配置参数 rgw_thread_pool_size 控制。

REST API 处理层负责处理 S3 协议与 Swift 协议的协议 API 特性逻辑。S3 协议接口采用 Web API 形式，由 GET、PUT、DELETE 等简单的 Web 接口组成，分别对应上传、下载、删除等操作。用户的操作请求到达 Web 服务器后，操作请求会先交由该层处理。该层依据具体的 S3 协议或 Swift 协议对操作请求进一步进行整理，去除协议特性，按照 RGW 对象标准操作格式提交给下一层处理。

Execution 执行层按照 RGW 对象的标准格式处理各类操作请求，各类操作请求在该层中都有相对应的程序实现。该层根据操作请求处理 RGW 对象的元数据和内容数据，并操纵 RGW-RADOS 适配层进行 I/O 操作。

RGW-RADOS 适配层将对 RGW 对象的操作转化为对 RADOS 对象的操作。操作 RADOS 对象主要通过 LibRADOS 接口实现，因此 LibRADOS 接口对该层而言是完全可见的。RGW 对象的所有数据均以 RADOS 对象作为支撑，在处理用户操作请求的过程中，需要使用 RGW 对象的多种关联信息，因此 RGW-RADOS 适配层会在这一过程中被反复多次调用。

LibRADOS 是 RADOS 系统的对外窗口，在 RGW 应用环境中运行在 RGW 进程内，并通过网络协议访问 RADOS 系统内的 OSD（数据存储节点）和 Monitor（监控管理节点）。RGW、RBD 等均要通过 LibRADOS 接口库访问 RADOS 系统，它是规范使用 Ceph 的重要接口。该库除实现公开的标准接口外，还实现了 CRUSH 对象寻址算法，这意味着应用 RGW 可根据 CRUSH 算法的运算结果直接发起对最终 OSD 数据存储节点的访问，具有更高的 I/O 效率。

GC 资源回收模块属于辅助模块，用于磁盘空间等资源的回收。RGW 使用专门的线程负责此项工作。在客户端执行删除对象操作后，对象所占用的磁盘空间会由后台 GC 线程处理；此外，在执行对象上传操作时，上传过程中会产生一些临时数据，这些临时数据也会由 GC 线程负责回收。可使用命令 radosgw-admin gc list-cluster clustername 查看资源回收处理情况。

quota 配额管理模块也属于辅助模块，用于管理存储桶和用户的配额。存储桶配额可限制存储桶内的所有对象大小、对象数量，用户配额可限制用户所有对象的大小和对象数量。配额信息的访问和更新都比较频繁，因此 RGW 将配额信息缓存在缓存中，同时设置

---

① Ceph 的各长期稳定版本以英文字母命名，比如第 14 个长期稳定版本命名为 Nautilus 版本（N 是第 14 个字母，简称 N 版本）；本书主要参考的 L 版本对应 Ceph 12.2 版本，它是市面上用的比较广的稳定版本。

了数个配置项，以控制缓存配额信息与落盘配额信息的同步周期、同步时机，在 RGW 进程内还有相应的名为 rgw _ buck _ st _ syn、rgw _ user _ st _ syn 的线程处理这些工作。可通过 radosgw － admin 命令配置相关配置项，也可配置为不开启配额功能。

　　AUTH 权限管理模块也是一个辅助模块，其涉及基于 S3 协议的用户身份认证和基于 Swift 协议的用户身份认证，以及用户对资源的操作权限管理。S3 协议的用户身份认证基于密钥进行，Swift 协议的用户身份认证基于令牌进行。操作权限方面，RGW 将权限划分为读、写、删除等不同类别，这些功能均在 AUTH 权限管理模块中实现。

2.3　RGW 用户信息

　　RGW 用户信息存放在多个 RADOS 对象内。根据 S3 协议规定，用户访问 RGW 时会首先发送 acess key 和一段密文信息，并不会直接发送用户名。因此，对 RGW 用户相关信息的描述从 access key 开始。基于 access key 可检索出用户名，基于用户名可查找到该用户的 id、别名以及 Email 等关联信息；同时，在知道用户名的情况下，可直接到 RADOS 对象〔username〕. bucket 内查询用户的所有 Bucket。图 2 - 2 以图示的方式说明了 RGW 用户信息各部分之间的关联关系。

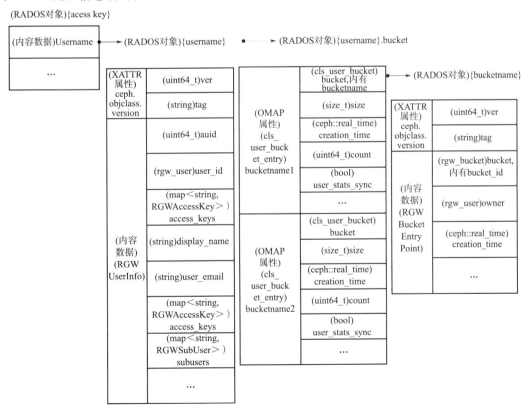

图 2 - 2　RGW 用户信息各部分之间的关联关系

　　图 2 - 2 中，用户的 access key 作为一个 RADOS 对象单独存在，该对象的名字就是 〈access key〉。例如，AccessKeyDemo 的内容是 access key 对应的用户名 〈username〉，也就是一个字符串，如 UserNameDemo。这意味着 access key 在 RADOS 内是以明文，并作为 RADOS 对象名存在的，也意味着不同 RGW 用户的 access key 不能相同。因此，在创建 RGW 用户时会检查 access key 是否冲突，冲突时会提示 user id mismatch。

　　对于 username，会在 RADOS 内的 Pool "〈zone〉. rgw. meta"中直接创建一个以具体 username 命名的 RADOS 对象，该对象通过内容数据存放用户的基本信息，基本信息对应数据结构 RGWUserInfo，其内包含 user _ id、display name、access key 等信息。Pool 是 RADOS 对外提供的、用以管理并划分 RADOS 对象的一个逻辑结构，一个 RGW 的 zone 会有多个 RADOS Pool 来支撑。

　　针对用户与其所持有的 Bucket，会在 RADOS 内创建一个以具体 username ＋ ". bucket"为名称的 RADOS 对象。在该对象的 OMAP 属性内记录了 RGW 用户所持有的 Bucket 的基本信息。OMAP 属性是 KV 结构，其名称为具体的 Bucket 名称，属性值为 cls _ user _ bucket _ entry 结构数据，其内记录了 bucket 名称、大小（size）、创建时间（creation _ time）等基本信息。

　　对于每个 Bucket，系统会以具体的 Bucket 名称创建对应的 RADOS 对象，其内以 XATTR 属性的方式存放了 Bucket 拥有者的基本信息，这些信息与前述 username 对象相同。此外，对于每个 Bucket，系统还会创建其他多个 RADOS 对象，用于存放 Bucket 自身的基础元数据信息，包括 Bucket 的 ACL 策略、Bucket 内的对象列表等。

　　上述 RADOS 对象均存放在 Pool "〈zone〉. rgw. meta"内。为了更好地区分这些不同类别的 RADOS 对象，RGW 利用了 RADOS 的命名空间机制，如 username 对象在 users. uid 命名空间、access key 对象在 users. keys 命名空间等。命名空间是 RADOS 对象标识的基本结构组成之一，作为一个因素参与到 CRUSH 运算之中，在后端存储落盘时它也是最终数据文件的标识因素之一，因此不同命名空间的 RADOS 对象可以重名。在 rados ls 命令中使用参数—all 可以列出特定 Pool 下所有命名空间中的对象，如下例所示：

　　♯ rados ls – p ZoneTest. rgw. meta – all

　　此外，从图 2 - 2 中还可看出，用户基本信息以及用户与 Bucket 之间的关联等由单独的 RADOS 对象存放，RADOS 对象内会以内容数据、XATTR 属性数据或 OMAP 属性数据等形式存放数据。其中，XATTR 数据读取速度最快，但其数据大小具有严格的限制；OMAP 数据的读写速度次之，在后台其在专门的 KV 数据库内存放，其数据条目可根据应用需求增加；RADOS 对象的内容数据则没有太多限制，只要不超过设定的限制即可，默认限制是 100GB。各 RADOS 对象间通过 RADOS 对象名称进行关联，这些关联关系在 RGW 程序逻辑中直接确定。例如，在已知用户名 UserNameDemo 的情况下，可以到 RADOS 对象 UserNameDemo. bucket 内直接查询该用户所拥有的 Bucket；在已知 Bucket 名称 BucketNameDemo 的情况下，可以在 RADOS 对象 BucketNameDemo 中直接查询 Bucket 拥有者的基本信息。

2.4　Bucket 与对象索引信息

与描述用户相似，Bucket 自身以及对象索引等元数据信息也存放在数个 RADOS 对象内。Bucket 相关主要 RADOS 对象及其关联关系如图 2-3 所示。

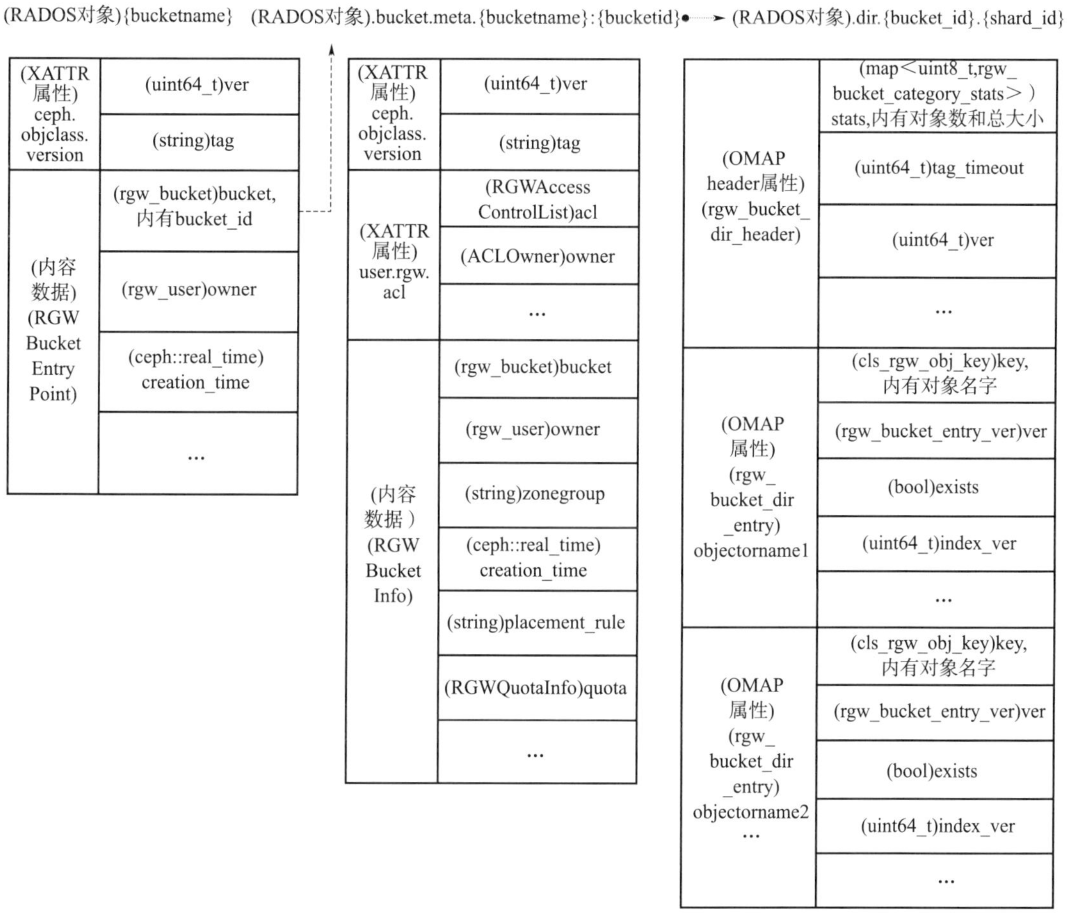

(RADOS对象){bucketname}　　(RADOS对象).bucket.meta.{bucketname}:{bucketid}●━━►(RADOS对象).dir.{bucket_id}.{shard_id}

(RADOS对象){bucketname}	(RADOS对象).bucket.meta.{bucketname}:{bucketid}	(RADOS对象).dir.{bucket_id}.{shard_id}
(XATTR 属性) ceph. objclass. version (uint64_t)ver (string)tag **(内容数据) (RGW Bucket Entry Point)** (rgw_bucket)bucket, 内有bucket_id (rgw_user)owner (ceph::real_time) creation_time …	**(XATTR 属性) ceph. objclass. version** (uint64_t)ver (string)tag **(XATTR 属性) user.rgw. acl** (RGWAccess ControlList)acl (ACLOwner)owner … **(内容数据) (RGW Bucket Info)** (rgw_bucket)bucket (rgw_user)owner (string)zonegroup (ceph::real_time) creation_time (string)placement_rule (RGWQuotaInfo)quota …	**(OMAP header属性) (rgw_bucket_ dir_header)** (map<uint8_t,rgw_ bucket_category_stats>) stats,内有对象数和总大小 (uint64_t)tag_timeout (uint64_t)ver … **(OMAP 属性) (rgw_ bucket_dir _entry) objectorname1** (cls_rgw_obj_key)key, 内有对象名字 (rgw_bucket_entry_ver)ver (bool)exists (uint64_t)index_ver … **(OMAP 属性) (rgw_ bucket_dir _entry) objectorname2 …** (cls_rgw_obj_key)key, 内有对象名字 (rgw_bucket_entry_ver)ver (bool)exists (uint64_t)index_ver …

图 2-3　Bucket 相关主要 RADOS 对象及其关联关系

Bucket 自身最基本的元数据信息存放在 {bucketname} RADOS 对象内，该 RADOS 对象的名字就是 Bucket 的名字，存放在 {zone}.rgw.meta Pool 中，命名空间为 root，在其内容数据中存放了 Bucket 的 bucket_id、Bucket 拥有者、创建时间等基本信息。

Bucket 更为丰富的元数据信息保存在 .bucket.meta.{bucketname}:{bucketid} RADOS 对象内，该 RADOS 对象的 XATTR 属性中存放了 Bucket 的访问控制策略，XATTR 属性名为 user.rgw.acl，属性值对应数据结构 RGWAccessControlPolicy。该 RADOS 对象的内容数据部分存放了 Bucket 的主要元数据信息，包括 Bucket 拥有者、所属 zonegroup、空间配额 quota 等，对应数据结构 RGWBucketInfo。该 RADOS 对象同样存放在 {zone}.rgw.meta Pool 中，命名空间也为 root。该 RADOS 对象的名字较长，可用 rados 命令列

出该 RADOS 对象以及 Bucket 基本元数据的 RADOS 对象。

```
♯ rados ls - p ZoneTest. rgw. meta - - namespace = root
BuckertNameTest
. bucket. meta. BuckertNameTest : ab46ccc9 - 4eb5 - 432d - 8d9e - 63d79720582e. 2674103. 1
```

Bucket 内的对象索引信息会分片存放在多个 RADOS 对象内。因为 Ceph 定位于大规模分布式对象存储，因此一个 Bucket 内的对象可能会非常多，将索引信息分片存放有利于提高对象检索的速度。这些 RADOS 对象命名规则为 . dir. ｛bucket _ id｝. ｛shard _ id｝，存放在 ｛zone｝. rgw. buckets. index Pool 内，未设定命名空间。这些 RADOS 对象有多个 OMAP 属性，每个属性对应一个对象，属性名为对象名，属性值为对应的基本元数据信息，包括对象名字、版本、存在状态等，对应数据结构 rgw _ bucket _ dir _ entry。在生产环境中，OMAP 属性数据常存放在 SSD 等快速存储介质中，以 OMAP 方式存放对象索引信息有利于提高索引信息的读写速度。

此外，这些 RADOS 对象的 OMAPHeader 属性中存放了 Bucket 的整体统计信息，包括 Bucket 内对象总数和总大小，对应数据结构 rgw _ bucket _ dir _ header。OMAPHeader 属性是 OMAP 属性的一种，与常规 OMAP 属性相比，它不需要指定属性名，直接存放属性值；在 RADOS 后端实现时，以 "｛对象 ID｝ -" 作为 key 名进行数据读写。

2.5　RGW 对象与 RADOS 对象的关系

RGW 对象最终是由 RADOS 对象承载的。根据 RGW 对象的大小，RGW 对象与 RADOS 对象的对应关系分为 3 种情况：①当 RGW 对象的内容数据小于默认设定值 4MB 时，一个 RGW 对象对应一个 RADOS 对象；②当 RGW 对象超过 4MB、小于 S3 客户端设定值（s3cmd 默认设定 15MB）时，RGW 对象由一个首部 RADOS 对象和多个分片 RADOS 对象组成；③对于更大的 RGW 对象（s3cmd 默认超过 15MB），RGW 对象由一个首部 RADOS 对象和多个分段对象组成，每个分段对象又由 multipart RADOS 对象和分片 RADOS 对象组成。当使用 Java 等应用编程接口时，按段分割的界限可由应用指定，但最大不超过 5GB，当 RGW 对象超过 5GB 时必须分段上传。

小于 4MB 的 RGM 对象的组成结构如图 2 - 4 所示。此处以只有 12B 的 "Hello world!" RGW 对象 hw 为例进行说明。此时在 ｛zone｝. rgw. buckets. data Pool 下只建立一个 RADOS 对象，RADOS 对象名字为 ｛bucketid｝ _ ｛RGW 对象名字｝。该对象的数据内容就是 RGW 对象要存储的内容，该对象的 user. rgw. manifest XATTR 属性存放了 RGW 对象的数据布局信息，包括 RGW 对象的实际大小、首部对象的实际大小、首部对象允许的最大大小、存在其他 RADOS 对象时的对象命名前缀等关键信息。此外，该首部对象还有 user. rgw. acl、user. rgw. content _ type、user. rgw. source _ zone 等多个 XATTR 属性信息。

RADOS对象{bucketid}_{对象名字}

(XATTR属性) (RGWObjManifest) User.rgw.manifest	"obj_size":12
	"head_size":12
	"max_head_size":4194304
	"prefix":".Y3GeEIYgf MSqzZKW6xUfX-dPtPSH50f_"
	...
(XATTR属性) user.rgw.acl ...	...
(内容数据)	Hello world!

图 2-4　小于 4MB 的 RGW 对象的组成结构

对于大于 4MB、小于默认值 15MB 的 RGW 对象，系统在 RADOS 首部对象后面增加其他 RADOS 对象存放数据，这种方式称为数据分片。新增加的 RADOS 对象只存放内容数据，没有 XATTR 或 OMAP 属性数据，并以 {bucketid}_shadow_{prefix}_{stripid1} 命名。其中，前缀 prefix 来自首部对象的 user.rgw.manifest XATTR 属性值，在新建 RGW 对象时随机产生。此种情况下 RGW 对象的组成结构如图 2-5 所示。

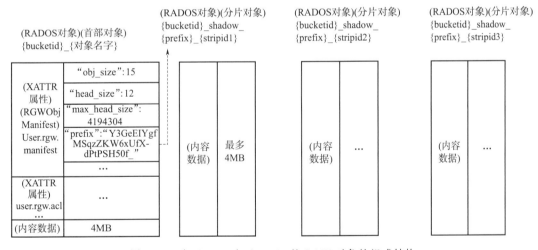

图 2-5　大于 4MB 小于 15MB 的 RGW 对象的组成结构

对于大于默认值 15MB 的 RGW 对象，S3 协议客户端 s3cmd 将会分段上传，每段内容数据不超过 15MB，在 RADOS 中存放数据时也以 15MB 为分段界限进行存放。按段分割界限是由 S3 协议规定的，最大不超过 5GB，实际使用时每段不宜太大。因为 S3 协议使用的是 HTTP 传输协议，HTTP 协议更适合在一个协议会话中传输短报文，所以在一个协议会话中传输太大的文件容易影响系统稳定性。HTTP 协议服务端更擅长尽快地完成并结束一个协议会话。此外，S3 协议的这个规定也有利于按段进行断点续传。当分段存放时，RGW 对象的组成结构如图 2-6 所示。

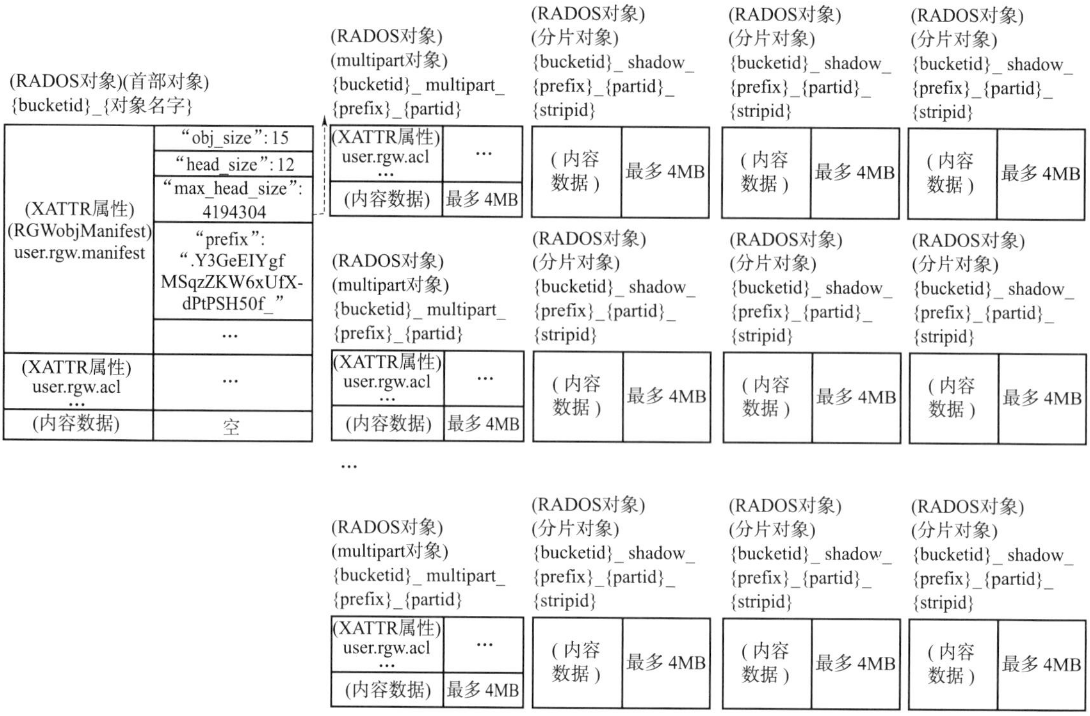

(RADOS对象)(首部对象)
{bucketid}_{对象名字}

(XATTR属性)(RGWobjManifest) user.rgw.manifest	"obj_size":15
	"head_size":12
	"max_head_size": 4194304
	"prefix": ".Y3GeEIYgf MSqzZKW6xUfX- dPtPSH50f_"
	...
(XATTR属性) user.rgw.acl ...	...
(内容数据)	空

(RADOS对象) (multipart对象) {bucketid}_ multipart_ {prefix}_{partid}

(RADOS对象) (分片对象) {bucketid}_ shadow_ {prefix}_{partid}_ {stripid}

(XATTR属性) user.rgw.acl ... — (内容数据) 最多4MB

(内容数据) 最多4MB

图 2-6　大于 15MB 的 RGW 对象的组成结构

此时，首部对象不再存放内容数据，只以 XATTR 属性的形式存放 user. rgw. manifest 等元数据信息。在每段的首部会有一个 multipart 对象，其自身会存放不超过 4MB 的内容数据，以及 user. rgw. acl 等 XATTR 属性数据。在 multipart 对象后面会有一些 strip 分片对象，专门用于存放内容数据，每个内容数据大小同样不超过 4MB。因为每段最多 15MB，每个 multipart 对象自身可存放 4MB 内容数据，所以其后面的分片对象不超过 3 个。

从上述 RGW 对象的数据组成结构也可看出，RGW 对象存储的数据访问特征是大块的顺序读写，并且单次写入、多次读取，数据内容上传后几乎不会修改。如果数据经常需要随机改写和追加，则使用 RGW 存放会比较困难。

2.6　上传对象的处理流程

下面以上传 12B 的 RGW 对象 hw 为例说明对象的上传过程。hw 对象的内容为 "Hello world!"，对象以 S3 接口方式上传。使用 s3cmd 命令 s3cmd put. /hw s3：//BucketNameDemo 上传对象 hw，上传操作与 RGW 之间的会话基于 HTTP 协议。它们间的第一个会话交互如下。

```
//操作请求提交的内容
GET /BucketNameDemo/? location HTTP/1.1
Host：10. 21. 170. 218：7480
Accept - Encoding：identity
```

```
Content－Length：0
x－amz－content－sha256：e3b0c44298fc1c149afbf4c8996fb92427ae41e4649b934ca495991b7852b855
Authorization：AWS4－HMAC－SHA256 Credential＝KeyDemo/20210510/us－east－1/s3/
    aws4_request,SignedHeaders＝host;x－amz－content－sha256;x－amz－date,Signature
    ＝1c74ee51a2a83272cb0389a69160287fee5b8564bc2fc650bdee7ad14c66ee94
x－amz－date：20210510T093939Z


//RGW 返回的内容
HTTP/1.1 200 OK
x－amz－request－id：tx000000000000000000001c－006098ff5b－3a5a5d－default
Content－Length：127
Date：Mon, 10 May 2021 09:39:39 GMT
```

该次交互的目的是查询目标 Bucket 是否存在，通过 S3 接口 GET / BucketNameDemo/实现。RGW 收到请求后会进行用户身份的鉴别。身份鉴别通过后，查询目标 Bucket 是否存在。当目标 Bucket 存在时，RGW 返回 HTTP 200；当目标 Bucket 不存在时，RGW 返回 HTTP 404 错误。

第一次交互对 RGW 而言也是一个操作请求。该次交互完成后，进行第二次交互。第二次交互过程如下。

```
//操作请求提交的内容
＜? xml version＝"1.0" encoding＝"UTF－8"? ＞＜LocationConstraint xmlns＝"
    http://s3. amazonaws. com/doc/2006－03－01/"＞＜/LocationConstraint＞
PUT /BucketNameDemo/hw HTTP/1.1
Host：10.21. 170. 218:7480
Accept－Encoding：identity
Authorization：AWS4－HMAC－SHA256
Credential＝KeyDemo/20210510/us－east－1/s3/aws4_request,
SignedHeaders＝content－length;content－type;host;x－amz－content－sha256;
    x－amz－date;x－amz－meta－s3cmd－attrs;x－amz－storage－class,Signature＝
    16a3b9cf0aa937353eb4a86d059f653f86f8a8ac7694393f001728bdccdcc578
content－length：13
content－type：text/plain
x － amz － content － sha256：03ba204e50d126e 4674c005e04d82e84c21366780
    af1f43bd54a37816b6ab340
x－amz－date：20210510T093939Z
x－amz－meta－s3cmd－attrs：atime:1620639558/ctime:1620639558/gid:0/gname:
    root/md5：8ddd8be4b179a529afa5f2ffae4b9858/mode：33188/mtime： 1620639558/
```

```
uid:0/uname:root
x - amz - storage - class: STANDARD


Hello World!


//RGW 返回的内容
HTTP/1.1 200 OK
Content - Length: 0
ETag: "8ddd8be4b179a529afa5f2ffae4b9858"
Accept - Ranges: bytes
x - amz - request - id: tx00000000000000000001d - 006098ff5b - 3a5a5d - default
Date: Mon, 10 May 2021 09:39:39 GMT
```

该次交互会向 RGW 正式提出 PUT 上传对象的请求，通过 S3 接口 PUT /
BucketNameDemo/hw 实现。在该请求中，除内容数据"Hello World!"外，还会向
RGW 一并提交对象所属的存储桶、内容长度、对象类型等辅助信息。

接下来重点说明 RGW 在收到第二次交互，即收到 PUT 请求后的处理情况。

首先是处理请求的回调函数。请求处理的回调函数在系统启动阶段设定。

```
// src\rgw\rgw_civetweb_frontend.cc
    int RGWCivetWebFrontend::run()
    {
    auto& conf_map = conf ->get_config_map();
    set_conf_default(conf_map, "num_threads",
                std::to_string(g_conf ->rgw_thread_pool_size));//设定默认线程数…
    /* Initialize the CivetWeb right now. */
    struct mg_callbacks cb;
    memset((void *)&cb, 0, sizeof(cb));
    cb. begin_request = civetweb_callback;          //设定处理消息的回调函数
    cb. log_message = rgw_civetweb_log_callback;
    cb. log_access = rgw_civetweb_log_access_callback;
    ctx = mg_start(&cb, this, options. data());
    return ! ctx ? - EIO: 0;
} /* RGWCivetWebFrontend::run */
```

实例 hw 的 PUT 操作请求到达后，经过 Civetweb 层的队列调度、工作线程分配等环
节后，工作线程会将 PUT 请求交给回调函数 civetweb_callback()处理。回调函数会进一
步调用主处理函数 process_request()进行处理。process_request()是 RGW 处理各类请
求的主控函数，控制着请求处理的全过程，包括处理请求的资源创建、调起和用后的回收

等各环节。

```
// src\rgw\rgw_civetweb_frontend.cc
static int civetweb_callback(struct mg_connection * conn){
    //req_info 后续会被 req_state 引用
    const struct mg_request_info * const req_info = mg_get_request_info(conn);
    return static_cast<RGWCivetWebFrontend * >(req_info ->user_data)->process(conn);
}
```

civetweb _ callback()进一步调用如下函数：

```
    int RGWCivetWebFrontend:process(struct mg_connection *   const conn)
{…
    int ret = process_request(env. store, env. rest, &req, env. uri_prefix,
                    * env. auth_registry, &client_io, env. olog, &http_ret);
…}
```

RGWCivetWebFrontend：：process()又进一步调用主控函数 process _ request()：

```
    int process_request(RGWRados * const store,…RGWRestfulIO * const client_io)
{…
    RGWEnv& rgw_env = client_io ->get_env();
    RGWUserInfo userinfo;
    struct req_state rstate(g_ceph_context, &rgw_env, &userinfo);
    struct req_state * s = &rstate;
    …
      RGWOp * op = nullptr;
    int init_error = 0;
    bool should_log = false;
    RGWRESTMgr  * mgr;
    RGWHandler_REST * handler  =  rest  -> get _ handler ( store,  s, auth_ registry,
      frontend_prefix,client_io, &mgr, &init_error);
    …
    op = handler ->get_op(store);
    //根据请求类型构建 OP,对于实例将构建 RGWPutObj_ObjStore_S3
    …
    ret = rgw_process_authenticated(handler, op, req, s);
    //进行认证及数据的实际写入
    …
    }
```

进入主控函数 process _ request()后，会先创建 req _ state 结构，并把操作请求中的基础环境信息存入 req _ state.info 成员变量内。基础环境信息包括请求的方法、host 地址、请求的 url 等信息，对于实例 hw，请求方法为 PUT；此后从请求 url 中提取出目标 RGW 对象的名称 hw，存入 req _ state.object 内。req _ state 是处理本次写请求的关键数据结构，其中存放了所有必要的请求关联信息。Ceph 对该结构的英文说明是 Store all the state necessary to complete and respond to an HTTP request。

接下来调用 rest −>get _ handler()函数查找处理该请求的 handler。handler 分为处理 service 请求的、处理 Bucket 请求的、处理 object 请求的 3 类。get _ handler()函数依据 req _ state.object 成员变量（本例中变量值为 hw）判断实例为 object 类别的请求。

此后调用 handler −>get _ op（）函数，依据 req _ state.info 中的请求方法 PUT，确定最终处理本次请求的类为 RGWPutObj _ ObjStore _ S3。该类属于 REST API 处理层，它继承自 RGWPutObj _ ObjStore，RGWPutObj _ ObjStore 又继承自 RGWPutObj 类。通过这种继承关系，RGWPutObj _ ObjStore _ S3 类可处理 S3 协议的特性部分，RGWPutObj 类处理通用逻辑。与此类似，当使用 Swift 协议上传对象时，其处理类 RGWPutObj _ ObjStore _ SWIFT 最终也继承自 RGWPutObj 类。同样，REST 层的 Swift 协议特性事项也由 RGWPutObj _ ObjStore _ SWIFT 类进行处理，并向下屏蔽协议特性，通用的逻辑处理仍由 RGWPutObj 类处理。PUT 操作相关类的继承关系如图 2 − 7 所示。

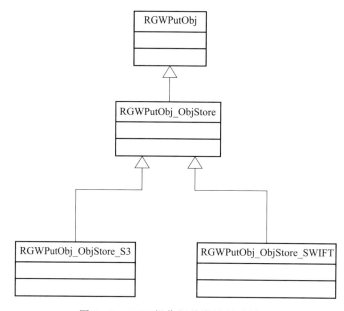

图 2 − 7　PUT 操作相关类的继承关系

接下来是 PUT 写请求的实质性执行。RGW 处理写请求涉及操作权限验证、对象名验证、Bucket 验证、quota 配额验证等众多条件性处理，但处理写操作请求的本质是内容数据的处理、元数据的构建和数据最终的落盘处理。下面以内容数据、元数据的处理为主线，突出重点环节和关联关系，简明扼要地介绍 hw 实例的处理过程。

PUT 请求处理过程除上述主控函数 process_request()、关键数据结构 req_state、RESTAPI 处理类 RGWPutObj_ObjStore_S3 以外, 还主要涉及整体上传处理器 RGWPutObjProcessor_Atomic、操纵 libRADOS 接口的 RGWRados 类及其相关子类。其中, RESTAPI 层的 RGWPutObj_ObjStore_S3.execute()是另一个关键函数, 配额验证、生成上传处理器、获取内容数据、驱动处理器将数据落盘等主要环节均在其直接驱动下进行。PUT 操作各层相关结构的关联关系如图 2-8 所示。

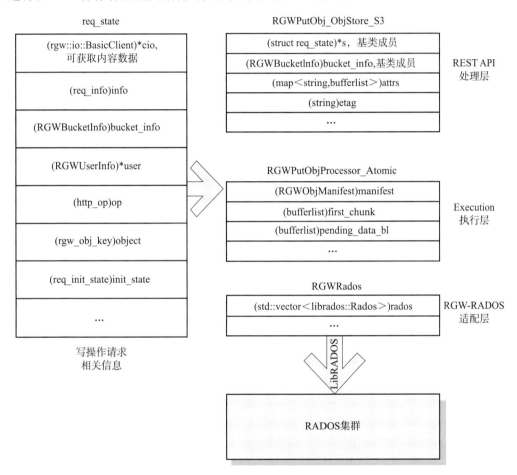

图 2-8　PUT 操作各层相关结构的关联关系

1) 获取对象 BucketInfo 信息, 取得配额信息, 并检验操作权限。

process_request()主控函数通过 rgw_process_authenticated()调用 RGWHandler::do_init_permissions(), 进行权限信息的初始化。其中, 会调用 RGW-RADOS 层的适配接口 RGWRados::_get_bucket_info() 获取 bucketinfo 信息, 并存放在 req_state.bucket_info 内。

```
int RGWRados::_get_bucket_info()
{
```

```
bucket_info_entry e;
string bucket_entry;
rgw_make_bucket_entry_name(tenant, bucket_name, bucket_entry);
if (binfo_cache ->find(bucket_entry, &e)) {    //从 cache 内获取
    info = e.info;
    return 0;
}
...
string oid;
get_bucket_meta_oid(entry_point.bucket, oid);
rgw_cache_entry_info cache_info;
ret = get_bucket_instance_from_oid(obj_ctx, oid, e.info, &e.mtime, &e.attrs,
            &cache_info, refresh_version); //cache 未命中时从 RADOS 内获取
e.info.ep_objv = ot.read_version;
info = e.info;
...
return 0;
}
```

上述程序优先从缓存内查找 Bucket 信息，如果缓存没有命中，则从 RADOS 内读取。在 RADOS 内，bucketinfo 信息存放在 RADOS 对象 .bucket. meta. BucketNameDemo：43df4563 - c362 - 4a71 - a073 - 680aa03b811f. 3824141. 1（作者实验环境中的样例值）内，存储池 Pool 为 default. rgw. meta，命名空间 ns 为 root。读取该 RADOS 对象的 LibRADOS 接口为 librados：：ObjectReadOperation：：read()。

其后进行 RGWPutObj _ ObjStore _ S3 的初始化。在初始化时，RGWPutObj _ ObjStore _ S3 会调用基类的 init _ quota()成员函数获取用户和 Bucket 的配额，并存放在 RGWPutObj _ ObjStore _ S3. bucket _ quota 内。

```
int RGWOp::init_quota()
{
    ...
    if (s ->bucket_info. quota. enabled) {
    bucket_quota = s ->bucket_info. quota;
    } else if (uinfo ->bucket_quota. enabled) {
    bucket_quota = uinfo ->bucket_quota;
    } else {
      bucket_quota = store ->get_bucket_quota();
    }...
```

```
    return 0;
}
```

上述程序中的 s 为请求关联信息 req _ state。该程序的主要思路是当请求关联信息 req _ state 中的 BucketInfo 中的 quota 启用时，使用 req _ state 的；当请求关联信息中的没有启用时，再判断用户信息 uinfo 内的 quota 信息；当上述条件都不成立时，再从系统配置里获取。综合使用这 3 种方式的目的是及时获取最新的 quota 配置信息，避免遗漏。

上述以 Bucket 的 quota 为例进行说明，其实在此过程中也会获取用户的 quota 信息，同样存放在 RGWPutObj _ ObjStore _ S3 内，以备后续判断写入数据是否超过 quota 限制时使用。

2）进入 RGWPutObj _ ObjStore _ S3. execute()主流程，验证配额限制，选择整体上传处理器 RGWPutObjProcessor _ Atomic，并将 BucketInfo 等信息传递给处理器。

此后 RGWPutObj _ ObjStore _ S3 的基类 execute()成员函数会将 RGWPutObj _ ObjStore _ S3 内的 bucket _ quota 与操作请求中的对象内容长度等信息进行比较，以判断本次 PUT 操作是否满足配额 quota 的设定值。

```
void RGWPutObj::execute()
    {…
    op_ret = store ->check_quota(s ->bucket_owner.get_id(), s ->bucket,
                    user_quota, bucket_quota, s ->content_length);
    …
    processor = select_processor( * static_cast<RGWObjectCtx * >(s ->obj_ctx),
     &multipart);
…}
```

store ->check _ quota()最终调用 quota 实现类 RGWQuotaHandlerImpl 的相关成员函数进行判别，判别时分别从总对象数量和总对象内容长度两个维度进行比较，程序如下。此处 store 的类型为 RGWRados，是 RGW 进程启动时已经初始化好的 RGW – RADOS 适配器。由此可见，其他层与 RGW – RADOS 适配层之间是按需穿插调用的。

```
int RGWQuotaHandlerImpl:: check _ quota ( const char * const entity, const
 RGWQuotaInfo& quota,
       const RGWStorageStats& stats,const uint64_t num_objs,const uint64_t size)
{…
    const auto& quota_applier = RGWQuotaInfoApplier::get_instance(quota);
    if (quota_applier. is_num_objs_exceeded(entity, quota, stats, num_objs)){
          return – ERR_QUOTA_EXCEEDED;
    }
    if (quota_applier. is_size_exceeded(entity, quota, stats, size)){
```

```
    return – ERR_QUOTA_EXCEEDED;
    }
    …
    return 0；
}
```

select_processor()函数根据 req_state 中的请求信息决定是整体上传还是分段上传。本例为整体上传,在 select_processor()内将新建处理器 RGWPutObjProcessor_Atomic,并将 RGWPutObj_ObjStore_S3 的 BucketInfo 等信息传递给处理器,处理器后续在生成 manifest 等对象属性信息时会用到 BucketInfo 信息。

3)继续 RGWPutObj_ObjStore_S3.execute()主流程,预处理 RGWPutObjProcessor_Atomic 处理器,形成 manifest 对象属性信息。

```
void RGWPutObj::execute()
{…
    processor = select_processor( * static_cast<RGWObjectCtx * >(s –>obj_ctx),
&multipart);
    …
    op_ret = processor ->prepare(store, NULL);
…}
```

处理器 RGWPutObjProcessor_Atomic 负责封装并处理 RGW 对象的各类属性数据,并暂存 RGW 对象的内容数据,其中 manifest 属性描述了 RGW 对象的大小、首部 RADOS 对象的大小、对象命名前缀(用于对应 RADOS 对象的命名和检索)等关键布局信息。manifest 属性信息由 RGWPutObj_ObjStore_S3 调用 RGWPutObjProcessor_Atomic：prepare()完成组装。

```
int RGWPutObjProcessor_Atomic::prepare(RGWRados * store, string * oid_rand)
{…
    manifest. set_trivial_rule(max_chunk_size, store –>ctx()–>_conf –>rgw_obj_
        stripe_size);
    r = manifest_gen. create_begin（store –> ctx（）, &manifest, bucket_
        info. placement_rule, head_obj. bucket, head_obj);
    …
}
```

manifest_gen. create_begin()根据处理器持有的 BucketInfo 信息,结合 RGW 对象名称等信息,依据整体上传对象的逻辑规则,形成 manifest 属性键值,并存放在 RGWPutObjProcessor_Atomic. manifest 内。hw 实例为新上传对象,因此在构建 manifest 时将形成对象命名前缀 prefix。prefix 为长度 32B 的字符串,经由 gen_rand_ alphanumeric()随机产生。此后将使用该 prefix 值作为 RGW 对象的首部 RADOS 对象名字的组成部分，prefix 值也在拼装 RADOS 对象名称、进而定位 RGW 对象数据位置、查找对应 RADOS 对象时经常被用到。构建 manifest 主要结构成员的程序如下。

```
int RGWObjManifest::generator::create_begin(CephContext * cct, RGWObjManifest *
 _m, const string& placement_rule, rgw_bucket& _b, rgw_obj& _obj)
{…
    if (manifest ->get_prefix().empty()) {
      char buf[33];
      gen_rand_alphanumeric(cct, buf, sizeof(buf) - 1);
      string oid_prefix = ".";
      oid_prefix.append(buf);
      oid_prefix.append("_");
      manifest ->set_prefix(oid_prefix);}
…}
```

4）继续 RGWPutObj ＿ ObjStore ＿ S3.execute（）主流程，获取内容数据"Hello world!"。

接下来继续执行 RGWPutObj∷execute()，调用 get ＿ data()到 civetweb 内读取内容数据"Hello world!"。

```
void RGWPutObj::execute()
{…
    do {
      bufferlist data;
      if (fst > lst)
        break;
      if (copy_source.empty()) {
        len = get_data(data);//存放在新申请的 bufferlist 内
        if (need_calc_md5) {
          hash.Update((const byte * )data.c_str(), data.length());
        }
        op_ret = put_data_and_throttle(filter, data, ofs, need_to_wait);
        ofs + = len;
    } while (len > 0);
…}
```

其中，get ＿ data（data）最终通过 req ＿ state 的成员（rgw∷io∷BasicClient）* cio 到前端 Web 服务器 Civetweb 内获取内容数据。在一般上传对象的操作请求中，内容数据通常比较大，相比在形成操作请求时就读取内容数据，在此处才到 Civetweb 内读取内容数据有利于减少内容数据在内存中的复制次数，因为后续将马上尝试把数据写入 RADOS，这样设计有利于提高内存使用效率，在程序设计上也更为合理；同时，在前面的配额检查、权限验证等环节也不需要使用内容数据。通过 req_state 获取内容数据的相关程序如下。

```
static inline rgw::io::RestfulClient * RESTFUL_IO(struct req_state * s) {···
    return static_cast<rgw::io::RestfulClient * >(s->cio);
}
int recv_body(struct req_state * const s, char * const buf, const size_t max)
{···
    return RESTFUL_IO(s)->recv_body(buf, max);
···}
```

读取内容数据后，马上调用 hash.Update() 进行内容数据 hash 值的计算，这里 hash 算法采用 MD5 的方法。RGW 对象所有内容数据的 hash 值就是 RGW 对象 user.rgw.etag 属性的属性值，该属性可用来校验对象数据的完整性。此处形成的属性信息将暂存在 RGWPutObj_ObjStore_S3.Attrs 内，待后续再将其写入 RADOS。

计算 hash 值后，会立即尝试进行内容数据的写入，这通过 put_data_and_throttle() 调用 RGWPutObjProcessor_Atomic 处理器的 handle_data() 成员函数实现。对于内容数据大于 4MB 的 RGW 对象，大于 4MB 的那部分数据写入采用异步方式，RGWPutObjProcessor_Atomic 在 handle_data() 内将操纵 RGWRados 通过 LibRADOS 接口直接提交异步写入 RADOS 的请求；对于不大于 4MB 的那部分数据，或者对于 hw 实例，因为其内容数据只有 12B，数据量较少，RGW 后续会将这部分内容数据与元数据一起采用同步写入的方式提交给 RADOS，在这种情况下会将内容数据暂时存放在 RGWPutObjProcessor_Atomic 处理器内。

```
int RGWPutObjProcessor_Atomic::handle_data(···)
{
    uint64_t max_write_size = MIN(max_chunk_size, (uint64_t)next_part_ofs - data_
     ofs);
    pending_data_bl.claim_append(bl);//将数据暂存在 RGWPutObjProcessor_Atomic 内
    if (pending_data_bl.length() < max_write_size) {
    * again = false;
    return 0;}//hw 实例从此处 return
    ···
    ret = write_data(bl, write_ofs, phandle, pobj, exclusive); //提交数据异步写入请求
···}
```

5）继续执行 RGWPutObj _ ObjStore _ S3. execute()主流程，执行 RGWPutObjProcessor _ Atomic 的 complete()成员函数，将内容数据和元数据一起提交给 RADOS 落盘，并更新 Bucket 索引数据。

按照 RGW 的设计，RGWPutObjProcessor _ Atomic. complete()属于整个过程的后处理环节，此时 RGW 对象的元数据均已形成，在本环节主要是向 RADOS 提交元数据和少部分内容数据。因为本例的内容数据与元数据一起提交，所以大部分落盘数据的处理在本环节。RGWPutObjProcessor _ Atomic：：complete()会调用 do _ complete()将元数据整理进入 RGWRados 的子类 RGWRados：：Object：Write。其相关的主要程序如下。

```
int RGWPutObjProcessor_Atomic::do_complete(…)
{
RGWRados::Object op_target(store, bucket_info, obj_ctx, head_obj);
op_target. set_versioning_disabled(! versioned_object);
RGWRados::Object::Write obj_op(&op_target);
obj_op. meta. data = &first_chunk; //内容数据"Hello world!"
obj_op. meta. manifest = &manifest;//"user. rgw. manifest"属性
…
r = obj_op. write_meta(obj_len, accounted_size, attrs);
//attrs 内有 user. rgw. etag 属性
…}
```

obj _ op. write _ meta()将进入 RGWRados 层执行，在该层中将调用 LibRADOS 接口，执行提交。此处采用 LibRADOS 的同步接口，这种接口的完整操作一般分为配置集群句柄、创建 I/O 会话、整理 I/O 操作、提交 I/O 操作和资源后处理等步骤。其中，集群句柄已经在 RGW 启动与初始化时配置好，存放在 store（类型为 RGWRados）的成员变量 rados（类型为 std：：vector＜librados：：Rados＞）内；I/O 会话与具体的 RADOS Pool 相关联，在进行具体 I/O 操作时创建；I/O 操作整理以 LibRADOS 的 ObjectWriteOperation 类为目标；提交 I/O 则通过 I/O 会话的 ioctx. operate()实现。具体到本例，obj _ op. write _ meta()会进一步调用 RGWRados：：Object：：Write：：_ do _ write _ meta()，在其内经由 get _ obj _ head _ ref()最终调用如下程序，创建 I/O 会话。

```
int rgw_init_ioctx(librados::Rados * rados, const rgw_pool& pool, IoCtx& ioctx,
 bool create)
{
    int r = rados->ioctx_create(pool. name. c_str(), ioctx);
    …
    return 0;
}
```

RGWRados：：Object：：Write：：_do_write_meta()内关键步骤的程序代码摘录如下。

```
int RGWRados::Object::Write::_do_write_meta(… map<string, bufferlist>&
 attrs,void *_index_op)
{…
    RGWRados::Bucket::UpdateIndex *index_op = static_cast<…>(_index_op);
    ObjectWriteOperation op; //librados 的写操作类型…
    rgw_rados_ref ref;
    r = store->get_obj_head_ref(target->get_bucket_info(), obj, &ref);
    //在其内创建 I/O 会话
    …
    if (meta.data) {
    op.write_full(*meta.data);//整理待写入的内容数据
    }…
    if (meta.manifest) {…
    bufferlist bl;
    ::encode(*meta.manifest, bl);
    op.setxattr(RGW_ATTR_MANIFEST, bl);}// 整理 manifest 属性数据
    for (iter = attrs.begin(); iter != attrs.end(); ++iter) {
        const string& name = iter->first;
        bufferlist& bl = iter->second;
    op.setxattr(name.c_str(), bl);}
    //整理待写入的其他属性数据,包括 user.rgw.etag 属性
    …
    r = ref.ioctx.operate(ref.oid, &op);//向 librados 提交 I/O。
    …
    r = index_op->complete(poolid, epoch, size,…);//最后更新索引
…}
```

此处将多项操作整合成为一个 LibRADOS I/O 请求，后端 RADOS 会以一个原子事务的方式进行数据落盘。该事务要么完整地得到执行，要么完整地不执行，这样有利于保证各项操作的执行完整性和数据的一致性。

在完成内容数据与属性数据的同步写操作后，RGWRados::Object::Write::_do_write_meta()还进行了索引数据的更新。更新索引数据采用了异步 I/O 操作，并使用到了 CLS（Ceph Class，Ceph 中的可动态加载的插件）机制。因为索引数据在另一个 Pool 内，所以会再行创建一个 I/O 会话，提交远端 OSD 执行 CLS 方法的请求，并以异步方式等待远端执行结果。

对于异步 I/O 操作，因为提交 I/O 请求和确认 I/O 结果在同一线程内，如果 RGW 连续地提交 I/O 请求，就会导致待确认的 I/O 结果数量增多，I/O 操作状态不能及时评估；

如果每提交一个 I/O 请求后立即确认 I/O 结果，就不能有效发挥异步 I/O 的速度优势。所以，RGW 需要采取一种机制来维持提交 I/O 请求的速度和待确认的 I/O 结果的数量两者之间的平衡。RGW 默认使用 throttle 方式进行控制。该控制方式以"待确认的数据长度"作为平衡阈值，当"待确认的数据长度"超过限定值后，则先确认队列中的 I/O 请求，因为两者在同一线程内执行，此时新的 I/O 请求则会暂时被推迟提交；当"待确认的数据长度"没有超过限定值时，则直接提交新的 I/O。其关键实现函数详见 RGWPutObjProcessor ＿ Aio∷throttle ＿ data()。

6）process ＿ request()调用 client ＿ io ->complete ＿ request()，通告执行结果。

process ＿ request()在后处理阶段会调用 client ＿ io ->complete ＿ request()通告执行结果。此后 process ＿ request()还将进行资源回收等收尾工作。至此，hw 实例的上传处理过程执行完毕。

2.7　RGW 的并发与 Watch–Notify 机制

RGW 支持跨 Ceph 集群的多中心同步和集群内多节点多活。这些特性提高了 RGW 的可靠性，可有效地分担用户负载，有时也用于数据备份。

跨集群的多中心同步在程序实现上需要多个结构支持，并用到了线程与协程机制。对于每个需要同步的 RGW 节点，均需要一对一的线程进行服务，该线程专门负责该节点的同步。因为多中心同步涉及众多 Bucket 以及大量元数据和内容数据，因此 RGW 在同步线程内又将同步任务切分成多个分片，并启用协程机制负责每个分片的数据同步。协程与线程相比，协程的优势是在大量并发同步操作的情况下，不同协程的切换在线程内进行，对操作系统透明，因此协程的切换成本大大降低，非常适合需要进行大量数据并发同步的场景。

对于集群内的多节点多活，因为 Ceph 自身就是分布式存储，在集群内的不同节点上能看到同一份数据，所以多节点多活是 RGW 的固有特性，不需要太多的配置就能实现。

下面就多节点多活的缓存设计和 Watch–Notify 机制在 RGW 中的应用进行详细分析。

（1）集群内多节点多活

在同一 Ceph 集群内，可以在多个节点上分别启动 RGW 进程实例，各 RGW 共同对外提供服务。由于各 RGW 在同一集群内可以看到同一份 RADOS 提供的数据，因此可以实现集群内多节点多活的功能。同一集群内 RGW 多节点多活如图 2－9 所示。

图 2－9 中，RGW1、RGW2 和 RGW3 可对外提供同样的对象服务，但各 RGW 节点对外提供服务的网络端口地址不同。在实际应用时，可在 RGW 前面部署负载均衡设备，实现各节点负载均衡分担，优化响应速度，也能提高 RGW 服务的可靠性。

为了提高单个 RGW 的 I/O 性能，系统设计了 RGW 缓存，并将 RGW 的 Bucket、User 等元数据信息缓存在其内。RGW 缓存功能默认开启，并受 rgw ＿ cache ＿ enabled 配置参数控制；缓存数据有效期默认 900 s，并受配置参数 rgw ＿ cache ＿ expiry ＿ interval 控

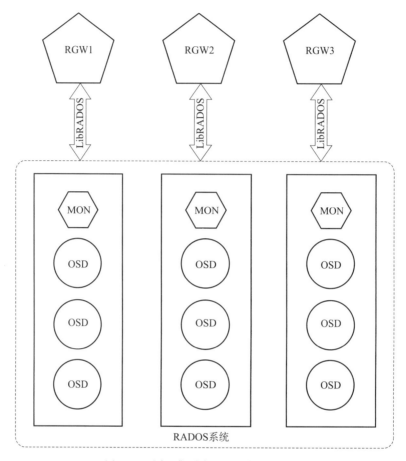

图 2-9 同一集群内 RGW 多节点多活

制；缓存条目默认最大为 10000，并受配置参数 rgw _ cache _ lru _ size 控制。

在 RGW 多节点多活的情况下，需要解决 RGW 缓存面临的多节点缓存数据一致性问题，尤其是在缓存数据被修改时，需要及时通知其他 RGW 节点及时同步修改或废弃相应的缓存数据，避免因为缓存数据不一致造成对外多节点服务的元数据访问异常。在缓存数据同步方面，RGW 使用了 RADOS 的 Watch - Notify 机制。

（2）Watch - Notify 机制与 RGW 缓存

Watch - Notify 采用的是一种消息反射方法，通过 LibRADOS 接口为上层应用提供不同 RADOS 客户端之间的相互通信功能，RGW 就是其中的一种 RADOS 客户端。该机制的基本用法是先注册 Watch。Watch 注册时需要指定一个 RADOS 对象，需要获取消息的 RGW 节点都执行 Watch 操作，并关联到同一个 RADOS 对象，该 RADOS 对象起到了反射消息的作用。当任一 RGW 节点有缓存数据修改时，由该 RGW 节点调用 Notify 接口发送消息至该 RADOS 对象，RADOS 对象再将消息转发给所有注册了 Watch 的其他 RGW 节点，这些 RGW 节点再修改自己的缓存数据，并返回修改结果，最终确保分布式情形下的缓存数据的一致性。RGW 缓存中的 Watch - Notify 机制如图 2-10 所示。

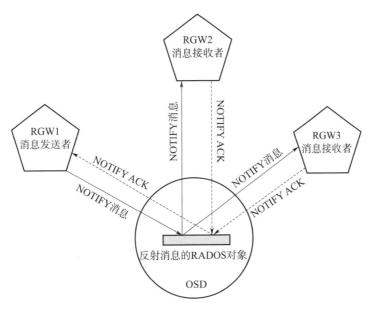

图 2 - 10　RGW 缓存中的 Watch - Notify 机制

RGW 节点注册 Watch 是在 RGW 启动阶段。在 RGW 启动时，RGWRados::initialize()成员函数会调用 RGWRados::init_watch()成员函数注册 Watch。

```
int RGWRados::init_watch()
{…
    int r = rgw_init_ioctx(&rados[0], get_zone_params().control_pool, control_
     pool_ctx, true);
    num_watchers = cct -> _conf ->rgw_num_control_oids;
    //反射消息用的 RADOS 对象数,默认为 8
    notify_oids = new string[num_watchers];
    watchers = new RGWWatcher *[num_watchers];
    for (int i = 0; i < num_watchers; i + + ) {
        string& notify_oid = notify_oids[i];
        notify_oid = notify_oid_prefix;
        if (! compat_oid) {
            char buf[16];
            snprintf(buf, sizeof(buf), ". % d", i);
                notify_oid. append(buf); }    //组合 8 个 RADOS 对象名称,名称如 notify.1
        r = control_pool_ctx. create(notify_oid, false);
        RGWWatcher * watcher = new RGWWatcher(this, i, notify_oid);
        //其内有设定好的回调函数
        watchers[i] = watcher;
```

```
    r = watcher ->register_watch();
    //注册 watch,其内会调用 librados::IoCtx::watch2()
  }...
}
```

register_watch()成员函数最终调用 LibRADOS 的接口函数 librados::IoCtx::watch2()实现注册。RGW 创建了专门用于反射消息的 RADOS 对象,位于 Pool {bucketname}.rgw.control 中,默认 8 个,名称为 notify.0、notify.1、…、notify.7,这些 RADOS 对象专门负责反射消息。注册后,注册信息会存放在这些 RADOS 对象的 XATTR 属性中,并进行持久化存储,这样 OSD 设备遇到重启等情况时仍能恢复注册的 Watch 信息。

上述程序中,类 RGWWatcher 继承自 LibRADOS 的类 librados::WatchCtx2,其成员函数 handle_notify()是对父类成员函数的重写,是响应并处理 notify 消息的回调函数。

RGW 在删除元数据对象（对应函数 RGWCache<T>::delete_system_obj()）、上传元数据对象（对应函数 RGWCache<T>::put_system_obj_impl()）、设置元数据对象属性（对应函数 RGWCache<T>::system_obj_set_attrs()）、上传元数据对象内容数据（对应函数 RGWCache<T>::put_system_obj_data()）时均会触发 watch-notify 机制,发送 notify 消息。下面以删除元数据对象为例进行说明。

```
int RGWCache<T>::delete_system_obj(rgw_raw_obj& obj, RGWObjVersionTracker *
objv_tracker)
{
    rgw_pool pool;
    string oid;
    normalize_pool_and_obj(obj.pool, obj.oid, pool, oid);
    string name = normal_name(obj);
    cache.remove(name);
    ObjectCacheInfo info;
    distribute_cache(name, obj, info, REMOVE_OBJ);
    //先发送 notify 消息,其内调用 librados::IoCtx::notify2()
    return T::delete_system_obj(obj, objv_tracker);  //然后进行实际数据的删除
}
```

在删除元数据时,先通过 distribute_cache()调用 LibRADOS 的接口函数 librados::IoCtx::notify2()发送消息,等待其他节点执行在 Watch 注册阶段设定的回调函数 RGWCache<T>::watch_cb(),从缓存中移除对应的数据。在此期间,接口函数 librados::IoCtx::notify2()将使线程处于阻塞状态,直至收到其他节点确认缓存数据已移除的消息,然后继续执行 T::delete_system_obj(),删除位于 RADOS 内的实际数据,确保各 RGW 节点的缓冲数据一致性。从中也可看出,缓存数据需要在各 RGW 节点

间进行同步修改，中间要基于 Watch – Notify 机制进行多次网络通信和函数回调处理，这在一定程度上降低了 I/O 速度，因此 RGW 缓存适合存放经常读、较少修改的元数据信息。

其他节点移除缓存数据的关键函数为 RGWCache＜T＞:: watch_cb()，此函数被之前注册的回调函数 RGWWatcher:: handle_notify() 调起。

```
void handle_notify(…) override {…
   rados –>watch_cb(notify_id, cookie, notifier_id, bl);
   //执行缓存数据删除操作
   bufferlist reply_bl; // empty reply payload
rados –>control_pool_ctx.notify_ack(oid, notify_id, cookie, reply_bl);
//反馈执行结果
}
int RGWCache＜T＞::watch_cb(uint64_t notify_id,…)
{
   RGWCacheNotifyInfo info;
…
   switch (info.op) {
   case UPDATE_OBJ:
      cache.put(name, info.obj_info, NULL);
      break;
   case REMOVE_OBJ:
      cache.remove(name);   //移除缓存数据
      break;… }
   return 0;
}
```

此处 RGW 属于 Watch – Notify 机制的应用者，Watch – Notify 机制的实现主体在 OSD 内。为保证 Watch – Notify 机制的有效运行，各参与者与 OSD 节点间还有心跳机制，这些实现细节将在 OSD 章节再行介绍。

2.8　RGW 版本管理机制与 CLS 机制

（1）RGW 对象多版本管理

version 版本管理是 S3 协议提供的功能，让用户可以以同一个文件名上传多个版本。S3 协议服务端会为每个版本赋予一个版本标识，协议客户端可凭此标识访问文件的特定版本。该功能在保存用户文件历史状态等场景中会用到。

RGW 是 S3 协议的实现者，也实现了版本管理功能。一个用户文件对应一个 RGW 对象，针对文件的不同版本 RGW 也会创建不同的 RGW 对象，这些对象之间又会基于对象名和版本标识建立联系。

版本管理功能针对 Bucket 设定。在 Bucket 启用 version 功能后，对于用户上传的文件 RGW 会自动生成版本标识，并将版本标识反馈给 S3 协议客户端；同一文件可多次上传，RGW 会为每次上传的对象分配不同的版本标识。版本标识为一个 32B 的随机值。

对象版本以上传时间为序排列，最近上传的对象为当前版本。下载时，如果没有指定版本标识，则默认下载当前版本；当指定版本标识时，则下载与版本标识对应的版本对象。

删除时，因为启用了 version 功能，所以需要指定待删除的对象版本；如果没有指定，则仅会记录一个删除标记 DELETE_MARKER，不会删除任何版本的对象，当然也不会删除当前版本对象。

当启用 version 功能后，RGW 对象在 RADOS 系统中的组织方式有所变化，如图 2-11 所示。

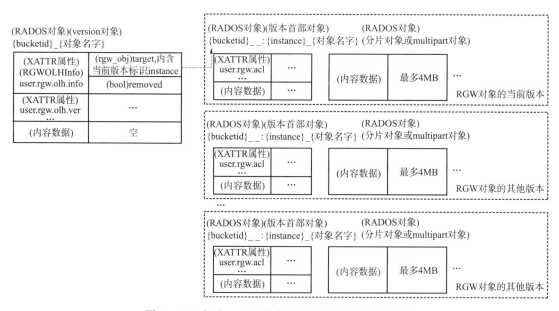

图 2-11　启用 version 功能后 RGW 对象的组织方式

为了适应多版本的需要，系统在普通 RGW 对象的组织方式基础上进行了改动，将原来的首部对象改变为用来专门指示多版本的情况。此时该 RADOS 对象的命名方式保持不变，但内容数据为空，XATTR 属性变更为 user.rgw.idtag、user.rgw.olh.idtag、user.rgw.olh.info、user.rgw.olh.ver 等，其中属性 user.rgw.olh.info 中存放了指示当前版本的 instance，即版本标识。使用版本标识可直接找到对应的版本对象。

版本首部对象为 RGW 对象的具体版本的首部 RADOS 对象，在图中称为"版本首部对象"，其命名规则为 {bucketid}_ _:{instance}_{对象名字}，其中 {instance} 便是版本标识，长度为 32B 的随机值，由 RGW 网关随机生成。根据 RGW 对象大小，版本首部对象也有相应的分片对象或 multipart 对象，这些 RADOS 对象的名字中也加入了版本 instance。除名字构成有不同外，其余数据组织方式与未启用 version 功能时相同。

RGW 对象的每一个版本都在 Bucket 索引中存在多个对应的 OMAP 属性，即多个检索项，一个检索项对应 version 对象自身，OMAP 属性的 KEY 名为〔RGW 对象名〕，其他的对应于具体的 RGW 版本对象，OMAP 属性的 KEY 名为〔RGW 对象名〕＋〔对象版本标识〕。以 hw 对象为例，其在索引对象中的 OMAP 属性 KEY 如下。

```
hw                                    //对应于 version 对象
hwv913ijKByOf7patpp4XMTKcjB7obd3JNMSm9   //对应于具体的 RGW 版本对象
```

为区分对象的版本状态，系统在索引项 OMAP 属性值（对应数据结构 rgw_bucket_dir_entry）中设计了 flag 标识位。flag 标识位的取值及含义定义如下。

```
#define RGW_BUCKET_DIRENT_FLAG_VER           0x1   //对象启用了版本功能
#define RGW_BUCKET_DIRENT_FLAG_CURRENT       0x2   //对象的当前版本
#define RGW_BUCKET_DIRENT_FLAG_DELETE_MARKER 0x4   //对象版本的删除标记
#define RGW_BUCKET_DIRENT_FLAG_VER_MARKER    0x8   //版本对象的预留标志位
```

当该标志位为 0 时，表示对象没有启用版本功能。基于该标志位，RGW 可快速检索出 Bucket 内的 RGW 对象各个版本的状态。在版本检索功能的实现上，RGW 使用到了 Ceph 的 CLS 机制。

（2）CLS 扩展模块

CLS 是 Ceph 的一种模块扩展机制。这种扩展机制可从客户端跨越到 RADOS 内部的 OSD，在 OSD 内部执行客户端规定的数据处理逻辑。在 OSD 内执行数据处理逻辑有利于减少数据在网络中不必要的移动，充分利用远端 OSD 的资源，简化功能接口设计，为客户端提供可自定义的功能特性。这些特性对丰富上层应用的功能特性非常有利，因此对分布式统一存储系统而言是十分必要的。CLS 的技术本质是 OSD 加载并调用相应的动态链接库来完成客户端请求的数据处理逻辑。

另外，CLS 支持用 C++ 和 Lua Script 两种语言实现。Lua 是一种简洁、轻量、可扩展的脚本语言，由标准 C 编写而成，运行效率较高。为了支持 Lua，在 OSD 内嵌入了 LuaJIT VM，并利用脚本语言动态解释执行的特性，实现了一种在客户端用 Lua 语言编写后端处理逻辑，并将处理逻辑作为参数经由网络发送给 OSD，在 OSD 内动态解释执行的新方式。与传统 C++ 方式相比，这种方式不需要再编译后端用的动态链接库，在应用上更为灵活，详见 Ceph Dynamic Object Interfaces with Lua[①]。但是，在实际应用中，大多数客户端仍以 C++ 语言实现自己的 CLS 模块，本章仍以 C++ 为例进行说明。

CLS 使用的基本流程是客户端首先调用 LibRADOS 的 exec() 接口，如 librados:: ObjectOperation::exec()，并在接口中指明后端处理逻辑的动态库名称和其内方法的名

---

① 　https://ceph.io/geen-categorie/dynamic-object-interfaces-with-lua/

称，封装相关参数，形成类型为 CEPH _ OSD _ OP _ CALL 的操作请求；然后将操作请求发送给 OSD，OSD 根据操作请求类型在 OSD 本地调用动态链接库中相对应的方法进行处理。

下面结合 RGW 对象的版本检索功能，对 CLS 的实际使用场景和使用效果进行说明。

（3）CLS 扩展模块与版本对象检索功能

对象检索功能是 RGW 最为常用的功能，检索响应速度直接决定了用户体验。由上文可知，对象检索信息存放在对应 RADOS 对象的 OMAP 属性内，如果对象太多，还会对其进行分片处理，就是将检索信息分散存储在多个 RADOS 对象内。在未启用版本功能时，对象检索很简单，直接列出对应 RADOS 对象的 OMAP 属性值即可；在启用版本功能后，一个 RGW 对象有多个版本，在 RADOS 对象内就有多个 OMAP 属性值，而检索功能默认只需列出 RGW 对象的当前版本，这时就需要对 RADOS 对象的 OMAP 属性值进行过滤。针对这些需求，RGW 采用 CLS 模块处理。

CLS 模块的特点是其后端处理逻辑可以在 OSD 一侧运行，这样可在 OSD 内依据 rgw _ bucket _ dir _ entry. flag 过滤不需要的数据，并有针对性地向 RGW 传递其所需要的数据。这部分功能的主体实现在名字为 RGW 的 CLS 模块内，关键函数为 rgw _ bucket _ list()。这种基于 CLS 的检索功能实现减少了数据在网络中不必要的移动，充分利用了远端 OSD 的资源，最大程度地节约了传输带宽，也使得功能接口设计更为合理。

实现检索功能的动态库文件为 libcls _ rgw. so，在 OSD 启动阶段进行注册，注册的模块名为 RGW，注册的实现检索功能的库的方法为 RGW _ BUCKET _ LIST，并由 rgw _ bucket _ list()函数实现该方法。

执行命令 s3cmd la，或者使用 S3 接口 ListObjectsRequest 列出对象时，在 RGW 一侧，RGW 将执行函数 issue _ bucket _ list _ op（），在该函数中会向 OSD 提交远程执行 CLS 模块 RGW 中的 RGW _ BUCKET _ LIST 方法的请求。

```
static bool issue_bucket_list_op(){
    bufferlist in;
    struct rgw_cls_list_op call;
    call. start_obj = start_obj;
    call. filter_prefix = filter_prefix;
    call. num_entries = num_entries;
    call. list_versions = list_versions;
    ::encode(call, in);  //在 in bufferlist 中封装 rgw_cls_list_op 结构数据
    librados::ObjectReadOperation op;
    op. exec(RGW_CLASS, RGW_BUCKET_LIST,…);  //提交远程执行请求
    return manager ->aio_operate(io_ctx, oid, &op);
}
```

在 OSD 一侧，OSD 收到请求后，调用 CLS 模块 RGW 中的处理函数 rgw _ bucket _

list() 处理请求。CLS 处理方法的参数是一致的，其中 in 参数为客户端一侧传入的参数数据，out 为输出数据，最终反馈给客户端。in 和 out 的数据格式由应用定义。

```
int rgw_bucket_list(cls_method_context_t hctx, bufferlist * in, bufferlist * out)
{
    bufferlist::iterator iter = in->begin();
    struct rgw_cls_list_op op;
    try {
        ::decode(op, iter);
    }...
    struct rgw_cls_list_ret ret;
    struct rgw_bucket_dir& new_dir = ret.dir;
    int rc = read_bucket_header(hctx, &new_dir.header);
    ...
    do {
      //读取全部的索引项
      rc = get_obj_vals(hctx, start_key, op.filter_prefix, left_to_read, &keys,
       &more);
      for (kiter = keys.begin(); kiter != keys.end(); ++kiter) {
        struct rgw_bucket_dir_entry entry;
        ::decode(entry, eiter);
        ...
        //过滤非当前版本的索引项
        if (! op.list_versions && (! entry.is_visible() || op.start_obj.name ==
         key.name)) {
          continue;
        }
        if (m.size() < op.num_entries) {
          m[kiter->first] = entry;
        }
    left_to_read --;
      }
  } while (left_to_read > 0 && ! done);
  ret.is_truncated = more && ! done;
  ::encode(ret, * out);
  return 0;
}
```

在过滤非当前版本的索引项时，使用了结构 rgw_bucket_dir_entry 中的 is_visible()，在其中最终依据 rgw_bucket_dir_entry.flags 值进行判断。其相关代码如下。

```
struct rgw_bucket_dir_entry {
    cls_rgw_obj_key key;
    rgw_bucket_entry_ver ver;
    bool exists;
    uint64_t index_ver;
    uint16_t flags;      //标志位,表示是否为当前版本或其他状态
    uint64_t versioned_epoch;
    ...
    bool is_visible() {
        return is_current() && ! is_delete_marker();
    }
    bool is_current() {
        int test_flags = RGW_BUCKET_DIRENT_FLAG_VER | RGW_BUCKET_DIRENT_FLAG_
            CURRENT;
        return (flags & RGW_BUCKET_DIRENT_FLAG_VER) = = 0 ||
            (flags & test_flags) = = test_flags;
    }
    bool is_delete_marker() { return (flags & RGW_BUCKET_DIRENT_FLAG_DELETE_
        MARKER) ! = 0; }
}
```

由上可知，在检索对象时，系统通过 CLS 机制，OSD 会依据 rgw_bucket_dir_entry.flags 标志位过滤不需要的索引项，仅将必要的数据经由网络反馈给客户端 RGW，有效降低了非必要的网络数据传输。CLS 机制在 RGW 中还有许多应用，此处就不一示范。

本章小结

本章从 RGW 的基本原理出发，从整体上对其框架结构进行了描述，并从基础代码分析其关键环节的实现细节，以达到清晰说明 RGW 模块"骨架"的效果。本章代码节选自 Ceph 12.2 版本，不同版本间代码实现有差异，但基本原理是一致的。第 3 章将对 Ceph 的另一种应用方式——RBD 块存储应用进行介绍。

第 3 章　RBD 块存储

3.1　RBD 简介

RBD 块存储和 RGW 对象存储是 Ceph 最为常见的对外应用，本节重点介绍 RBD 块存储应用。

块设备源于磁盘等存储设备，与键盘等字符设备并列。与字符设备以字节为单位传输数据不同，块设备从数据 I/O 的角度看，其特点是以固定大小的"块"为单位进行数据读写，每个块都能独立于其他块进行读写操作，而且块设备一般配有缓存。块设备的块大小并不是统一的，在块设备上创建文件系统时可指定块大小，如 ext4 文件系统的块默认大小为 4096B。

对于 RADOS 系统而言，RBD 是构建在其上的一种应用。RBD 以软件的形式模拟块设备，并面向操作系统、云平台提供块存储服务。而 RBD 的所有数据最终仍以分布式的方式存放在 RADOS 系统内，因此 RBD 也是 RADOS 对象数据的一种应用组合方式。RBD 除具有块设备的基本功能之外，还提供了设备快照、设备克隆、QoS 控制、RBD－Mirror 同步等功能。

目前 RBD 能以 3 种方式提供块存储服务：内核态 rbd＋libceph 方式、内核态 nbd＋用户态 librbd 方式、用户态 librbd 方式，其中纯用户态 librbd 方式常与 QEMU 相结合，应用在云平台环境下。RBD 3 种方式的组成如图 3－1 所示。

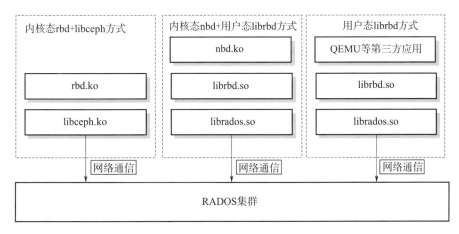

图 3－1　RBD 3 种方式的组成结构

3.1.1　RBD 方式

内核态"rbd+libceph"方式由内核态的两个模块 rbd.ko 和 libceph.ko 组成，两者的程序代码并未包含在 Ceph 系统代码内，而是随 Linux 操作系统一发布。

这种方式完全在内核态实现，不依赖于 librbd 和 LibRADOS。LibRADOS 的部分功能由 libceph.ko 在内核态实现，包括与后端 RADOS 系统的通信和 CRUSH 算法实现。rbd.ko 则是块设备驱动的实现，实现了块设备的注册、打开、I/O 请求的接收等功能。I/O 请求会在 rbd.ko 内分解为针对具体 RADOS 对象的操作，完成分解后再由 rbd.ko 调用 libceph.ko 的导出函数具体执行。块设备的数据经由 libceph.ko 处理后，最终将存放在后端的 RADOS 系统内。这种方式的组成结构如图 3-2 所示。

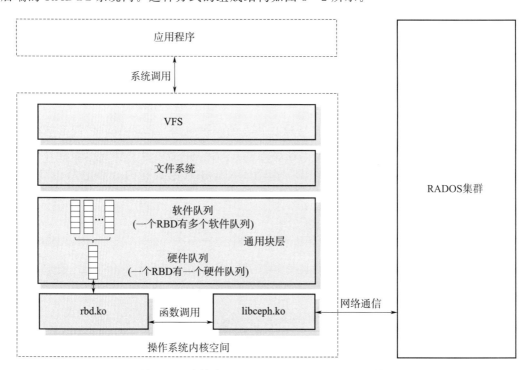

图 3-2　内核态"rbd+libceph"方式的组成结构

rbd.ko 是 RBD 驱动的实现。与传统块设备驱动不同，rbd.ko 采用了 Multi queue 多队列架构，这样更能发挥多路服务器的性能。在程序实现上，rbd.ko 的设备注册、设备打开、ioctl 控制命令处理等方面主要依据块设备驱动的通用框架设计实现，无太多特殊之处。在具体的 I/O 请求处理方面，Linux 操作系统会将上层应用的 I/O 请求经由 VFS（Virtual File System，虚拟文件系统）和文件系统处理后封装为 BIO（Block I/O）结构，提交给驱动请求队列。驱动请求队列分为软件队列和硬件队列，一个 RBD 拥有一个硬件队列，同时拥有多个软件队列，软件队列的数量与服务器的 CPU（Central Processing Unit，中央处理器）核数有关。rbd.ko 调用框架函数 blk_mq_init_queue()创建并初始化这些队列，这些队列的实现由通用驱动框架实现，不需要 rbd.ko 关心其内部实现细节。

　　BIO 结构经队列调度后进一步封装为操作请求 request，提交给 rbd. ko 的请求处理函数进行处理。rbd. ko 的请求处理函数为 rbd ＿ queue ＿ rq()，它负责处理硬件队列内的操作请求。除上述由块设备驱动框架创建的软件队列、硬件队列外，一般的设备驱动程序还会自己再创建一个内部队列。rbd. ko 也不例外，其还创建了一个内部队列 rbd ＿ wq，rbd ＿ queue ＿ rq()函数会将操作请求存入内部队列 rbd ＿ wq。其相关代码位于 drivers ＼block ＼ rbd. c 内，感兴趣的读者可参考阅读。

```
static int rbd_queue_rq(struct blk_mq_hw_ctx * hctx, const struct blk_mq_queue_
    data * bd)
{
    struct request * rq = bd->rq;
    struct work_struct * work = blk_mq_rq_to_pdu(rq);
    queue_work(rbd_wq, work);
    //请求交给内部队列,rbd_queue_workfn()为队列的处理函数
    return BLK_MQ_RQ_QUEUE_OK;
}
```

　　内部工作队列 rbd ＿ wq 的处理函数为 rbd ＿ queue ＿ workfn()，该函数根据操作请求的类别进行相应的处理，感兴趣的读者可从该函数入手阅读相关代码。其相关主要代码摘录如下。

```
static void rbd_queue_workfn(struct work_struct * work)
{
    struct request * rq = blk_mq_rq_from_pdu(work);
    struct rbd_device * rbd_dev = rq->q->queuedata;
    struct rbd_img_request * img_request;
    …
    if (rq->cmd_flags & REQ_DISCARD)
        op_type = OBJ_OP_DISCARD;
    else if (rq->cmd_flags & REQ_WRITE)
        op_type = OBJ_OP_WRITE;
    else
        op_type = OBJ_OP_READ;
    …
    blk_mq_start_request(rq);
    …
    img_request = rbd_img_request_create(rbd_dev, offset, length, op_type,
     snapc);
    …
```

```
result = rbd_img_request_submit(img_request);
return;
…}
```

rbd. ko 在处理操作请求时会调用 libceph. ko 的导出函数。直接调用导出函数效率更高，能最大限度地减少数据在内存中的复制。但是，这种方式的代码与操作系统一同发布，这样就导致 RBD 的版本与操作系统的版本产生耦合，进而增加了 RBD 和 Ceph 系统的升级维护复杂度，使用方式不够灵活。

3.1.2　NBD 方式

内核态 nbd＋用户态 librbd 方式在内核态依赖块设备驱动 nbd. ko。NBD（Network Block Device，网络块设备）是一种轻量级块设备访问协议，其通过网络方式可以将远端的块设备或设备镜像挂载到本地，当作本地的块设备使用。

这种方式用法简单，在 NBD 驱动、rbd – nbd 工具具备的情况下，进行如下简单几步即可完成挂载。

- ［root@node1］♯ rados mkpool rbd　　　//用 RADOS 命令创建名为 rbd 的存储池
- ［root@node1］♯ rbd create hw – s 1G //用 RBD 命令创建 1GB 大小、名为 hw 的块设备
- ［root@node1］♯ rbd – nbd map rbd/hw　　//用 rbd – nbd 工具挂载 rbd 存储池下的块设备 hw

在程序实现方面，NBD 为 client/server 架构，NBD 驱动为客户端，服务器端有多种实现。RBD 为这种方式单独开发了一种 NBD Server，程序源代码位于 Ceph 源码包的 src＼tools＼rbd＿nbd＼rbd – nbd. cc 内。

执行命令"♯ rbd – nbd map rbd/hw"后，操作系统会启动相应的服务进程 rbd – nbd，充当 NBD Server 的角色。rbd – nbd 再调用 librbd 和 LibRADOS 与后端 RADOS 系统通信，进行数据 I/O。NBD 驱动与服务进程 rbd – nbd 之间通过 AF ＿ UNIX 域的 socketpair 方式进行通信和 I/O 数据传送。

socketpair 是对 Socket（套接字）的一种封装，用于操作系统内的本地通信。socketpair 会创建一对（两个）套接字描述符，并将这两个套接字描述符分给通信双方，通信双方即可基于套接字进行双工通信。

Linux 操作系统按照"一切皆文件"的思想进行设计，Socket 也构建在 VFS 的 sockfs 特殊文件系统之上。在这种架构下，基于 Socket 的 socketpair 则直接利用操作系统本地的缓冲区进行通信，不需要经过网络协议栈，也不受网卡带宽限制，更不需要配置网络地址和端口，其执行效率和传输速度都较高，是本地进程间通信的常用方法。在此处 NBD 场景下，socketpair 则用于内核态驱动与用户态进程之间的通信。rbd – nbd 执行 map、创建 socketpair 的相关代码如下。

```
static int do_map(int argc, const char * argv[], Config * cfg)
{…
```

```
    if (socketpair(AF_UNIX, SOCK_STREAM, 0, fd) = = -1) {…}   //创建 socketpair
    r = rados. init_with_context(g_ceph_context);     //调用 LibRADOS 初始化 rados
    …
    r = rbd. open(io_ctx, image, cfg ->imgname. c_str());
    //调用 librbd 接口,打开块设备
    …
    nbd = open_device(dev, cfg, try_load_module);
      …
    r = ioctl(nbd, NBD_SET_SOCK, fd[0]);  //将 socketpair 的 fd[0]传给驱动
    …
    NBDServer server(fd[1], image);      // 将 fd[1]传递给 NBDServer,用于后续与驱
动的通信
    server. start();      //启动 NBDServer
    return r;
}
```

do _ map()在执行 rbd - nbd map rbd/hw 命令时被调用。上述代码中,socketpair
(AF _ UNIX, SOCK _ STREAM, 0, fd) 创建了一对 socket,其两个 Socket 描述符分别
存放在 fd [0] 和 fd [1] 内,通过 ioctl (nbd, NBD _ SET _ SOCK, fd [0]) 将 fd [0]
传递给 NBD 驱动,通过 NBDServer server (fd [1], image) 将 fd [1] 赋给本地的
NBDServer,后续双方将基于此 socketpair 进行通信和数据传输。

ioctl()是设备控制接口函数,上述 do _ map()函数通过该接口函数传递 fd [0];内核
态的 NBD 驱动则响应该接口,接收 fd [0] 并配置其 socket。nbd. ko 内的相关驱动代码
摘要如下。

```
static int __nbd_ioctl(…)
{
    switch (cmd) {…
      case NBD_SET_SOCK: {
      struct socket  * sock;
      int err;
      if (nbd ->sock)
        return - EBUSY;
      sock = sockfd_lookup(arg, &err);//接收 fd[0]
      if (sock) {
        nbd ->sock = sock;            //将 fd[0]配置为驱动自身的 Socket
        if (max_part > 0)
          bdev ->bd_invalidated = 1;
```

```
        nbd->disconnect = 0; /* were connected now */
        return 0;
        }
    return -EINVAL;
    }
...}
```

NBD 方式的组成结构如图 3 - 3 所示。

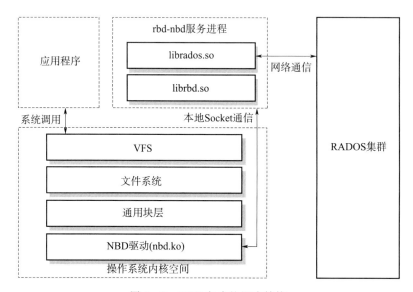

图 3 - 3　NBD 方式的组成结构

从图 3 - 3 中可看出，除 Linux 操作系统自带的 NBD 驱动外，这种方式的实现主要在用户空间。相比较而言，RBD 方式大部分位于内核空间，虽然其性能会有所增加，但不利于后续的 Ceph 系统升级；而在 NBD 方式下，rbd - nbd 服务进程的代码较为简单，仅有1000 多行，LibRADOS、librbd 也都可单独升级。这种方式有利于 Ceph 系统的优化升级，能及时使用 Ceph 新版本带来的新功能，或者使用自己定制化的特性，同时也有利于故障的定位分析，因此这种方式更为通用一些；但在这种方式下，I/O 数据到达内核态之后，还需再传递到用户态，与 RBD 方式相比数据的内存复制次数增多，对性能有一些影响。

nbd.ko 是这种方式的块设备驱动的实现。在较早 Linux 操作系统版本下，其以传统的单队列方式实现，在笔者参考的 Linux 5.12 版本及之后，跟随操作系统块设备驱动的统一默认架构要求，它也改变为多队列架构，其框架结构与 rbd.ko 类似。

3.2　用户态 librbd 方式及 librbd 的结构组成

3.2.1　用户态 librbd 方式

完全在用户态下基于 librbd 的块存储服务常用在虚拟化、云平台环境中。这种方式可以为 OpenStack 等云平台提供镜像存储服务和块存储服务，也可用于 OpenShift 的持久性存储卷，还常用于 KVM - QEMU 虚拟机环境中。接下来将基于 KVM - QEMU 虚拟机使用 RBD 的场景深入分析 librbd 的架构与实现原理。

KVM - QEMU 虚拟机场景下，RBD 经由 QEMU 挂载给虚拟机，虚拟机则使用 VirtIO 驱动访问块设备，其组成结构如图 3 - 4 所示。

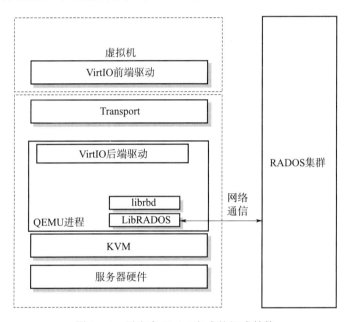

图 3 - 4　用户态 librbd 方式的组成结构

图 3 - 4 中，虚拟机运行在 QEMU 进程空间内，一个虚拟机对应一个 QEMU 进程。虚拟机通过 VirtIO 驱动访问 RBD。VirtIO 是一种半虚拟化驱动，也是一套标准化接口和高效的 I/O 数据传送方式。半虚拟化驱动是相对于传统由软件完全模拟现实世界中的 I/O 设备而言的。VirtIO 驱动分为前端驱动和后端驱动。前端驱动运行在虚拟机内，已经集成在当前常用的 Linux 操作系统中。块设备的前端驱动实现代码位于 Linux 操作系统源码目录的 drivers \ block \ virtio_blk.c，代码仅有 1000 多行，程序设计得比较精简。针对 Windows 操作系统也有相应的 VirtIO 前端驱动。前端驱动以 PCI（Peripheral Component Interconnect，外部设备互连）接口的形式向虚拟机操作系统提供了一系列标准设备，如 virtio_blk（块设备）、virtio_net（网卡）等标准化设备，虚拟机内的应用可按标准方式访问这些设备。与传统设备驱动不同，这些设备驱动自身知道其处于虚拟环境中，因此设备驱动可以直接按照约定的方式与后端驱动接口进行数据通信，以达到更高的 I/O 性能。

这也是将 VirtIO 称为半虚拟化驱动的原因。

块设备后端驱动运行在 QEMU 进程内，在数据通信机制上，后端驱动与前端驱动基于 vring 进行通信。vring 是一种基于共享内存的队列通信机制，共享内存由块设备前端驱动 virtio_blk 申请，位于虚拟机内存地址空间，但由于虚拟机运行在 QEMU 的进程空间内，因此 QEMU 进程也能访问到这部分共享内存。基于共享内存，前端驱动和后端驱动实现了更高效率的 I/O 通信。

librbd 和 LibRADOS 也运行在 QEMU 进程内。I/O 数据通过前端驱动经由 vring 到达后端驱动后，后端驱动会通过 QEMU 提供的通用接口调用 librbd 与 QEMU 的适配接口，此后再由 librbd 进行处理。librbd 是块设备逻辑的主要实现者，经 librbd 处理后 I/O 操作会转换为针对 RADOS 对象的具体操作，然后由 LibRADOS 提起向后端 RADOS 系统的数据 I/O 请求。

3.2.2　librbd 的结构组成

librbd 是块设备数据逻辑关系的主要实现者，其大体可分为 4 个层次和数个外围辅助支撑模块，具体如图 3-5 所示。

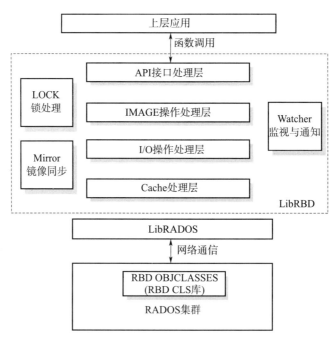

图 3-5　librbd 内部的组成结构

1）API 接口处理层用于对外提供标准的函数接口。这一层对外提供了块设备打开、设备读写、设备克隆等针对特定块设备的操作接口，同时还提供了列出块设备、镜像同步等面向 RBD 整体环境的操作接口。

2）IMAGE 操作处理层承接接口处理层的各项针对块设备的操作，在这一层将形成各类型的操作请求，如读请求、写请求、数据 flush 请求等，同时还实现了工作队列、工作线程、QoS 控制等基础运行机制，是 librbd 的核心逻辑实现层。

3）I/O 操作处理层会将针对块设备的各项操作转换为针对 RADOS 对象的操作。例如，将创建 RBD 块设备的请求转化为对后端 CLS 函数的远程调用、将写操作请求分解为针对相关 RADOS 对象的操作等。这一层会调用 LibRADOS 的相关接口。

4）在默认情况下 RBD 的缓存处于启动状态，用于缓存块设备的内容数据。正常的数据读写均通过该层。这部分缓存（Cache）利用 LibRADOS 的对象缓存实现，但缓存数据的落盘操作仍需要 librbd 处理写入逻辑。

5）lock 锁处理。Ceph 作为支持多任务并发的分布式系统，涉及队列、日志、缓存等很多关键资源的并发访问，librbd 也是这样。因此，librbd 大量使用了 lock 锁机制，以解决程序并行访问特定关键资源的互斥问题。其中，librbd 实现了用于块设备整体互斥访问的 exclusive _ lock，对于 snap、cache、object - map 等关键资源则利用 Ceph 基础库 libceph -common 提供的锁机制进行保护。

6）journal 日志功能。journal 此处翻译为日志，其与 log 的意义完全不同，journal 在此处是对操作请求的一种预先和快速记录手段。Ceph 的其他模块也采用了类似的"日志"机制，在后续章节中有相应的介绍。journal 日志功能是 RBD Mirror 镜像同步的基础，其先将操作请求及请求内容在内存中记录下来，类似于写缓存；然后落盘到相关的 RADOS 对象内。Mirror 服务可在此基础上将 journal 数据同步到远端进行请求回放，达到块设备数据同步的目的。librbd 实现了 journal 日志记录、日志回放等基础功能。journal 记录的操作类型如下，这些类型的操作请求及其请求数据均记录在 journal 内；同时，可看出这里面不包括读操作类型，因为读操作不改动数据，不需要进行远程同步。

```
enum EventType {
    EVENT_TYPE_AIO_DISCARD          = 0,
    EVENT_TYPE_AIO_WRITE            = 1,
    EVENT_TYPE_AIO_FLUSH           = 2,
    EVENT_TYPE_OP_FINISH           = 3,
    EVENT_TYPE_SNAP_CREATE         = 4,
    EVENT_TYPE_SNAP_REMOVE         = 5,
    EVENT_TYPE_SNAP_RENAME         = 6,
    EVENT_TYPE_SNAP_PROTECT        = 7,
    EVENT_TYPE_SNAP_UNPROTECT      = 8,
    EVENT_TYPE_SNAP_ROLLBACK       = 9,
    EVENT_TYPE_RENAME              = 10,
    EVENT_TYPE_RESIZE              = 11,
    EVENT_TYPE_FLATTEN             = 12,
    EVENT_TYPE_DEMOTE_PROMOTE      = 13,
    EVENT_TYPE_SNAP_LIMIT          = 14,
```

```
    EVENT_TYPE_UPDATE_FEATURES        = 15,
    EVENT_TYPE_METADATA_SET           = 16,
    EVENT_TYPE_METADATA_REMOVE        = 17,
    EVENT_TYPE_AIO_WRITESAME          = 18,
    EVENT_TYPE_AIO_COMPARE_AND_WRITE  = 19,
};
```

7）Watcher 监视与通知。Watch – Notify 机制是 Ceph 的一种在分布式环境下的消息注册与通告方法。RBD 处于分布式环境下，针对一个块设备可能有多个并行的操作方法。例如，QEMU 通过 librbd 对某一块设备进行读写操作的同时，系统管理员还可通过命令行执行创建或删除快照的操作。为有效应对这些并行操作，需要一种消息同步机制将关键的变化信息通告相关方，此时就用到了 Watch – Notify 机制。

Watch – Notify 由 LibRADOS 提供基础接口，librbd 则基于该接口进行了再次封装，实现了设备加解锁消息、调整块设备大小消息、快照消息等关键信息的通告处理。librbd 用到的通告消息如下。

```
enum NotifyOp {
    NOTIFY_OP_ACQUIRED_LOCK         = 0,
    NOTIFY_OP_RELEASED_LOCK         = 1,
    NOTIFY_OP_REQUEST_LOCK          = 2,
    NOTIFY_OP_HEADER_UPDATE         = 3,
    NOTIFY_OP_ASYNC_PROGRESS        = 4,
    NOTIFY_OP_ASYNC_COMPLETE        = 5,
    NOTIFY_OP_FLATTEN               = 6,
    NOTIFY_OP_RESIZE                = 7,
    NOTIFY_OP_SNAP_CREATE           = 8,
    NOTIFY_OP_SNAP_REMOVE           = 9,
    NOTIFY_OP_REBUILD_OBJECT_MAP    = 10,
    NOTIFY_OP_SNAP_RENAME           = 11,
    NOTIFY_OP_SNAP_PROTECT          = 12,
    NOTIFY_OP_SNAP_UNPROTECT        = 13,
    NOTIFY_OP_RENAME                = 14,
    NOTIFY_OP_UPDATE_FEATURES       = 15,
};
```

2.7 节举例介绍了 Watch – Notify 机制的用法，其用法与 librbd 中 Watch – Notify 的用法一致，读者可参考该节了解其用法原理。

8）RBD CLS 库。

CLS 是 Ceph 系统提供的客户端调用、RADOS 侧执行的远程调用机制，相应的 CLS 库也运行在 RADOS 内。图 3-5 中将 RBD CLS 库放在 RADOS 系统内，也是为了说明 CLS 是在后端才得到真正执行的。LibRADOS 为 CLS 提供了专门的接口。因为采用了前端调用、后端执行的方式，所以 CLS 机制可有效减少网络中不必要的数据通信，提高执行效率，并在 RBD、RGW 等模块中均有大量应用。librbd 在创建块设备、删除快照、保存 object-map 等多个环节使用到了 CLS 机制。

3.3　存储镜像的数据组成

RBD 的所有数据均存放在 RADOS 系统的多个 RADOS 对象内，这些数据包括块设备的元数据和实际的内容数据。这些 RADOS 对象最终会分散在 RADOS 系统的多个 OSD 内，而不是集中存放在一处；但 RBD 会将这些对象通过 RADOS 对象名称建立逻辑关系，形成一个整体，完整支撑 RBD。从 RBD 的角度看，RADOS 对象的名称就类似于传统磁盘块设备的地址，对块设备某一地址空间的操作会转换为对特定名称的 RADOS 对象的操作；具体 RADOS 对象到最终 OSD 之间的关系则由 LibRADOS 处理。

RBD 的元数据主要存放在 3 个 RADOS 对象内，3 个 RADOS 对象分别存放设备 ID、Object_map 状态和设备特性。设备 ID 存放在名为 rbd_id.〈块设备名〉的 RADOS 对象内，如创建一个名为 RbdNameDemo 的块设备：

```
# rbd create RbdNameDemo -- size 10G
```

系统会自动产生一个块设备 ID，在 RBD 模块内部唯一标识该设备。产生的块设备 ID 存放在名为 rbd_id.RbdNameDemo 的 RADOS 对象内。应用使用块设备通常以设备名称作为标识，通过该 RADOS 对象可提取出设备名称对应的块设备 ID，基于块设备 ID 又可拼接出其他存有设备元数据的 RADOS 对象的名称，进而构建出元数据之间的关联关系。后续针对块设备的数据读写等操作在 RBD 模块内部均基于块设备 ID 开展，这样设计还可避免因设备改名而导致内部结构发生变化。

Object_map 对象记录了存放块设备内容数据的 RADOS 对象的存在状态。每个数据 RADOS 对象的状态用两个比特位表示，00 表示数据对象不存在，意味着块设备在相应的地址空间上还没有存放数据；01 表示数据对象存在；10 表示数据对象待删除；11 表示对象存在且自上次创建快照后还没有对该对象进行过写操作。11 意味着该数据对象已经"过时"，不是当前的活动版本，只可读不可写。如果要对其执行写操作，就要先激活 COW 机制，克隆一个 RADOS 对象，然后执行写操作，并在执行写操作后将其状态标识为 01。object-map 可使程序快速判断数据对象的存在状态，有利于提高块设备克隆等场景下的数据 I/O 性能。

保存设备特性的 RADOS 对象是以 rbd_header 为前缀的 RADOS 对象，对象名称为 rbd_header.〈块设备 ID〉，后续简称为 Header 对象。该对象也是存放块设备元数据的主要支撑，这些元数据按类别分别存放在该 RADOS 对象的内容数据和 OMAP 属性数据内。

Header 对象的内容数据存放了块设备功能特性的标识，类型为 uint64_t。其按比特位标识块设备是否启用了 journaling、object-map、exclusive-lock 等功能特性。

Header 对象的 OMAP 属性数据部分存放了 order（存放设备内容数据的 RADOS 对象大小）、size（块设备的大小）、snap_seq（最新的快照 ID，标识设备当前活动版本）、snapshot_<id>（特定快照版本的快照基本信息）、object_prefix 等重要元数据信息。这些设备特性在运行时存放在块设备的上下文结构（类型为 librbd::ImageCtx）内，以便程序随时使用。

Header 对象 OMAP 属性中的 object_prefix 存放了存放块设备内容数据的 RADOS 对象的名字前缀。RADOS 对象名字的其余部分为序号，可通过块设备空间的目标地址进行折算。因此，根据前缀再加上设备空间的目标地址就能确定存放内容数据的 RADOS 对象名称，确定名称后就可通过 LibRADOS 访问数据。默认情况下，该前缀为 rbd_data.{块设备 id}。

块设备相关 RADOS 对象之间的关联关系如图 3-6 所示。

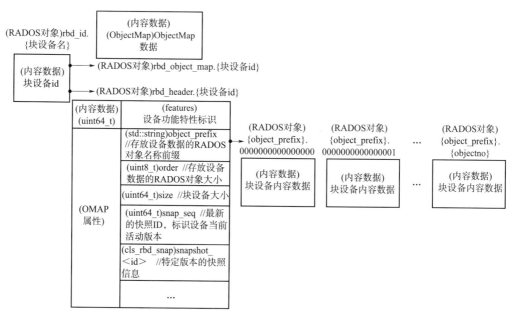

图 3-6　块设备相关 RADOS 对象之间的关联关系

内容数据方面，RBD 块设备的数据由多个专门的 RADOS 对象支撑。这些 RADOS 对象以"平铺"的方式与块设备地址空间一一对应，对象名称为 {object_prefix}.{对象编号}。默认情况下，支撑 RBD 的 RADOS 对象大小为 4MB，则编号为 0 的 RADOS 对象存放块设备地址空间 [0，4MB) 的数据，编号为 1 的 RADOS 对象存放块设备地址空间 [4MB，8MB) 的数据，依此类推。这些 RADOS 对象"按需"创建，初始创建 RBD 时并不会立即创建这些 RADOS 对象，只有当目标地址空间存放数据时才创建对应的 RADOS 对象。

　　块设备还有一个数据条带化的特性，默认没有启用。对于传统磁盘存储而言，数据条带化是将 I/O 操作进行负载均衡以避免磁盘访问冲突的一种措施。其实现方式就是将一块连续的数据分成很多小部分并存储在不同的物理磁盘内，这样就可以将数据 I/O 操作负载均衡到多个物理磁盘，避免多个进程同时访问数据的不同部分而引起磁盘访问冲突，提高存储 I/O 性能。RBD 采用多个 RADOS 对象存储数据，这些 RADOS 对象通过 CRUSH 算法处理后以平均概率分散在不同的 OSD 设备上，已经具有一定的条带化效果。因此，针对 RBD 再启用条带化特性的必要性不大。

3.4　RBD 写操作的处理流程

　　在 QEMU‐KVM 环境下，数据写操作表面上是虚拟机内的文件操作引起的，但由于虚拟内页缓存的存在，虚拟机内常规的文件操作并不会马上触发对 RBD 的写操作，而是延迟一定时间后再经由 QEMU 发起对 RBD 的写请求，这些写请求一般多为异步操作。与写请求相配合的还有 Flush 回写指令，虚拟机会根据页缓存脏页数量、变成脏页的时长、应用的专门请求等因素，通过系统调用经由 QEMU 向 librbd 发送 Flush 请求。Flush 请求仅是一个指令，不带数据，用于指示 librbd 将缓存数据写入 RADOS 系统内。

　　本节重点分析异步写请求的主要执行过程。

　　为了通过 librbd 操作 RBD，QEMU 需要与 librbd 适配，将 librbd 的接口再封装为 QEMU 内的通用接口，屏蔽 librbd 的实现细节。对于 QEMU 而言，它面对的块设备除 RBD 外，还有 NFS、NBD 等多种类型的块设备，适配后，QEMU 能以通用接口直接调用这些再次封装后的接口。适配的作用与驱动程序的作用类似，提高了 QEMU 的通用性，能更快、更清晰地支持各类块设备。经过适配，部分主要接口对比如表 3‐1 所示。表 3‐1 中"QEMU 通用接口"一列为 QEMU 主体程序中函数调用接口，"QEMU‐rbd 适配接口"一列为 QEMU 的 librbd 适配程序实现的接口，源程序位于 qemu \ block \ 目录下。

表 3‐1　QEMU 与 QEMU‐RBD 主要接口对比

QEMU 通用接口	QEMU‐rbd 适配接口
bdrv_file_open()	qemu _ rbd _ open()
bdrv _ aio _ readv()	qemu _ rbd _ aio _ readv()
bdrv _ aio _ writev()	qemu _ rbd _ aio _ writev()
bdrv _ aio _ flush()	qemu _ rbd _ aio _ flush()

　　qemu _ rbd _ open()用于打开 RBD。QEMU 在初始启动阶段调用该接口，打开虚拟机使用的 RBD。在这一过程中，会创建操作目标 RBD 的上下文结构（类型为 librbd∷ImageCtx）。上下文结构持有操作请求队列、对象缓存、LibRADOS 会话上下文等信息，后续针对同一目标块设备的读写操作均要引用该上下文结构。

　　对于常用的异步写操作，当 QEMU 主体程序调用 bdrv _ aio _ writev()函数提交写请求时，程序将直接调用 qemu_rbd_aio_writev() 函数。qemu_rbd_aio_writev() 及相关适配程序对 librbd 的相关实现进行了封装，这些适配程序再调用 librbd 的对外接口实现具体的写操作。异步写操作的主要执行步骤详述如下。

1）适配接口预处理，设定写操作回调函数，发起对 librbd 的调用。

异步写请求在 QEMU 主体中会通过 bdrv_aio_writev() 接口传递给适配接口 qemu_rbd_aio_writev()，该适配接口再经由 rbd_start_aio() 调用 librbd 的相关接口，向 librbd 发起异步写请求。

rbd_start_aio() 的源程序在 qemu\block\rbd.c 内，相关代码摘要如下。

```
// qemu\block\rbd.c
static BlockAIOCB * rbd_start_aio(BlockDriverState * bs,int64_t off, QEMUIOVector
* qiov,
    int64_t size,BlockCompletionFunc * cb,void * opaque,RBDAIOCmd cmd)
{  ...
    BDRVRBDState * s = bs->opaque;
    //BDRVRBDState 中存有之前创建的 RBD 上下文结构
    ...
    r = rbd_aio_create_completion(rcb, (rbd_callback_t) rbd_finish_aiocb, &c);
    //回调函数
    switch (cmd) {
    case RBD_AIO_WRITE:
    ...
    r = rbd_aio_write(s->image, off, size, rcb->buf, c);//发起写入请求
    case RBD_AIO_READ:
    ...
    case RBD_AIO_FLUSH:
        r = rbd_aio_flush_wrapper(s->image, c);
        break;
    default:
        r = - EINVAL;
    }
...}
```

上述程序中，先获取 RBD 上下文结构等必要信息，然后调用 librbd 的接口函数 rbd_aio_create_completion() 创建回调函数结构体 c（表面上其类型为 rbd_completion_t，实质上其类型为 librbd::RBD::AioCompletion）。该回调结构体内记录了 QEMU 层的回调函数 rbd_finish_aiocb() 的函数指针，后续写操作完成后会通过函数指针调用该回调函数。

最后调用 librbd 的接口函数 rbd _ aio _ write()，发起异步写操作请求。接口函数声明如下。

```
extern "C" int rbd_aio_write(rbd_image_t image, uint64_t off, size_t len,
            const char * buf, rbd_completion_t c)
```

其中，函数参数 image 为块设备的上下文结构；参数 off 为待写入数据在块设备中的偏移量；参数 len 为待写入数据的长度，因为块设备总是按块读写数据，因此该参数一般是块大小的整数倍；参数 buf 指向待写入的内容数据；参数 c 是上文提到的回调函数结构体。

2）将操作请求封装为 ImageWriteRequest，并将其加入请求队列。

写操作进入 librbd 后，立即进行请求封装和入队工作。和一般的处理多并发任务的软件系统一样，Ceph 系统采用队列和工作线程的方式解决多任务处理的问题，这一点在 librbd 和 ceph 系统的其他模块很常见。从请求进入 librbd 到转入队列操作使用了如下很短、很简洁的代码。

```
extern "C" int rbd_aio_write(rbd_image_t image, uint64_t off, size_t len,
            const char * buf, rbd_completion_t c)
{
    librbd::ImageCtx * ictx = (librbd::ImageCtx * )image;//上下文能找到队列
    librbd::RBD::AioCompletion * comp = (librbd::RBD::AioCompletion * )c;
    tracepoint(…);
    bufferlist bl;
    bl.push_back(create_write_raw(ictx, buf, len));
    ictx ->io_work_queue ->aio_write(get_aio_completion(comp), off, len,
    std::move(bl), 0);                      //入队操作
    tracepoint(librbd, aio_write_exit, 0);
    return 0;
}
```

入队操作由队列成员函数 io _ work _ queue ->aio _ write()实现，在该函数内封装 ImageWriteRequest 和将请求加入队列几乎是同时进行的。

```
template <typename I> void ImageRequestWQ<I>::aio_write(…) {
    CephContext * cct = m_image_ctx.cct;
    …
    queue(ImageRequest<I>::create_write_request(
        m_image_ctx, c, {{off, len}}, std::move(bl), op_flags, trace));
        //封装并加入队列
    …
}
```

librbd 的接口函数 rbd ＿ aio ＿ write（）是 C 语言格式的，ImageWriteRequest 以 C＋＋面向对象的方式，通过类 ImageWriteRequest 封装相关数据和方法。ImageWriteRequest 的主要结构成员如图 3 - 7 所示，在运行时这些结构成员数据主要来源于接口函数 rbd ＿ aio ＿ write（）的相关参数。

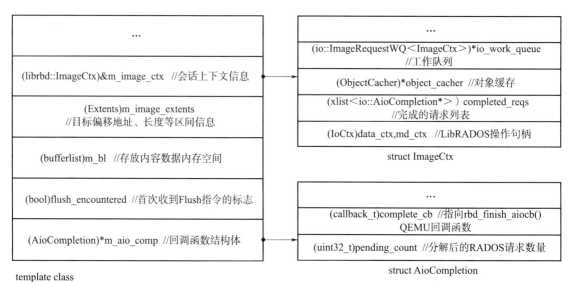

图 3 - 7　ImageWriteRequest 的主要结构成员

ImageWriteRequest 中，内容数据存放在 m ＿ bl 指向的地址空间，类型为 buffer ＿ list。块设备操作目标的区间信息存放在 extents 内，librbd 接收到的写操作偏移地址、长度等信息均存放在该结构内。该 extents 仅是存放区间信息的 vector，与下文 LibRADOS 提供的 extent 不同。此处的 extents 定义为

typedef std::vector＜std::pair＜uint64＿t，uint64＿t＞ ＞ Extents；

块设备上下文结构 m ＿ image ＿ ctx 存放了较多的关联信息，其中 io ＿ work ＿ queue 是工作队列，object ＿ cacher 是对象缓存句柄；此外，data ＿ ctx、md ＿ ctx 是运行状态的 LibRADOS 的上下文结构，具体参考图 3 - 7。

m ＿ aio ＿ comp 为在适配接口部分创建的回调函数结构体，此处将其类型明确为 AioCompletion。AioCompletion 的成员 complete ＿ cb 指向 QEMU 层的回调函数 rbd ＿ finish ＿ aiocb（），其成员 pending ＿ count 用于记录下一步请求分解后的 RADOS 对象请求数量。

librbd 使用了大量模板类。模板是一种重用源代码的方法。模板类定义了一般化的处理逻辑，在实际编译时会结合具体的模板参数进行特化（spcialization）。这种处理方式与宏方法类似，但比宏方法更为清晰，也更容易使用。ImageWriteRequest 就是其一，该类与其相关的父类、模板类有多重关联，上述结构有的属于这些相关联的类，但本质上都属于实例化后运行状态的 ImageWriteRequest。在阅读源代码时应注意区别。

3）工作线程处理请求，将请求分解为针对 RADOS 对象的操作。

librbd 采用队列和工作线程的模式处理读写请求，这意味着写请求到此处有一次线程切换，原线程的请求提交过程已经返回。

RBD 的数据最终存放在 RADOS 对象内，包括块设备的元数据和实际的内容数据。对于块设备的内容数据，则直接以平铺方式存放在对应序号的 LibRADOS 对象中。

Req 请求以块设备的偏移地址、数据长度为目标，其中块设备上下文结构中有 RADOS 对象命名格式信息，但并没有具体的、对应 RADOS 对象的信息。因此，在这一步需要将 req 请求分解成针对 RADOS 对象的操作请求。

其分解过程也比较简单，直接调用 LibRADOS 的接口函数 Striper∷file_to_extents()进行转换即可。该接口函数在 AbstractImageWriteRequest＜I＞∷send_request()中被调用。

```
void AbstractImageWriteRequest<I>::send_request()
{…

    AioCompletion * aio_comp = this->m_aio_comp;

    ObjectExtents object_extents;//关键结构

    …

    // map to object extents

    Striper::file_to_extents(cct, image_ctx.format_string, &image_ctx.layout,

    extent.first, extent.second, 0, object_extents);

      if (! object_extents.empty()) {

        uint64_t journal_tid = 0;

        aio_comp->set_request_count(                    //设定 pending_count 数量

          object_extents.size() + get_object_cache_request_count());

    …}

…}
```

Striper∷file_to_extents()函数是 LibRADOS 提供的一种条带化方法，从名字上可看出它是将一个长度不定的文件映射到一个由多个 extent 组成的列表里，一般一个 extent 对应一个 RADOS 对象；同时，Striper 还提供了 extent 逆映射至文件的方法。在此处 librbd 场景下，Striper 将一个块设备的一段连续内容映射到一个 extent 列表内，每一个 extent 对应一个 RADOS 对象，默认不超过 4MB。

结构 ObjectExtent 的主要字段如下。

```
class ObjectExtent {
public:
    object_t    oid;   //映射后的 object id,包含前缀 image_ctx.format_string
    uint64_t    objectno;              //RADOS 对象在"文件"中的序号
    uint64_t    offset;       // 操作内容在 RADOS 对象内的偏移量
```

```
uint64_t    length;           //操作内容在 RADOS 对象内的长度
uint64_t    truncate_size;        // 需截断 RADOS 对象时的截断大小
object_locator_t oloc;        // RADOS 对象所在的 Pool 和命名空间 ns 等信息
vector<pair<uint64_t,uint64_t> >  buffer_extents;  //对应的数据位置区段值
…}
```

其中，oid 是映射后的 RADOS 对象名，包含 RADOS 对象名称前缀和对象序号值，是完整的对象名称；字段 oloc 是 RADOS 对象所在的 Pool 和命名空间的信息。对象名 oid、Pool、命名空间三者可唯一确定一个 RADOS 对象。

Striper：：file_to_extents()内部的映射过程并不复杂，RADOS 对象序号通过偏移量和限定的 RADOS 对象大小进行除法运算即可得到，再根据对象前缀规则拼接得到对象名。稍显复杂的是 buffer_extents 成员变量的计算，因为一个 extent 的数据位置可能由多个区段组成。但是，对 librbd 而言，直接调用该函数进行处理即可。

经 Striper：：file_to_extents 处理后，变量 object_extents 中存放了请求分解后对应的各 RADOS 对象的 ID、内容数据的位置、对象所属的 Pool、每个 RADOS 对象内容数据在内存中的位置区段，根据位置区段信息就可查到对应的内容数据。依据上述这些信息，就可以很方便地生成对 RADOS 对象的写操作。

后续将依据变量 object_extents 中的信息开展对 RADOS 对象的写操作。

此外，上述代码通过调用函数 aio_comp ->set_request_count()来设定回调函数结构体的 pending_count 值，该值记录了分解后形成了多少个针对 RADOS 对象的操作请求。

4）工作线程将对 RADOS 对象的更新内容写入 ObjectCache。

在默认情况下，系统配置项 rbd_cache 为 true，系统启用 ObjectCache。这是一种面向 RADOS 对象的缓存，由 LibRADOS 实现。这种情况下，针对 RADOS 对象的写操作不会直接写入 RADOS 系统，而是先写入 ObjectCache，写入后再通过回调函数直接上报写操作结果。在本书的 L 版本下，源代码中还有关于 ImageCache 的程序实现。ImageCache 是面向块设备 Image 的缓存，由 librbd 自身实现，但系统并没有实际启用 ImageCache。在调试 librbd 时，能看到块设备上下文结构（类型为 librbd：：ImageCtx）的 image_cache 字段始终为 NULL，object_cacher 则在创建上下文结构时初始化为实际句柄。

ObjectCache 是 LibRADOS 实现的一种缓存机制。缓存淘汰算法采用常用的 LRU（Least Recently Used，最近最少使用），该算法基于时间局部性原理，选择最近最久未使用的缓存空间予以淘汰。ObjectCache 分别提供了面向 RADOS 对象集和面向文件 file 的两种缓存使用接口，librbd 在此处主要使用了面向 RADOS 对象集的接口。在写操作流程中，librbd 以每次调用操作一个 RADOS 对象的方式进行。

在处理写操作时，send_object_requests()函数基于 image_ctx.object_cacher 判断是否启用了 objectcache。如果启用了 objectcache，则调用 send_object_cache_requests()将相关

的各 RADOS 对象的更新内容写入缓存。

其相关代码如下。

```
template <typename I> void ImageWriteRequest<I>::send_object_requests(…)
    {   I &image_ctx = this ->m_image_ctx;
        if (image_ctx.object_cacher = = NULL) {      //启用 Cache 时不发送请求,直接返回
            AbstractImageWriteRequest<I>::send_object_requests(object_extents,
             snapc, object_requests);
}}
```

上述程序返回后,将继续执行如下代码。


```
template <typename I> void AbstractImageWriteRequest<I>::send_request()
    {…
    if (! object_extents.empty()) {
    uint64_t journal_tid = 0;
    aio_comp ->set_request_count(
    object_extents.size() + get_object_cache_request_count());
    …
        if (journaling) {        //与 RBD Mirror 相关的处理分支,默认不启用 journal
            // in - flight ops are flushed prior to closing the journal
            assert(image_ctx.journal ! = NULL);
            journal_tid = append_journal_event(requests, m_synchronous);
        }
    if (image_ctx.object_cacher ! = NULL) {
    //send_object_requests()返回后进入此分支
    send_object_cache_requests(object_extents, journal_tid);
    //依次处理各对象内容更新
    }
} …}
```

此处也使用到了模板类,在运行时上述代码的模板参数<typename I>将被 librbd::
ImageCtx 替换,并按照 librbd::ImageCtx 的特性具体执行。

此后将调用到 LibRADOS 中类 ObjectCacher 的接口函数 writex(),将内容更新到
缓存。

```
void ImageCtx::write_to_cache(object_t o, const bufferlist& bl, size_t len,
    uint64_t off, Context * onfinish,…) {
    snap_lock.get_read();
```

```
ObjectCacher::OSDWrite * wr = object_cacher ->prepare_write(
snapc, bl, ceph::real_time::min(), fadvise_flags, journal_tid);
...
object_cacher ->writex(wr, object_set, onfinish, trace);
}
```

在上述代码中，writex()函数的参数 onfinish 为回调函数，类型必须以 Context 为基类。Context 是 Ceph 系统内有关回调函数的基础类型，LibRADOS、OSD 等模块均会使用该类型，它定义在系统源代码目录 include 内的 Context.h 文件中。librbd 在调取 ImageCtx::write_to_cache()之前，会将第一步中创建的类型为 AioCompletion 的回调函数结构体经由中间类型再封装为 Context 类型，作为 writex()的回调函数。

本次写操作请求相关数据来源如图 3-8 所示。RADOS 对象名称、目的位置区间来自前述创建的 extent，内容数据来自写请求 ImageWriteRequest 的字段 m_bl，回调函数是对前述回调函数结构体的封装，对象缓存句柄来自上下文结构 ImageCtx 的 object_cacher字段。这些要素全部到位后，即可将更新内容写入缓存。

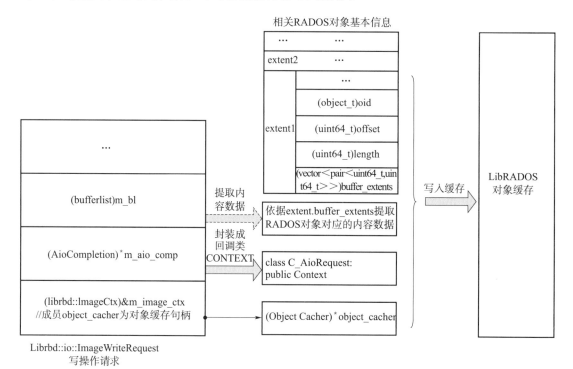

图 3-8　写操作请求相关数据来源

内容数据写入 LibRADOS 对象缓存后，LibRADOS 会将相关回调信息置入回调队列，并等候专门的回调线程调度处理。

5）回调处理，确认写操作已完成。

在写请求到达 librbd 之前，QEMU 将回调函数 rbd_finish_aiocb()以函数指针的方式封装进入 librbd∷RBD∷AioCompletion，然后写请求进入 librbd。在操作请求分解阶段，librbd 再将 AioCompletion 辗转封装为 Context 类型传递给 LibRADOS；LibRADOS 层的 Cache 完成缓存更新后将回调信息加入 finisher 队列，等候回调线程调用。

回调线程是 LibRADOS 创建的，并不是 librbd 创建的。因此，librbd 并不关心回调处理线程的存在，其感受到的只是回调函数被另外一个线程执行，对 QEMU 层而言也是这样。

数据写入缓存后，回调线程会经由 Context 的虚函数 Context∷complete() 辗转调用到回调函数结构体 librbd∷io∷AioCompletion 的 complete_request() 成员函数。在该函数内，将判断被分解的多个 LibRADOS 对象写操作的执行情况，代码如下。

```
void AioCompletion∷complete_request(ssize_t r)
{
    lock. Lock();
    assert(ictx ! = nullptr);
    CephContext * cct = ictx ->cct;
    if (rval > = 0){
      if (r < 0 && r ! = -EEXIST)
        rval = r;
      else if (r > 0)
        rval + = r;
    }
    assert(pending_count);
    int count = -- pending_count;
  if (! count && blockers = = 0){
  // 当 count 为 0 时,标志着分解后的各个操作都已完成
  finalize(rval);
  complete();               //继续调用上一级回调函数
}…}
```

此段代码中，通过 pending_count 判断处于执行状态的 RADOS 操作数量。当 pending_count 为 0 时，标志着各 RADOS 操作均已完成，此时将进一步执行通用回调类函数 librbd∷io∷AioCompletion∷complete()。

```
void AioCompletion∷complete()
{ …
    // inform the journal that the op has successfully committed
    if (journal_tid ! = 0){//通知 journal 进行更新,与 RBD journal(3.8 节)有关
    assert(ictx ->journal ! = NULL);
    ictx ->journal ->commit_io_event(journal_tid, rval);
```

```
}
state = AIO_STATE_CALLBACK;
if (complete_cb){
lock.Unlock();
complete_cb(rbd_comp, complete_arg);
//调用 QEMU 层的回调函数 rbd_finish_aiocb()
lock.Lock();}
…}
```

上述 complete( )函数将执行函数 complete_cb 所指向的回调函数，在镜像写操作场景下，complete_cb 指向步骤 1）中 QEMU 设定的回调函数 rbd_finish_aiocb( )。至此，QEMU 回调函数被调用执行，librbd 部分的写操作阶段性完成。

总结上述各步骤后可看出，镜像写操作执行过程中经过了多次队列调度、线程切换，当执行到 rbd_finish_aiocb( )函数时，QEMU 感受到的是另外一个线程调用。为了将写操作已完成的信息返回给原始操作发起的线程，rbd_finish_aiocb( )使用 QEMU 的事件循环机制将写操作完成信息进一步传递给发起请求的 QEMU 线程。写操作各步骤中的线程切换情况如图 3 - 9 所示。

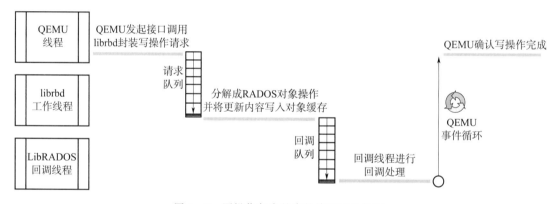

图 3 - 9　写操作各步骤中的线程切换情况

关于 QEMU 事件循环机制详细内容，可参考《QEMU/KVM 源码解析与应用》一书的 2.1 节 "QEMU 事件循环机制"。

6）缓存回写与数据落盘。

缓存数据落盘分为两种情况：一种是虚拟机驱动的应用主动 Flush；另一种是 LibRADOS 根据回写周期、脏数据大小等情况执行 Flush 动作，将缓存数据落盘。

第一种情况是虚拟机发送 Flush 指令。librbd 的缓存对虚拟机而言属于设备缓存，不是虚拟机操作系统内核空间的页高速缓存。librbd 缓存为设备级的缓存，与传统磁盘中的缓存类似。虚拟机操作系统发起写操作时，会通过系统调用和驱动程序向块设备发出 Flush 指令。

Flush 指令经由 QEMU 到达 librbd。librbd 会把 Flush 指令当作一种类型的请求进行处理：先将 Flush 请求置入请求队列，然后由工作线程调度执行。工作线程会通过块设备上下文结构（类型为 librbd：：ImageCtx）的对象缓存句柄 object _ cacher 调用 LibRADOS 的相关缓存处理接口进行数据落盘操作。这种情形下的数据落盘流程与下述第二种情况的数据落盘流程相同。

　　第二种情况是 LibRADOS 发起回写操作。librbd 缓存默认依靠 LibRADOS 的对象缓存实现，LibRADOS 会创建线程 flusher 监控缓存情况，并根据 librbd 指定的回写周期（受参数 rbd _ cache _ max _ dirty _ age 控制，默认为 1 s）、最大脏数据值（受参数 rbd _ cache _ max _ dirty 控制，默认为 24MB）等参数情况择机启动缓存回写。这些参数在 librbd 初始化设备上下文结构（类型为 librbd：：ImageCtx）时设定。

```
void ImageCtx：：init()
{…
    if（cache）{…   //判定是否启用缓存,默认为 true
    writeback_handler = new LibrbdWriteback(this，cache_lock)；
    //创建 librbd 的回写句柄
    uint64_t init_max_dirty = cache_max_dirty；
    if（cache_writethrough_until_flush）
    //启用该配置时,暂时将最大脏数据值设置为 0
        init_max_dirty = 0；
    object_cacher = new ObjectCacher(cct，pname，* writeback_handler，cache_lock，
        NULL，NULL，
        cache_size，
        10，  /* reset this in init */
        init_max_dirty，              //最大脏数据值
        cache_target_dirty，
        cache_max_dirty_age，         //回写周期
        cache_block_writes_upfront)；//创建对象缓存并配置相关参数
}…}
```

　　默认情况下参数 rbd _ cache 为 true，相应的上述代码中的 cache 变量为 true，即启用对象缓存。

　　writeback _ handler 为 librbd 的回写句柄，在后续执行数据落盘时会用到该句柄。

　　cache _ writethrough _ until _ flush 参数默认为 true，与系统配置项 rbd _ cache _ writethrough _ until _ flush 相对应。该项配置表示在收到上层应用发送 Flush 指令前，按照数据直接落盘的 writethrough 模式执行写操作；当 librbd 收到上层应用的第一个 Flush 指令后，再调整为 writeback 方式进行数据缓存。当 librbd 首次收到 Flush 指令时，会调用 ImageCtx：：user _ flushed()函数调整缓存模式，调整方式通过设置 object _ cacher 的最大脏数据值 max _ dirty 来实现。

```
void ImageCtx::user_flushed() {
    if (object_cacher && cache_writethrough_until_flush) {
    //两个参数条件默认均成立
    md_lock.get_read();
    bool flushed_before = flush_encountered;
    md_lock.put_read();
    uint64_t max_dirty = cache_max_dirty;
    if (! flushed_before && max_dirty > 0) {   //当首次收到 Flush 指令时执行此分支
      md_lock.get_write();
      flush_encountered = true;
      //控制二次及以后在收到 Flush 指令时不再重复执行
      md_lock.put_write();
      ldout(cct, 10) << "saw first user flush, enabling writeback" << dendl;
      Mutex::Locker l(cache_lock);
      object_cacher ->set_max_dirty(max_dirty);
    //更新缓存的 max_dirty 属性值,更新前为 0。
} } }
```

以自适应方式处理缓存提高了 RBD 的兼容性。目前使用 RBD 的大部分环境支持 Flush 指令,但仍不能排除一些较早的、定制化的操作系统环境会忽略 Flush 指令。启用 rbd _ cache _ writethrough _ until _ flush 选项,就会避免因为这些特殊环境而导致缓存数据丢失的风险。

无论第一种 QEMU 发送 Flush 指令的方式,还是第二种 LibRADOS 监测执行的方式,都会采用相同的流程进行数据落盘。在数据落盘流程中,object _ cacher 先选择出需要回写的 RADOS 对象、对应的缓存数据;然后经由 librbd 的回写句柄 writeback _ handler 调用 librbd 的相关处理程序,进行块设备 object – map、块设备副本镜像 RBD Mirror 等关联信息的处理;最后通过块设备上下文结构 image _ ctx 中的 LibRADOS 操作句柄 data _ ctx 调用相关接口执行数据落盘。

```
template <typename I>
void AbstractObjectWriteRequest<I>::write_object() {
    I * image_ctx = this ->m_ictx;
    ...
    int r = image_ctx ->data_ctx.aio_operate(   //数据落盘
      this ->m_oid, rados_completion, &write, m_snap_seq, m_snaps,
      (this ->m_trace.valid() ? this ->m_trace.get_info() : nullptr));
...}
```

3.5　RBD 快照

　　librbd 支持对块设备执行快照，并支持快照回滚，以还原执行快照时的设备状态。快照功能主要依靠后端 RADOS 系统提供的快照机制实现，librbd 仅需要提供少量快照元数据信息。RADOS 系统的快照机制主要是基于 COW（Copy On Write，写时复制）原理实现，详情在 OSD 一章中介绍。

　　在 librbd 一侧快照的关键数据结构是 SnapContext。该结构有最新的快照序号 SnapContext.seq，最新的快照序号也是块设备的当前活动版本，可对该版本的数据进行写操作，在没有快照时该值为 0。当前生效的所有快照序号列表存放在 SnapContext.snaps 内，以降序方式有序排列在其中。快照序号由 RADOS 的 Monitor 节点分配，新做的快照其快照序号较大，但同一目标的快照序号不一定连续。在 librbd 内，结构 SnapContext 在运行时存放在上下文结构 ImageCtx 内，这样程序可随时从上下文结构内找到快照序号信息。在落盘时，该结构信息保存在 header 对象的 OMAP 属性内。快照关键数据结构的关联关系如图 3 - 10 所示。

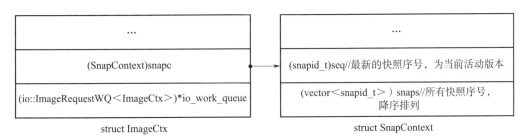

图 3 - 10　快照关键数据结构的关联关系

　　后端 RADOS 内的 RADOS 对象有一个类似的结构，称为 SnapSet，其内也保存了标识当前活动版本的最新快照序号和所有生效的快照序号列表。

　　（1）创建快照

　　创建快照的速度很快，即 librbd 向 Monitor 节点申请到快照序号后，更新 librbd 的 SnapContext 结构信息即可。创建快照的过程并不需要后端 RADOS 更新其他数据，包括 RADOS 对象的 SnapSet 结构信息也不需要进行更新，因此速度很快。

　　（2）创建快照后的写操作

　　librbd 的写操作请求都附带有结构信息 SnapContext。未创建快照时，SnapContext 内的 seq 值为 0；创建快照后，其内包含了最新的快照信息，包括标识活动版本的 seq 值和所有生效的快照序号列表 snaps。librbd 发出附带这些信息的写请求后，后续的 COW 机制生效、数据落盘等操作均由 OSD 完成，librbd 只需等待完成结果。

　　后端 OSD 的执行逻辑简述如下。

　　1）当 librbd 写操作请求涉及新创建 RADOS 对象时，正常创建 RADOS 对象，并用写操作请求的 SnapContext 信息设置 RADOS 对象的最新快照序号和所有快照序号列表。

2）若目标 RADOS 对象已经存在，当写操作请求的最新快照序号等于 RADOS 对象的最新快照序号时，表明该 RADOS 对象为当前的活动版本，正常执行写操作，不用激活 COW 机制。

3）当写操作请求的最新快照序号大于 RADOS 对象的最新快照序号时，说明该 RADOS 对象已经"过时"，不是当前的活动版本，则首先激活 COW 机制，克隆一个 RADOS 对象，并通过相关元数据结构将该 RADOS 对象标记为历史版本；然后执行写操作，并用写操作请求的 SnapContext 结构信息更新目标 RADOS 对象。

4）当写操作请求附带的最新快照序号小于 RADOS 对象的最新快照序号时，会判定该操作非法，返回"- EOLDSNAP"错误。块设备做完快照后，正常情况下仅会对最新快照序号标识的活动版本执行写操作，其他序号标识的版本为历史版本，不会对其执行写操作，仅会在回滚快照时对历史版本执行读操作，在删除快照时对历史版本执行删除操作。因此，对历史版本执行写操作会返回错误信息。

3.6　克隆块设备及对读写性能的影响

克隆块设备是快速复制新块设备的一种方式。克隆块设备的前提是原 RBD 中已经存在了快照，因为克隆操作是基于快照进行的，在执行克隆命令时需要指定快照名称。

＃rbd clone RbdNameDemo@RbdSnapNameDemo RbdCloneNameDemo

上述命令是在块设备 RbdNameDemo 的快照 RbdSnapNameDemo 的基础上，克隆出新的块设备 RbdCloneNameDemo。克隆操作执行得非常快，因为其仅会创建一些元数据信息，并不马上复制内容数据；其元数据结构 object - map 此时也全部为 0，表明该块设备自身没有任何"属于自己独有"的内容数据，它的内容数据均引用自原块设备 RbdNameDemo 的快照 RbdSnapNameDemo。如果此时删除这一快照，克隆设备的内容数据就会丢失。为此，系统提供了保护快照不被删除的命令。

＃rbd snap protect RbdNameDemo@RbdSnapNameDemo

Ceph 还提供了"压平"克隆设备的命令，以去除克隆设备与原设备快照之间的关联关系，使克隆设备完全独立。执行压平操作后，删除原设备的快照对克隆设备将不会再产生影响。

＃ rbd flatten RbdCloneNameDemo

将克隆设备压平还有利于提高设备 I/O 性能。在执行压平操作前，进行读操作时，librbd 会首先在对象缓存中查找目标数据，如果不存在，则依据目标克隆设备的 object - map 判断对象是否存在。如果仍不存在，则要到克隆设备的父设备上读取。其代码如下。

```
template <typename I> void ObjectReadRequest<I>::read_object()
{
```

```
I * image_ctx = this->m_ictx;
RWLock::RLocker snap_locker(image_ctx->snap_lock);
if (image_ctx->object-map ! = nullptr &&
    ! image_ctx->object-map->object_may_exist(this->m_object_no))
    //从 object-map 查找
  {image_ctx->op_work_queue->queue(new FunctionContext([this](int r) {
    read_parent(); }), 0);
    //当 object-map 标识对象不存在时,read_parent 操作入队
  return;
}…}
```

读取父设备的过程：依据父设备的上下文结构信息，构建出目标 RADOS 对象的 oid、位置区间等基础信息，然后发起读操作。新的读操作默认情况下仍然先查找对象缓存，如果不存在，则同样依据父设备的 object-map 判断对象是否存在。如果存在，则发起到后端 RADOS 的实际读操作；如果不存在，则重复性地到父父设备中读取。

如果是多级克隆，则要一直向上级设备查找。但其优势是判定目标 RADOS 对象是否存在的标准依据为对象缓存和 object-map，这些判断均在内存中执行，无需到后端 OSD 上查找，对性能影响相对有限。

性能影响更大的是对克隆设备的写操作，因为对克隆设备的写操作要进行特殊的再读取处理。块设备按块大小进行读写，但是由于 RBD 的块由 RADOS 对象承载数据，默认配置下一个 RADOS 对象可承载 4MB 数据，如果块设备的块大小为 4096B，则一个 RADOS 对象可承载 1024 个块。因此，上层应用发起一次写操作请求大多数情况下只能覆盖 RADOS 对象的一部分地址区间，如果目标 RADOS 对象不存在于克隆设备内，则需要到父设备的原始 RADOS 快照对象上先读取原始数据，然后将原始数据写入新建的克隆设备的 RADOS 对象，最后将应用发起的写操作请求落盘到该 RADOS 对象，并更新克隆设备的 object-map，标识 RADOS 对象已存在。这样才能保证一个 RADOS 对象的数据完整性，但这一过程对性能有一定影响。不过，这种操作对于一个 RADOS 对象仅会执行一次，后续针对该对象的写操作可直接落盘。

综合分析，如果克隆设备未做压平处理，数据读写会产生额外的读写请求，处理周期和流程变长，这会对响应速度有一定影响，同时也会造成多余的网络流量。因此，在使用 RBD 克隆功能时，应该尽量将克隆设备在合适的时机进行压平。

3.7　RBD QoS

QoS 用于有限资源下的服务质量保证。对于 RBD 而言，Ceph 后端 RADOS 系统的 I/O 能力是有限的；对于后端 OSD 设备而言，其 I/O 能力也有限。在这种资源有限的情况下，需要平衡各用户的资源使用请求，避免某些用户占用过多资源而导致其他用户的操作

请求迟迟得不到执行；或者更进一步，在可对用户进行分级的情况下，优先响应高优先级用户的操作请求。这些就是 QoS 的设计目标。本节介绍 librbd 的 QoS 实现，第 6 章将进一步介绍 OSD 层面的 QoS 控制。

RBD 在 L 版本中仅对快照回滚、克隆设备压平等操作进行了 QoS 控制，未对普通的块设备读写操作进行 QoS 控制。快照回滚等操作因为涉及对 RADOS 对象的批量操作，所以通过 QoS 控制其并发操作的数量，防止快照回滚等操作占用过多 I/O 资源，减少对 RADOS 系统及块设备 I/O 能力的影响。下面以快照回滚操作为例进行简要说明。

相关程序是在基类 AsyncObjectThrottle 的基础上实现的，快照回滚的相关类 C_RollbackObject 继承了该类。对 librbd 而言，快照回滚仅需提供需要快照回滚的 RADOS 对象 oid、snapid 等基本信息，然后在 QoS 的控制下有序调用 LibRADOS 的接口 selfmanaged_snap_rollback() 即可。最大并发的 RADOS 对象操作受参数 rbd_concurrent_management_ops 控制，默认为 10。启动快照回滚的代码摘要如下。

```
template <typename T> void AsyncObjectThrottle<T>::start_ops(uint64_t max_
  concurrent) {
    assert(m_image_ctx.owner_lock.is_locked());
    bool complete;
    Mutex::Locker l(m_lock);
    for (uint64_t i = 0; i < max_concurrent; ++i) {//先进行首批对象回滚
        start_next_op();
        if (m_ret < 0 && m_current_ops == 0) {
      break;
    } }
…}
```

上述代码会先按照设定的并发数量启动首批对象回滚，此操作完成后会通过函数回调方式再次调用 start_next_op()，启动新的 RADOS 对象快照回滚操作（实现方式是将 AsyncObjectThrottle 封装为 CONTEXT 回调类），这样就可保证正在执行的操作数量始终控制在 rbd_concurrent_management_ops 配置项所规定的数量之内。随后 start_next_op() 又会进一步调用 send() 函数，向后端 RADOS 系统发送对象快照回滚操作请求。send() 函数相关代码摘要如下。

```
template <typename I>
class C_RollbackObject : public C_AsyncObjectThrottle<I> {…
    int send() override {
        I &image_ctx = this->m_image_ctx;
        CephContext *cct = image_ctx.cct;
        std::string oid = image_ctx.get_object_name(m_object_num);
        //获得 RADOS 对象 oid
```

```
librados::ObjectWriteOperation op;
op. selfmanaged_snap_rollback(m_snap_id); //封装 libRADOS 操作请求
librados::AioCompletion * rados_completion = util::create_rados_callback
  (this);
image_ctx. data_ctx. aio_operate(oid, rados_completion, &op);//发送操作请求
rados_completion ->release();
return 0;
}
…}
```

后端 RADOS 系统将依据 SnapID 找到对应的 RADOS 对象的历史快照副本，基于其克隆一个 RADOS 对象作为当前活动版本（对应历史快照副本仍然保留，因为该版本的快照信息仍然有效），同时删除相关的无效 RADOS 对象。

在 M 及其后续版本，则增加了针对 I/O 读写操作的 QoS 控制功能。其实现思想是在操作请求队列出队时增加额外的 QoS 控制，当未达到 QoS 限定的条件时，I/O 读写操作请求正常出队，并得到工作线程的调度执行；当达到 QoS 条件时，则将操作请求置入新的 QoS 阻塞队列，等待 QoS 条件。当条件满足后，再次将 I/O 请求置入工作队列的前端，工作线程立即开始执行。

RBD 的 QoS 控制支持多种算法，其中令牌桶算法是较早实现的一种。

令牌桶算法的特点是能在一定程度上应对流量突发的场景，即在流量突发时该算法对突发流量有一定的妥协，但妥协程度又受控。其关键步骤如下。

1）以系统配置的固定速率向令牌桶中放入令牌。

2）令牌桶中的令牌数受最大参数值控制，当桶内的令牌数达到最大值后，则不再放入令牌。

在启用 QoS 功能时，对于 RBD 的 I/O 请求，会先尝试从令牌桶中获取令牌，如果令牌桶中有令牌，则获取成功，I/O 请求正常出队执行；如果桶中没有令牌，则进入阻塞队列等待。

当 I/O 请求达到的速率不小于令牌放入的速率时，I/O 请求的调度受算法限制，以设定的令牌放入速率被调度执行；当 I/O 请求到达的速率小于令牌放入的速率时，令牌桶内会积累一定数量的令牌，积累的令牌数不大于设定的最大值。这样当有突发流量时，可以消耗这部分积累的令牌，从而在一定程度上满足 I/O 请求突发的情况。

3.8　RBD journal 与 RBD - Mirror

RBD - Mirror 功能可实现 RBD 在不同集群间的设备数据同步。RBD - Mirror 的功能目标是将本地 RBD 以"准实时"的方式同步到远端集群，达到容灾备份的目的。此外，RBD 也支持块设备在不同集群间的双向备份，双向备份是两个单向备份的组合应用，块

设备从本地集群单向备份到远端备份集群是实现这些功能的基础，后续本节将以这种单向备份为例介绍 RBD - Mirror 的基本原理。

RBD - Mirror 功能的实现基础是块设备的 RBD - Mirror 服务和 journal 记录。

RBD - Mirror 服务是备份块设备的专门进程，运行在远端备份集群，而且每个集群内只能运行一个 RBD - Mirror 服务实例，防止备份操作冲突。RBD - Mirror 服务主要负责读取在用主集群的块设备的 journal 记录，重放后将数据写入备份块设备，实现块设备的数据同步；journal 记录会随着运行时间而增长，为防止 journal 记录的体量过大，RBD - Mirror 服务还会定期对 journal 记录进行修剪。

journal 记录保存了针对块设备的最近的修改、写入等操作以及操作相关的内容数据；journal 记录可重放，通过完整重放 journal 记录可同步块设备的完整数据。journal 特性默认不启用，手动启用 journal 特性后会在 RBD 的存储池内新增 journal header 和 journal _ data 两类 RADOS 对象。前者以 journal. ｛块设备 id｝格式命名，记录 journal 元数据，如 journal 数据位置标识、commit 序号等；后者名字以 journal _ data 为前缀，记录 journal 内容数据，内容数据包括写操作请求中的内容数据。journal 记录保存的操作数据量有限，具体受 rbd _ journal _ splay _ width 等参数控制，默认为 4，即使用 4 个 journal _ data RADOS 对象存放 journal 记录。当 RBD - Mirror 服务感知到 journal 元数据更新时，会检测 journal _ data 对象的数据占用及 journal 记录使用情况，当满足"修剪"条件时会删除不再使用的 journal _ data 对象。在 journal 中的数据不足以完整备份块设备的情况下，RBD - Mirror 服务也会直接读取块设备镜像内的数据进行备份。

RBD - Mirror 运行原理如图 3 - 11 所示。

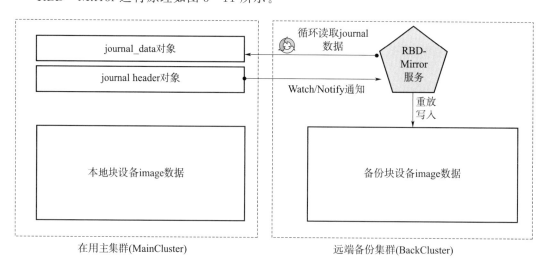

图 3 - 11　RBD - Mirror 运行原理

（1）RBD - Mirror 的基本配置

以图 3 - 11 中的两个集群为例，首先需要在两个集群上都启用 mirror 模式，这是开启 mirror 功能的基础。mirror 模式分为 Pool 模式和 image 模式，Pool 模式是目标存储池内的所有块设备都进行 mirror 备份，image 模式是仅针对目标 image 进行 mirror 备份。

rbd mirror pool enable <pool - name> <mode>

例如，针对存储池 PoolNameDemo 启用 Pool 模式的 mirror：

rbd mirror pool enable PoolNameDemo pool

其次，在用主集群上，针对目标块设备启用 journaling 特性。mirror 功能依赖块设备的 exclusive - lock 特性和 journaling 特性，前者默认开启，后者可通过如下命令操作。

rbd feature enable <pool - name>/<image - name> <feature - name>

例如，针对块设备 RbdNameDemo 开启 journaling 特性。

rbd feature enable PoolNameDemo/RbdNameDemo journaling

可使用如下命令查询、确认块设备的状态。

rbd info PoolNameDemo/RbdNameDemo

如果针对存储池启用了 mirror 模式，但存储池内的块设备没有启用 journaling 特性，则该块设备仍然不会被同步和备份。

最后，需要在远端备份集群配置 peer 信息和启用 RBD - Mirror 服务。

因为 RBD - Mirror 服务需要能同时访问备份集群和在用主集群，在启用 RBD - Mirror 服务前需要将连接在用主集群的配置文件 MainCluster. conf 导入到备份集群的/etc/ceph/目录下，同时将在用主集群的用户 client. admin 的 Keyring 文件导入此目录下。集群名称是访问集群的 "局部性" 标识，全局性的集群标识是集群 ID。集群名称可在部署 Ceph 时指定，也可通过配置文件进行 "局部" 控制。此处可通过配置文件名称 MainCluster. conf 指定集群名称，可不与实际的集群名称一致。RBD - Mirror 服务最终会使用集群 ID 访问在用主集群。

peer 信息包括对端集群的名称、访问对端集群的用户名等信息，在仅单向备份的情况下，仅需在备份集群一侧配置。

rbd mirror pool peer add <pool - name> <client - name>@<cluster - name>

例如，使用用户名 client. admin 备份存储池 PoolNameDemo。

rbd mirror pool peer add PoolNameDemo client. admin @ MainCluster - - cluster BackCluster

可使用如下命令查询 peer 的配置信息。

rbd mirror pool info PoolNameDemo -- cluster BackCluster

peer 配置信息存放在 RADOS 对象 rbd _ mirroring 内，后续 rbd - mirror 服务依据这些信息访问对端集群。

此后，在备份集群上安装并启用 RBD - Mirror 服务即可进行块设备备份。

```
systemctl enable ceph – rbd – mirror@admin
systemctl start ceph – rbd – mirror@admin
```

启用服务的参数 admin 指备份集群的用户，与上述访问在用主集群的用户 client. admin 并不是一个。上述两个用户都可使用单独创建、并具有相应权限的专门用户进行替换。

（2）基于队列和工作线程的 journal 内容数据异步落盘

RBD journal 与 FileStore 类型的 OSD 的 journal 思想类似，如果启用了 journaling 特性，则 librbd 在执行写操作时，将数据同步写入 RBD jounal 内。但与 FileStore 不同，journal 作为 RBD 的一种"附加"属性，librbd 并不会以将数据写入 jounal 为基准反馈写操作成功，而是在写入 cache（启用 cache 时）或写入后端 RADOS（不启用 cache 时）后才反馈写操作成功完成。

启用 journal 情况下，写操作处理流程会将数据写入 jounal 的内存结构。在 3.4 节第 4）步"工作线程将对 RADOS 对象的更新内容写入 ObjectCache"相关环节中，流程会额外调用函数 append _ journal _ event()将数据也写入 journal 内存结构中。

```
template <typename I> void AbstractImageWriteRequest<I>::send_request()
{…
        if (journaling) {                         //与 RBD Mirror 相关的处理分支
          // in – flight ops are flushed prior to closing the journal
          assert(image_ctx. journal ! = NULL);
          journal_tid = append_journal_event(requests, m_synchronous); //调用该函数
} …}
```

append _ journal _ event 会将写请求信息写入内存结构中，包括时间戳和本次写操作的内容数据，放入待处理列表内。

此后程序会调用 send _ appends()函数将 journal 落盘操作加入 journal 操作队列。其相关代码摘要如下。

```
void ObjectRecorder::send_appends(AppendBuffers * append_buffers)
{…
    m_pending_buffers. splice(m_pending_buffers. end(), * append_buffers,
                    append_buffers ->begin(), append_buffers ->end());
    if (! m_aio_scheduled) {
      m_op_work_queue ->queue(new FunctionContext([this] (int r)
      //将 journal 落盘操作加入队列
    { send_appends_aio(); }));
      m_aio_scheduled = true;
}}
```

上述工作均是在处理写操作请求的流程中执行的，当然也都处于处理写操作请求的同一线程内。将 journal 落盘操作加入 journal 操作队列后，写操作请求会继续执行写入 cache 的动作，不会等待 journal 落盘结果。

journal 操作队列由 tp_librbd_journ 线程维护，并在该线程内由 ObjectRecorder：：send_appends_aio()函数调用相关的 LibRADOS 接口，将 journal 内容数据落盘。其相关代码摘要如下。

```
void ObjectRecorder：：send_appends_aio() {
    librados：：ObjectWriteOperation op;
    …
    uint64_t append_tid = m_append_tid++;
    m_in_flight_tids.insert(append_tid);
    gather_ctx = new C_Gather(m_cct, new C_AppendFlush(this, append_tid));
    auto append_buffers = &m_in_flight_appends[append_tid];
    for (auto it = m_pending_buffers.begin(); it ! = m_pending_buffers.end(); )
{//一次可执行多项数据落盘
        op.append(it ->second);          //添加内容数据
        op.set_op_flags2(CEPH_OSD_OP_FLAG_FADVISE_DONTNEED);
        m_aio_sent_size += it ->second.length();
        append_buffers ->push_back( * it);
        it = m_pending_buffers.erase(it);
        if (m_aio_sent_size >= m_soft_max_size) {
          break; }
    }
    librados：：AioCompletion * rados_completion =
        librados：：Rados：：aio_create_completion(gather_ctx ->new_sub(),nullptr,
                                        utils：：rados_ctx_callback);
    int r = m_ioctx.aio_operate(m_oid, rados_completion, &op);
    //提交 journal 内容数据落盘操作
      assert(r == 0);
      rados_completion ->release();
    …
}
```

反馈写操作完成情况的回调处理与 journal 的落盘操作是以多线程的方式并行执行的，两者之间没有先后顺序的依赖关系。这也意味着默认启用 cache 的情况下，数据更新到缓存后就会进行回调处理，反馈上层应用写操作完成，不会等待 journal 的落盘结果。对于大多数异步写操作，会先反馈上层应用写操作完成，后进行 journal 落盘；有时也会反过来，先进行 journal 落盘，后反馈上层应用写操作完成结果，这取决于不同线程的调度执行情况。这种多线程的设计能在最大程度上保证写操作的 I/O 速率，降低 journal 功能对整体性能的影响。

上述分析均针对常用的异步写操作，当写操作为同步写时，或者进行 Flush 操作时，会要求 journal 数据先落盘，再反馈操作完成结果。

（3）基于轮询方式的 journal 内容数据获取

如图 3 - 11 所示，在本书 L 版本中，RBD - Mirror 服务利用定时器以轮询方式周期性地到主集群中查询 journal 内容数据的更新情况，具体实现是 RBD - Mirror 服务周期性地调用 ObjectPlayer∷ fetch()函数到对端的 journal _ data 对象上获取 journal 的更新数据。因为采用了轮询机制，所以这种方式会产生一定的额外流量。fetch()函数使用到了 LibRADOS 的读操作接口，相关代码如下。

```
void ObjectPlayer∷fetch(Context * on_finish) {
    ldout(m_cct, 10) << __func__ <<": " << m_oid << dendl;
    Mutex∷Locker locker(m_lock);
    assert(! m_fetch_in_progress);
    m_fetch_in_progress = true;
    C_Fetch * context = new C_Fetch(this, on_finish);
    librados∷ObjectReadOperation op;
    op. read(m_read_off, m_max_fetch_bytes, &context->read_bl, NULL);
    //LibRADOS 的读接口
    op. set_op_flags2(CEPH_OSD_OP_FLAG_FADVISE_DONTNEED);
    librados∷AioCompletion * rados_completion =
        librados∷ Rados∷ aio _ create _ completion ( context, utils∷ rados _ ctx _
        callback, NULL);
    int r = m_ioctx. aio_operate(m_oid, rados_completion, &op, 0, NULL);//发起读操作
    assert(r = = 0);
    rados_completion ->release();
}
```

（4）基于 Watch - Notify 机制的 journal 元数据更新通知

mirror 的有效运行依赖于 journal 的更新以及相关消息的及时通知。RBD - Mirror 服务采用轮询方式获取 journal 内容数据的更新，journal 元数据则在主集群更新后，通过 Watch - Notify 机制主动通知 RBD - Mirror 服务。

Watch - Notify 是 RADOS 系统提供的一种消息反射机制，在 Ceph 系统内有广泛的应用，LibRADOS 也为此提供了专门的函数接口。第 2 章以 Watch - Notify 的缓存信息同步为例介绍了 Watch - Notify 的基本用法，此处在其基础上结合程序代码介绍如何使用 Watch - Notify 机制进行 journal 更新消息通知。

　　对于 journal 元数据, 在进行写操作回调处理时, 由 AioCompletion∷complete()函数调用 commit_io_event(), 通过定时器"预定"journal 元数据落盘操作。具体的落盘操作则由定时器线程负责, 与负责写操作的工作线程之间无依赖关系, 对 RBD 的 I/O 速率没有直接影响。

　　"预定"的实现过程如下: AioCompletion∷complete()函数调用 commit_io_event(), 代码详见 3.4 节第 5)步"回调处理, 确认写操作完成"; commit_io_event()函数会进一步调用 JournalMetadata∷schedule_commit_task(), "预定"journal 元数据落盘操作。其相关代码如下。

```
void JournalMetadata::schedule_commit_task() {
    ldout(m_cct, 20) << __func__ << dendl;
    assert(m_timer_lock -> is_locked());
    assert(m_lock. is_locked());
    assert(m_commit_position_ctx != nullptr);
    if (m_commit_position_task_ctx == nullptr) {
      m_commit_position_task_ctx =
        m_timer -> add_event_after (m_settings. commit_interval, new C_
CommitPositionTask(this));//通过定时器"预定"落盘操作
    }
}
```

　　上述代码中, C_CommitPositionTask 结构继承自通用回调结构 Context, 其 finish()函数定义了将来 C_CommitPositionTask 被定时器线程回调时所要执行的动作。此处定义的是执行 handle_commit_position_task()函数, 具体实现方式利用了 C++的 override 重写机制。finish()函数的代码如下。

```
struct C_CommitPositionTask : public Context {
    JournalMetadata * journal_metadata;
    ...
    void finish( int r) override {
      Mutex::Locker locker(journal_metadata -> m_lock);
      journal_metadata -> handle_commit_position_task();//回调时要执行的函数
    };
};
```

　　到达预定时间后, 定时器线程调用 handle_commit_position_task()函数, 该函数会进一步调用 LibRADOS 的相关接口向 RADOS 集群提交落盘请求。该过程中利用了 CLS 扩展模块机制。CLS 扩展模块机制是一种本地调用、远端执行的机制。此处由 client∷client_commit()发起函数调用, 而数据处理逻辑运行在远端 OSD 内部。第 2 章对 CLS 机制有详细的举例说明，此处不再展开介绍。handle _ commit _ position _ task()函数的关键代码摘要如下。

```
void JournalMetadata::handle_commit_position_task() {
    …
    ctx = new C_NotifyUpdate(this, ctx);
    ctx = new FunctionContext([this, ctx](int r) {
    // manually kick of a refresh in case the notification is missed
    // and ignore the next notification that we are about to send
        m_lock.Lock();
        ++m_ignore_watch_notifies;
        m_lock.Unlock();
        refresh(ctx);
    });
    ctx = new FunctionContext([this, ctx](int r) {
        schedule_laggy_clients_disconnect(ctx);
    });
    librados::ObjectWriteOperation op;
    client::client_commit(&op, m_client_id, m_commit_position);
    //使用 CLS 扩展模块机制
    auto comp = librados::Rados::aio_create_completion(ctx, nullptr, utils::
rados_ctx_callback);//设定回调
    int r = m_ioctx.aio_operate(m_oid, comp, &op);
    //向 journal 对象提交元数据落盘请求
    assert(r == 0);
    comp->release();
}
```

上述代码中，m _ ioctx.aio _ operate（m _ oid，comp，&op）的参数 m _ oid 指向 journal 对象，其名称由 journal.｛块设备 id｝组成，如 journal.3ca4e66b8b4567。

完成 journal 元数据落盘后，回调线程将调用设定的回调函数，最终由函数 async _ notify _ update()调用 LibRADOS 的 aio _ notify()接口发出 journal 更新通知。aio _ notify()是 Watch－Notify 机制中的 notify 接口，notify 的目标对象为 journal 对象（与上一步 m _ ioctx.aio _ operate（m _ oid，comp，&op）中的 m _ oid 一致）；对应地，在 RBD－Mirror 服务启动时也会向该 journal 对象所在的 OSD 注册 Watch，注册后 RBD－Mirror 服务会监听并等待 Notify 消息，同时 OSD 也会登记 RBD－Mirror 服务的网络通信地址与端口；Notify 消息到达 journal 对象所在的后端 OSD 后，OSD 会将该消息转发给已注册 Watch 的 RBD－Mirror 服务，完成 journal 更新消息的"反射"。回调线程发送 Notify 消

息的相关代码如下。

```
void JournalMetadata::async_notify_update(Context * on_safe){
    ldout(m_cct,10) <<"async notifying journal header update" << dendl;
    C_AioNotify * ctx = new C_AioNotify(this, on_safe);
    librados::AioCompletion * comp =
        librados::Rados::aio_create_completion(ctx, NULL, utils::rados_ctx_
          callback);
    bufferlist bl;
    int r = m_ioctx.aio_notify(m_oid, comp, bl, 5000, NULL);
    //调用 LibRADOS 的 notify 接口
    assert(r == 0);
    comp->release();
}
```

　　journal 元数据落盘、journal 更新通知发送过程中涉及两次线程切换和多次操作回调，这也是异步 I/O 操作的一个特点。操作请求的发起和操作结果的确认不同步，也不在同一线程内，两者的逻辑关系利用队列和操作请求结构体等内存数据结构进行关联。journal 元数据落盘过程线程切换如图 3 - 12 所示。

图 3 - 12　journal 元数据落盘过程线程切换

　　RBD - Mirror 服务收到 Notify 消息后，会更新本地的 journal 元数据信息，并修剪 journal_data 对象，具体过程读者可参考相关程序代码。

本章小结

　　RBD 是 Ceph 块设备的客户端。本章首先介绍了 RBD 的 3 种应用方式，以及块设备的存储镜像与 RADOS 对象的关联关系；然后以 QEMU - KVM 环境下块设备的写操作为例对其处理流程进行了详细说明；最后对 RBD 的快照、QoS 服务质量控制等 RBD 特色功能进行了介绍。RGW、RBD 的下一层为 LibRADOS 接口库，将在第 4 章中进行介绍。

第 4 章　LibRADOS 接口

4.1　简介

　　LibRADOS 是 RADOS 层的对外窗口，上层应用的所有操作只有通过这一窗口才能完成。Ceph 分布式存储系统 RADOS 层对外主要提供存储池（Pool）及存储池内的数据读写功能，但数据在系统中的组织、存储又涉及 PG、OSD 等底层支撑组件。LibRADOS 是实现 Ceph 系统 RADOS 层对外功能的唯一接口，LibRADOS 将上层对存储池的数据读写操作转化为对 PG 及 OSD 的操作。

　　此外，LibRADOS 接口中还提供了 CLS 功能与 Watch/Notify 机制接口。CLS 实现了层次穿越、由上层应用自定义下层数据操作规则的一种机制，上层应用 RGW 对象存储与 RBD 均使用到了 CLS 功能；Watch/Notify 机制实现了上层应用对特定 RADOS 对象的事件监视与消息传递，RGW 的缓存同步与 RBD 快照也都使用到了这种机制。

　　LibRADOS 运行在上层应用的进程之内，运行起来后将与 Monitor 节点建立并保持连接，以获取并更新 OSDMAP 和 MONMAP，这些数据是执行 CRUSH 算法和感知 RADOS 系统状态所必需的。

　　上层应用的操作请求在 LibRADOS 内主要完成两件事情：一是进行目的 OSD 的寻址，这通过执行 CRUSH 算法实现；二是通过网络发送操作请求并接收操作结果数据。操作请求的实际执行在后端 OSD 内，在这一过程中 LibRADOS 扮演的是"传话者"的角色。

4.2　LibRADOS 对外提供的功能接口

　　LibRADOS 采用 C++语言实现，对外提供 C、C++、Python、Java 和 PHP 的开发接口。

　　RGW、RBD 等上层应用均使用 LibRADOS 的 C++接口，此处主要介绍 C++语言接口，其他语言的接口与此类似。

　　LibRADOS 接口的完整操作一般分为配置集群句柄、创建 I/O 会话、整理 I/O 操作、提交 I/O 操作和资源后处理等步骤。

　　配置集群句柄在 Rados 类内，常用接口有 Rados. init()、Rados. connect()等。这些是访问 RADOS 集群的基础步骤。此外，Rados 类还具有创建存储池 Rados. pool_create()、删除存储池 Rados. pool_delete()、列出存储池 Rados. pool_list()等管理存储池的接口。

I/O 会话类 Ioctx 集中了 LibRADOS 的大部分主要接口。在进行 I/O 操作前，需要先创建 I/O 会话。创建 I/O 会话的过程就是和一个具体的存储池 Pool 相关联的过程，这通过 Rados 类的 Rados. ioctx _ create()实现。I/O 会话创建后，才可通过 Ioctx 进行实际的 I/O 访问。进行 I/O 访问常用的接口包括创建对象 Ioctx. Create ( )、删除对象 Ioctx. remove()。I/O 操作中针对对象的数据读写操作分为同步操作和异步操作两类。其中，同步数据读写操作包括向特定的偏移量写一定长度的数据 Ioctx. Write()、全部覆盖写 Ioctx. write _ full()、追加写 Ioctx. append()、写 XATTR 数据 Ioctx. setxattr()、写 OMAP 数据 Ioctx. omap _ set()，以及相关的读数据接口 Ioctx. read()、Ioctx. getxattr()、Ioctx. omap _ get _ vals()等。

对于异步操作，需要类 AioCompletion 的配合。该类可供上层应用异步地判断操作执行的状态，如通过 AioCompletion. is _ complete()接口判断操作是否完成；该类也具有回调处理作用，用于在收到操作执行结果后的主动回调处理，具体处理逻辑可由上层应用定义。常用的异步读写接口有 Ioctx. aio _ write()、Ioctx. aio _ write _ full()、Ioctx. aio _ append()、Ioctx. aio _ setxattr()、Ioctx. aio _ setxattr()、Ioctx. aio _ read()、Ioctx. aio _ getxattr()等。

Ioctx 还提供了一次提交多个操作的接口 Ioctx. operate()和 Ioctx. aio _ operate()。多个操作整合后一次性提交的做法能有效提高执行效率，优化网络带宽负载，降低后端 OSD 的计算资源占用，也能更好地保持多个操作之间的一致性。RGW 等上层应用也常采用这种方式实现多个操作之间的一致性。这种方式要求多个操作是针对同一对象的，而且在提交前需要通过类 ObjectOperation 将多个操作整合在一起。类 ObjectOperation 派生了写操作和读操作两个类。写操作类 ObjectWriteOperation 可通过 ObjectWriteOperation. write ( )、ObjectWriteOperation. setxattr()等接口整合多个写操作，读操作类 ObjectReadOperation 可通过 ObjectReadOperation. read()、ObjectReadOperation. getxattr()等接口整合多个读操作。

在支持 CLS 模块扩展机制方面，LibRADOS 提供了 exec()接口函数。通过该接口，上层应用可发起对后端 OSD 内特定动态链接库的相关函数调用，特定动态链接库由 exec()的 cls 参数指定，所调用的函数由 exec ( )的 method 参数指定。上层应用可通过 Ioctx. exec()接口直接提交远端执行请求；也可通过 ObjectOperation. exec()接口将调用请求与其他操作进行整合，然后通过 Ioctx. operate()接口一并提交。

LibRADOS 对外提供了 Watch – Notify 相关接口。第 2 章介绍了 RGW 的并发与 Watch – Notify 机制，本章将从 LibRADOS 接口角度对其进一步进行说明。

4.3　LibRADOS 的结构组成

LibRADOS 作为一个接口程序库，结构并不复杂。参考通用的做法，其结构可分为 4 层，分别是对外接口层、请求封装层、对象处理层和网络通信层，如图 4 - 1 所示。

其中，前 2 层主要是对外接口的展示和操作请求的封装。对外接口层为上层应用提供

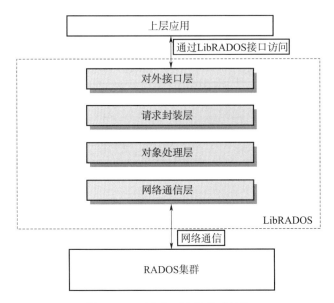

图 4-1　LibRADOS 的组成结构

统一的调用接口，接口类型包括 C、C++、Java、PHP 和 Python 等。请求封装层用于实现 I/O 请求的简单封装。接口的真正实现在 IoCtxImpl 类内，它记录了操作请求的上下文信息，并将操作请求封装为 OSDOp 等 OSD 可识别的格式。

第 3 层是 LibRADOS 的关键实现，该层完成了操作对象所属 PG 的确定，以及目的 OSD 的寻址，这些都是 LibRADOS 的重要环节，这些均在该层内通过 CRUSH 算法实现。这一层的关键实现是类 objecter。objecter 持有 OSDMAP、osd_sessions 等重要结构，其 OSDMAP 是运行 CRUSH 算法的重要基础，osd_sessions 用来记录与 OSD 的网络连接情况。此外，objecter 还定义了用于进一步封装操作请求的 Objecter::Op 结构，以及一系列处理、提交操作请求的函数方法，这些是 LibRADOS 的重要组成部分。

第 4 层是通用的网络通信层，该层相对独立，且在 OSD、Monitor 等组件中共用同样的网络通信模块。该层有多种实现，默认实现的是 Async 模式，其采用工作队列和多线程方式进行网络数据收发。操作请求在第 3 层完成寻址后，会调用本层的收发接口，通过本层的工作线程发送到目的 OSD。

LibRADOS 各层关键结构的关联关系如图 4-2 所示。其中，IoCtxImpl 与特定的目标存储池 Pool 相关联，与目标 Pool 相关的操作均可通过 IoCtxImpl 进行处理。在创建 IoCtxImpl 时，相关的 RadosClient、Objecter 结构也同步创建，一起服务于对目标 Pool 的各类操作。RadosClient 内的 monclient 负责与 Monitor 节点建立连接，并在建立连接过程中进行身份认证和权限鉴别，这部分内容将在第 5 章中进一步介绍。

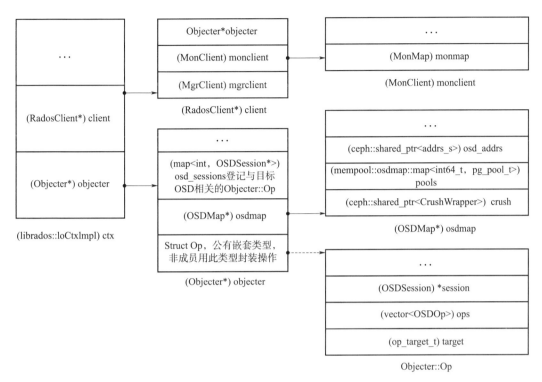

图 4 - 2　LibRADOS 各层关键结构的关联关系

4.4　存储池 Pool 与归置组 PG

将存储划分为存储池进行管理是存储行业的通用做法，Ceph 沿用了这种做法，也通过存储池对外提供存储管理。存储池是 RADOS 对外提供的主要功能之一，对外而言它是存储对象的一个逻辑分区，对象必须属于某一个存储池。存储池也是管理员可配置的重要管理单元，管理员可针对存储池配置纠删码模式还是副本模式、设定副本数量、定制CRUSH 策略，还可以针对存储池单独配置对象访问权限、启用快照等管理功能。

存储池对上层应用而言是完全可见的，如上层应用 RGW 将 zone 内的数据与元数据分别存放在多个存储池 Pool 内，有的存储池专门存放内容数据，有的存储池专门存放元数据。RBD 等其他上层应用也存在类似情形。

存储池向下落盘过程中会切割为多个归置组 PG，具体 PG 数量可针对存储池进行配置。切割方法是基于对象名称 Hash 值再取模的计算方法，具体在 4.5 节 "CRUSHMAP与 CRUSH 算法" 中进行介绍。RADOS 对象、存储池与归置组的关系如图 4 - 3 所示。

PG 对上层应用而言并不可见，其可见范围主要在 RADOS 系统内部，包括LibRADOS。PG 是 Pool 下面的次级管理单元，也是 Ceph 系统内的最末级管理单元，其内直接是末端对象。但是，对于 RADOS 系统而言，PG 这一级管理单元比 Pool 更为重要。因为数据在 OSD 中的存放是以 PG 为单位的，数据的迁移和同步也是以 PG 为单位的。

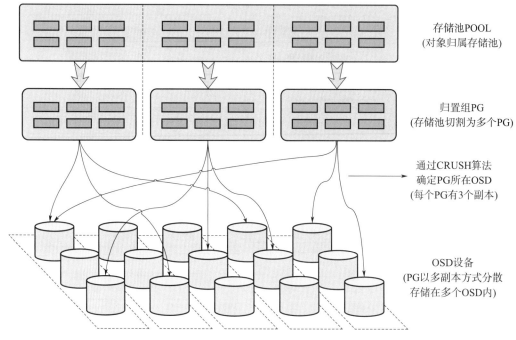

图 4 - 3 RADOS 对象、存储池与归置组的关系

PG 作为末级的对象管理单位，在 OSD 进程内有专门的程序资源与之对应；同时，PG 的数量可受管理员控制，总数量不会太大，这对软件设计和运行程序的资源消耗都很有好处。此外，通过增加 PG 这一级管理单元，取消了对象和存储池与后端 OSD 设备之间的紧耦合关系，这对 Ceph 系统基于通用硬件实现高可靠存储的定位而言很关键。

PG 在 LibRADOS 内只参与操作请求的寻址过程。LibRADOS 在收到上层应用的数据读写请求时将请求转换为对 PG 和目的 OSD 的操作，并将 PG 标识作为一个参数发送给目的 OSD。LibRADOS 并不参与 PG 的创建和管理，PG 在创建存储池的过程中被系统创建。创建存储池时，LibRADOS 只是将创建请求消息 POOL ＿ OP ＿ CREATE 发送给 Monitor，由 Monitor 执行创建存储池的操作。

4.5 CRUSHMAP 与 CRUSH 算法

4.5.1 CRUSHMAP

CRUSHMAP 是运行 CRUSH 算法的数据基础。CRUSHMAP 基于 OSDMAP 构建，并属于 OSDMAP 的一部分，存放在 OSDMAP. crush 内。LibRADOS 在创建上下文时会通过 IoCtxImpl. RadosClient 到 Monitor 节点上获取 OSDMAP，并存放在 IoCtxImpl. Objecter 成员结构内，如图 4 - 2 所示。

OSDMAP 记录的内容非常丰富，包括 OSD 地址、OSD UUID、Pool 列表等众多信息，但 CRUSH 算法计算时仅需要 OSD 设备的层级结构和 OSD 设备权重等基本信息，因此在具体实现时会基于 OSDMAP 重新构建一个 CRUSHMAP。CRUSHMAP 的使用率特别高，默认情况下 CRUSHMAP 以结构数组方式描述，以提高查找效率。在逻辑上 CRUSHMAP 本质是一个树形结构，叶子节点为实际的 OSD 设备；中间节点称为 Bucket 节点，为虚拟的组织节点。组织节点按管理范围的大小分为 host、chassis 等级别，如最基层的组织节点为 host，表示主机，一个主机内可有多个 OSD 设备；再上一级为 chassis，表示机柜，系统定义了 10 个级别，包括 OSD 设备和 root。root 为 CRUSHMAP 的根，是 CRUSHMAP 必有的，其余的中间节点可根据实际需要进行取舍。

```
# types
type0 osd
type1 host
type2 chassis
type3 rack
type4 row
type5 pdu
type6 pod
type7 room
type8 datacenter
type9 region
type10 root
```

Bucket 节点类型定义如下。

```
struct crush_bucket {
    __s32 id;       /*! < bucket identifier, < 0 and unique within a crush_map */
    __u16 type;     /*! < > 0 bucket type, defined by the caller */
    __u8 alg;       /*! < the item selection ::crush_algorithm */
    __u8 hash;      /* which hash function to use, CRUSH_HASH_ * */
    __u32 weight;   /*! < 16.16 fixed point cumulated children weight */
    __u32 size;     /*! < size of the __items__ array */
    __s32 * items;  /*! < array of children: < 0 are buckets, > = 0 items */
};
```

上述定义中，id 为节点标识，对于 Bucket 节点，其值均为负数，以与 OSD 设备相区分。weight 为节点的权重，对于 Bucket 节点，其权重为其子节点的权重之和；size 为其子节点的数量。items 是存放其子节点 id 的数组，当子节点是 Bucket 类型时，值为负数；当子节点为 OSD 设备时，值为正数。CRUSHMAP 如图 4 - 4 所示。

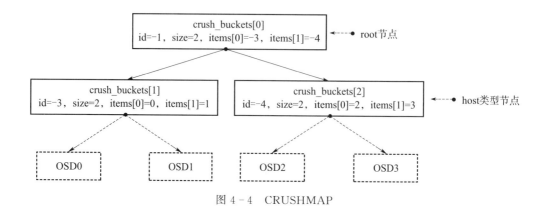

图 4 - 4　CRUSHMAP

4.5.2　CRUSH 算法

CRUSH 算法是 Ceph 系统的一种可控的、可扩展的、分布式的副本数据放置算法。CRUSH 算法解决的问题是 RADOS 对象到存放它的 OSD 设备的寻址问题，解决问题的方式是通过计算，而不是查询，因此其不需要一个中心化的查询表。与传统查询方法相比，CRUSH 的数据管理机制更好，通过计算把工作直接分配给集群内的 OSD 进行处理，因此具有更好的伸缩性。

CRUSH 算法的核心是 hash 运算，默认 hash 算法是 Jenkins 算法，因此该寻址过程更像是通过 hash 运算实现的一种映射。

Ceph 集群内一旦任何一个 OSD 设备写满，整个集群就会进入一种保护状态，并停止对外提供服务。因此，CRUSH 算法追求的目标是 RADOS 对象在所有 OSD 设备上按照设备容量大小均匀分布，进而使得 Ceph 集群内的所有 OSD 设备都有相同的空间使用率，这样能在整体上提高存储空间的使用效率。CRUSH 算法使用 hash 运算的目的就是去除对象名称、PGID 之间的相关性，使其在数值空间分布上是均匀的。

基于 CRUSH 算法的寻址过程分为两步。其中，第一步是基于对象 id 和 Pool id 获得对象所属的 PG。RADOS 对象到 PG 的映射采用了 hash 运算和按 Pool 的 PG 总数取模的方法，主要过程如下。

1) 输入 ObjectID，使用 hash 算法对 ObjectID 进行 hash，得到 hash 值。

2) 对得到的 hash 值按 Pool 的 PG 总数进行取模运算，得到 PG 在该 Pool 内的序号。

3) PGID 是一个二维结构，将 Pool ID 和第 2) 步得到的 PG 序号拼合成 PGID，如 (40.7)。

第一步的设计目标是 Pool 内的对象在各个 PG 中均匀分布。由于选择的 hash 算法是伪随机的，ObjectID 经过 hash 运算后，所得到的数值在空间分布上是均匀的，经过按 PG 总数取模后也是平均分布的。这样就实现了给定 Pool 内的 ObjectID，可以计算出 PGID，这一过程是确定的、可重复的；在 Object 数量很多的情况下，又能实现对象在各个 PG 中平均分布、均匀存储。

第二步是基于 PGID 和 CRUSHMAP，使用 CRUSH 算法计算对象的目的 OSD 组。算法输入/输出可表示如下：

$$CRUSH(PGID) \rightarrow (OSD_主, OSD_{从1}, OSD_{从2}, \cdots)$$

第二步基于 CRUSHMAP 执行。CRUSH 算法默认使用 Draw2 模式。在该模式下，CRUSH 算法的主要动作是重复性、多轮次的 hash 运算，hash 算法仍然是 Jenkins 算法。其执行过程简述如下。

1）计算出 PGID 的 hash 值：PGID_hash＝hash（PGID）。

2）设定选择轮次 r，查找主 OSD 时 r 为 0，查找其他从 OSD 时依次增加。此外，当过程中遇到 hash 值冲突时，也可用 r 解决意外冲突情况。

3）开始正式的选择过程。从 CRUSHMAP 的根节点 root 开始，针对每一个节点的子节点，执行 hash 运算（其中，PGID_hash 为 PGID 的 hash 值，id 为子节点的 ID，r 为选择轮次）：

$$U＝hash(PGID\_hash, id, r)$$

将得到的 hash 值 u 执行一个与 log2 有关的对数转换运算，再除以该子节点的权重因子，得到本轮该子节点的 CRUSH 值 CRUSH［ID］。

针对其他每个子节点重复这一过程，得到所有子节点的 CRUSH 值，并选择 CRUSH 值最大的子节点作为获选节点。

针对下一级获选节点的子节点再次重复上述过程，直至选出位于叶子节点上的 OSD 设备，完成本轮选择。

改变重试次数 r，进行下一轮选择，直至选出 OSD 组的所有成员。关于这一过程，将在 4.6 节通过实例进一步说明。

CRUSH 算法运算过程中使用到了 log2 对数转换，目的是调整计算结果在数值空间上的分布，放大计算结果的差异，以在权重因子参与运算后 CRUSH 值具有更好的可比性。

上述 CRUSH 算法使用的是 Draw2 模式。在 draw2 模式下，整个过程中仅使用到了节点下属子节点的权重值，其他同级节点的权重值没有参与到运算过程中。这意味着当某一个 OSD 节点的权重发生变化时其对整体的影响有限，权重变化时不会发生大规模的数据迁移状况，这对 Ceph 系统也很重要。关于这一点，从 draw 到 draw2 的改进过程可以看出。Draw 的原始版本描述如下。

```
max_x = -1
max_item = -1
for each item:
x = random value from 0..65535
x *= scaling factor
if x > max_x:
max_x = x
max_item = item
```

```
return item
```

在上述算法描述代码中，x 为某节点 hash 值的后 32 位。从概率分布上，x 是随机的，介于 0～65535。与权重因子运算时采用了 x ＊＝ scaling factor 方法，scaling factor 不但与本节点的权重因子值有关，还与其他同级节点的权重因子值有关。调整后的 straw2 的描述如下。

```
max_x = -1
max_item = -1
for each item：
x = random v alue from 0..65535
x = (2^44 * log2(x + 1) - 0x1000000000000)/ weight
if x > max_x：
max_x = x
max_item = item
return item
```

调整后，与权重因子的运算采用了 x ＝（2^44 ＊ log2（x＋1）－0x1000000000000）/ weight，这种运算只与当前节点的权重因子有关，与其他节点的权重因子无关。这样修改某一个 OSD 节点的权重时仅影响到 OSD 节点所在的分支，对其他分支没有影响，因此所造成的数据迁移也会尽可能地小。

4.5.3　定制 CRUSH

Ceph 系统在部署时会产生默认的 CRUSH 规则，同时 Ceph 系统也支持对 CRUSH 进行定制，并提供了多种定制方式。

最常用的是定制 CRUSH 查找规则，主要过程如下。

通过如下命令导出并反编译系统在用的 CRUSH 规则。

```
# ceph osd getcrushmap - o CrushmapOut        //导出 crush 规则
# crushtool - d CrushmapOut - o CrushmapDecompiled //反编译 crush 规则
```

反编译形成的 CrushmapDecompiled 包括 OSD 设备情况、Bucket 节点情况、root 节点定义和查找规则，其中常用的是修改后面的查找规则。

```
# begin crush map
…
# devices //OSD 设备情况
device 0 osd. 0 class hdd
…


# buckets //Buckets 节点情况
```

```
…
# rules //可定制的规则
rule replicated_rule { //规则名称,Pool 将基于规则名称与规则关联
  id 0
  type replicated
  min_size 1
  max_size 10
  step take default
  step chooseleaf firstn 0 typehost   //故障域为 host 级别
  step emit
}
# end crush map
```

查找规则的字段为 type，指明是多副本（replicated）类型还是纠删码类型（erasure）。min_size 和 max_size 用来限定副本数的范围，表明可使用该规则的 Pool 的副本数必须在此范围内。step take 和 step chooseleaf 是常被定制的项，step take 是选择一个 Bucket 节点作为入口节点，从该 Bucket 节点开始往下查找，直至找出此节点下的 OSD；step chooseleaf 表明是故障域模式，其后的 firstn 0 表示按照副本数选择 OSD，type host 表明故障域是 host 级别，即同一 PG 的目标 OSD 组分布在不同的 host 内，防止因副本数据放在同一个 host 而导致扩大数据故障风险。

管理员可面向整个集群或特定的 Pool 定制 CRUSH 规则，如针对存储池 PoolNameDemo 定制一条新规则，使其故障域为 chassis 级别，可在反编译的规则文件 CrushmapDecompiled 内增加一个规则。

```
# begin crush map
…
ruleNewRuleDemo { //规则名称,Pool 将基于规则名称与规则关联
    id1
    type replicated
    min_size 1
    max_size 10
    step take default
    step chooseleaf firstn 0 typechassis
    step emit
}
# end crush map
```

编译并导入集群：

```
♯crushtool－c CrushmapDecompiled－o CrushmapIn    //编译规则文件
♯ ceph osd setcrushmap－iCrushmapIn              //导入集群
```

将新建的规则与 PoolNameDemo 关联：

```
♯ceph osd pool set PoolNameDemo crush_rule NewRuleDemo
```

除上述定制查找规则外，还可通过设定 OSD 的迁移权重（reweight）、设定与特定存储池相关 OSD 的 weight－set 权重等方式人为调整 OSD 的权重，进而间接干预 CRUSH 算法的寻址结果，调节数据在 OSD 上的分布；同时，还可以通过 upmap 方式直接指定特定 PG 的寻址结果，也能达到调节数据分布的效果。在 Ceph MGR 组件中还有自动调整数据分布的模块 balancer，balancer 通过 reweight、weight－set、upmap 等方式自动调整数据分布。

4.6　对象写请求示例

本节仍以内容为"Hello world!"的对象 hw 为例，分析该对象的数据写入过程。不考虑异常处理情况的程序概要如下。

```
1♯ include <rados/librados.hpp>
2int main(int argc, const char * * argv)
3{
4  librados::Rados rados;
5  rados.init2("client.admin", "ceph", 0);//两个字符串分别是用户名和集群名
6  rados.conf_read_file("/etc/ceph/ceph.conf");
7  rados.connect();//配置集群句柄
8
9  librados::IoCtx ioctx;
10 rados.ioctx_create("PoolNameDemo", ioctx);//创建 I/O 上下文,参数为 Pool 名
11
12 librados::ObjectWriteOperation op;
13 ceph::bufferlist bl;
14 bl.append("Hello world!",12);
15 op.write_full(bl);   //整理操作
16 ioctx.operate("hw",&op);//提交请求
17
18 ioctx.close();
19 rados.shutdown(); //资源回收
20}
```

　　上述示例程序包括与集群建立连接、创建 I/O 会话、整理 I/O 操作、提交 I/O 操作和资源后处理等步骤。程序首先与 RADOS 集群建立连接，此过程中会与 Monitor 节点建立初始连接、进行用户身份认证、获取 OSDMAP 等，这部分内容将在第 5 章中进行介绍，本章不再展开说明，接下来重点说明建立集群连接后的操作请求整理与提交过程。

　　1）预处理操作请求，形成 OSDOp 结构。

　　操作请求先经过类型 librados：：ObjectWriteOperation 的整理，形成 OSDOp 结构，为后续向 RADOS 系统提交做准备。操作程序第 15 行 op. write _ full()通过调用 add _ data()函数实现这一步骤，关键代码如下。

```
void ObjectOperation::add_data(int op, uint64_t off, uint64_t len, bufferlist& bl){
    OSDOp& osd_op = add_op(op);
    osd_op. op. extent. offset = off;
    osd_op. op. extent. length = len;
    osd_op. indata. claim_append(bl);
}
```

　　OSDOp 内说明了本次操作的操作类型、起始位置、长度和内容数据，除去对象 PG 等信息外，这些信息涵盖了本次操作的主要基本信息。操作类型在 OSDOp 内使用操作码表示，Writefull 操作的操作码为 CEPH _ OSD _ OP _ WRITEFULL（8706），存放在 OSDOp. op. op 字段，类型为无符号短整型。OSDOp 是通用类型，在 OSD 一侧也识别它，这一点将在第 6 章进行进一步说明。

```
struct OSDOp {
  ceph_osd_op op;
  sobject_t soid;
  bufferlist indata, outdata;
  errorcode32_t rval;…
}
```

　　程序第 15 行整理了一个 Writefull 操作，其实还可将多个针对同一目标对象的相关操作都整合进来，存放进同一个（librados：：ObjectWriteOperation）op 内。这样多个操作请求可形成一个原子事务，有利于保持多个请求的事务一致性。上层 RGW 等应用经常使用这种方法。

　　2）正式处理操作请求，形成 Objecter：：Op 结构。

　　操作程序第 16 行中，ioctx. operate()调用 objecter ->prepare _ mutate _ op()，新建 Objecter：：Op 结构，并导入上一步形成的 OSDOp，存放在 Objecter：：Op. ops 内。此后还会设定本操作请求的回调函数 C _ SafeCond：：finish，存入 Objecter：：Op. onfinish。本例为同步写请求，其回调函数在类 C _ SafeCond 内实现，后续该类可基于条件变量和信号量处理回调请求，唤醒等待的线程。

Objecter∷Op 是 LibRADOS 一侧处理请求的主要结构，操作请求的生成、提交和事后处理等过程其都参与其中。

```
Op * prepare_mutate_op(…,ObjectOperation& op,…){
    Op * o = new Op(oid, oloc, op. ops…oncommit,…);
    //op. ops 类型为 vector<OSDOp>;oncommit 为回调函数,存入 Op. onfinish
    o->priority = op. priority;
    o->mtime = mtime;
    o->snapc = snapc;
    o->out_rval. swap(op. out_rval);
    o->reqid = reqid;
    return o;
}
```

3）基于取模运算确定 PG。

接下来 ioctx. operate（）调用 Objecter∷ op _ submit（）进行目的 OSD 寻址。op _ submit（）是规范性的接口，其实质性的实现为 Objecter∷ _ op _ submit（）。 _ op _ submit（）是处理操作请求的主要函数，在该函数内将确定 PG、OSD 寻址、操作请求的发送。

首先是确定 PG，这通过对对象名的 hash 值进行取模运算实现。实现步骤为调用函数 ceph _ str _ hash _ rjenkins（），对对象名 hw 运行 Jenkins hash 算法，得到 hash 值为 2538179983；然后调用函数 ceph _ stable _ mod（），对 hash 值 2538179983 按 PG 总数 8（存储池 PoolNameDemo 的 PG 总数配置为 8 个）进行取模运算，结果为 7。因此，PGID 确定为（40.7），其中 40 为 POOLID。

计算过程所用的 hash 算法默认为 Jenkins 算法，该 hash 算法与常见的其他算法相比计算量稍大，但可以产生很好的分布。

4）通过 CRUSH 算法实现目的 OSD 寻址。

为简化这一过程的说明，设定示例的 host 为单个，host 内的 OSD 节点为两个，PG 副本数为一个。因此，OSD 寻址的目的是在两个 OSD 中确定一个目的 OSD，相应的 OSDMAP 结构如下。

```
[root@node1 lib64]# ceph osd tree
ID CLASS WEIGHT   TYPE NAME        STATUS REWEIGHT PRI - AFF
-1       0.00679 root default
 -3       0.00679     host node1
 0  hdd 0.00490         osd. 0       up   1.00000 1.00000
 1  hdd 0.00189         osd. 1       up   1.00000 1.00000
```

系统默认的 CRUSH 算法为 straws2 类型，其采用数组描述 CRUSHMAP。其中，

Buckets 节点（root、host 等虚拟节点）的 ID 为负值，每个 Buckets 节点由一个 crush _
buckets［］数组成员表示，类型为 struct crush _ bucket，其中存有节点 ID、子节点
items、权重等信息。OSD 节点不占用 crush _ buckets［］数组空间，其 OSD 编号等信息
直接存放在其父 Buckets 节点的 items 结构内。这种描述结构更为精简，查找效率也高。
本例对应的 CRUSHMAP 如图 4 - 5 所示。图 4 - 5 中，OSD 0、OSD 1 的编号等信息存放
在其父节点 crush _ buckets［2］. items 内，分别对应 items［0］和 items［1］。图 4 - 5
中，虚线所绘的 OSD 节点为虚构的，以便于理解。

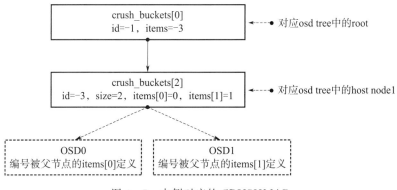

图 4 - 5　本例对应的 CRUSHMAP

本例的 OSD 寻址过程主要分为 4 步，其中因为 PG 副本数为 1，所以重试次数始终为
0。其具体过程如下。

① 在 CRUSH _ BUCKETS［0］中查找子节点，其子节点 ID 为 - 3（items = - 3）。
对 PGID 的 hash 值、子节点 id、重试次数进行 hash（PGID _ hash，id，r）运算，本例中
PGID（40.7）的 hash 值为 1889842274，子节点 ID 为 CRUSH _ BUCKETS［0］
. ITEMS［0］的值为 - 3，重试次数 r 为 0，hash（PGID _ hash，id，r）运算结果为 u =
1672333451。本过程中，通过将子节点 id 参与到 hash 运算，使得不同的子节点 ID 得到不
同的 hash 结果，这样便于选出子节点。

② 取第①步结果 u = 1672333451 的后 32 位，值为 51339，执行 2^44 * log2（51339 +
1）- 0x1000000000000 运算，结果为 ln = - 6196164121370。这一步采用了对数 log2 公
式，目的是利用 log2 在概率上的分布特性，有利于计算结果在数值空间上的均匀分布。

③ 将第②步输出结果 ln 与 CRUSH _ BUCKETS［0］的子节点的权重因子做除法，
ln 为 - 6196164121370，子节点的权重因子为 445，计算结果为 - 13923964317。CRUSH _
BUCKETS［0］只有一个子节点 CRUSH _ BUCKETS［2］，没有其他子节点可比较，计算
结果 - 13923964317 就是最大值。因此，选择的结果就是 id 为 - 3 的 Bucket，即 CRUSH _
BUCKETS［2］，如图 4 - 6 所示

④ 针对 CRUSH _ BUCKETS［2］重复上述过程。CRUSH _ BUCKETS［2］有两个
子节点（items［0］= 0，items［1］= 1），OSD 0 和 OSD 1，编号分别为 0、1，权重分
别为 321、124。对 OSD 0 执行 hash 运算，PGID _ hash 仍为 1889842274，子节点 OSD 0

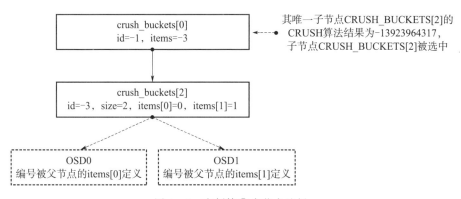

图 4 - 6　本例第③步节点选择

的 id 为 0，重试次数 r 为 0。将得到的结果执行对数运算，再除以 OSD0 的权重因子 321，结果为 −81373895656。对 OSD 1 执行 hash 运算，PGID ＿ hash 仍为 1889842274，子节点 OSD 0 的 id 为 1，重试次数 r 为 0。将得到的结果执行对数运算，再除以 OSD 1 的权重因子 ＝ 124，结果为 − 59969966011。 − 59969966011 ＞ − 81373895656，因此选择结果为 OSD 1，如图 4 - 7 所示，寻址过程结束。

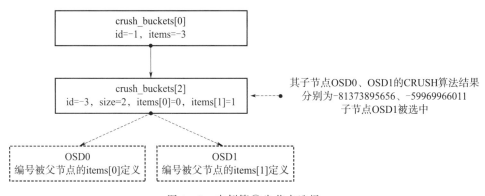

图 4 - 7　本例第④步节点选择

上述 PG 的确定和 OSD 寻址过程进行了 1＋1＋N 次 hash 运算。第一次对 ObjectID 进行 hash 运算，得到了 PGID；第二次对 PGID 进行 hash 运算，从概率统计上除去 lePGID 之间的相关性；N 次 hash 是对每个 CRUSHMAP 中的相关节点进行 hash（PGID ＿ hash，id，r）运算，使得不同的子节点 ID、不同的重试次数得到不同的值，以便于最终选择出计算值最大的 OSD。从中可看出，hash 运算对 CRUSH 算法具有至关重要的作用，使用次数与频次都非常大。

寻址操作所用的 CRUSHMAP 存放在 ctx. objecter. osdmap. crush 内，寻址结果存放在 target 结构内，其中 PGID 存入（pg ＿ t ＊）target. PGID，目的 OSD 信息存入（int ＊）target. osd。

5）创建 OSDSession，形成 MOSDOP，将 Objecter∷OP 登记入 OSDSession。

完成寻址后，Objecter∷ ＿ op ＿ submit()将查找或创建 OSDSession。OSDSession 用

来存放与特定 OSD 相关的会话信息，其中存放有网络会话和已提交但未确认的 OP 信息。后续步骤将会通过 OSDSession 获取网络通信层的网络会话，以及通过它查找 OP 以调取回调函数。对于本例，因为是首次与 OSD 连接，所以此处将创建一个新的 OSDSession。在创建 OSDSession 的过程中，将基于 OSD 编号从 OSDMAP 中获取目标 OSD 的 IP 地址与 TCP 端口号，并与目标 OSD 建立 TCP 会话。从 OSDMAP 获取目标 OSD 地址的相关函数如下。

```
//位于 src/osd/OSDMap.h
const entity_addr_t &get_addr(int osd) const {
    assert(exists(osd));
    return osd_addrs->client_addr[osd] ? * osd_addrs->client_addr[osd] :
     osd_addrs->blank;
}
```

此后将创建 MOSDOp 结构。与 Objecter::Op 相比，MOSDOp 同样拥有（vector<OSDOp>）ops，此外还增加了 PGID 字段。PGID 字段对后端 OSD 而言非常重要，后端 OSD 将依据 PGID 分配消息的处理队列和处理线程。PGID 从 Op.target 内提取，ops 直接从 Op.ops 导入，这一过程比较简洁。

再后将依据 OSDSession 中已处理请求的次数生成 Objecter::OP.tid，即本次请求的操作 ID（transaction id）。该 ID 依据操作请求顺序递增，初始值为 1，在 LibRADOS 一侧标识本次操作请求，在 OSDSession 范围内唯一。生成 tid 后调用 Objecter::_session_op_assign()函数，将 OP 登记入 OSDsession.ops（类型为 map<ceph_tid_t, Op *> ops），用于后续 OSD 返回操作结果时查找 OP 和进行回调处理。登记时以 Objecter::OP.tid 为 MAP 映射的 key，相关程序如下。

```
void Objecter::_session_op_assign(OSDSession * to, Op * op)
{
  // to->lock is locked
  assert(op->session == NULL);
  assert(op->tid);
  get_session(to);
  op->session = to;
  to->ops[op->tid] = op;
  //OP 登记入 OSDsession.ops 的定义为 map<ceph_tid_t,Op *> ops
  if (to->is_homeless()) {
    num_homeless_ops + + ;
  }
}
```

此后 Objecter：＿op＿submit()调用 Objecter：＿send＿op()准备发送消息，并将 Objecter：OP. tid 导入 MOSDOp. header. tid，供 OSD 一侧标识本次请求。

Objecter：Op 与 MOSDOp 在此过程中的主要结构成员转换关系如图 4－8 所示。

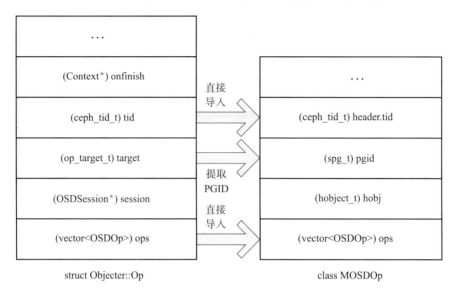

图 4－8　Objecter：Op 与 MOSDOp 在此过程中的结构成员转换关系

6）调用网络层接口发送消息。

网络通信层默认采用 async 模式，这种模式采用了基于事件的 I/O 多路复用技术，有专门的发送队列和发送线程进行数据发送。在发送时，Objecter：＿send＿op()调用网络层接口函数 AsyncConnection：send＿message()，将待发送的消息放入发送队列。

```
int AsyncConnection：send_message(Message * m)
{…
  if (! m->get_priority())
    m->set_priority(async_msgr->get_default_send_priority());
  m->get_header(). src = async_msgr->get_myname();
  m->set_connection(this);
  …
    out_q[m->get_priority()]. emplace_back(std：move(bl), m);
    //置入发送队列
return 0;
}
```

置入发送队列后，因为是同步写操作，所以操作处理线程将阻塞，等待被回调函数唤醒。消息的实际发送由专门的消息发送线程调用 AsyncConnection：write＿message()函数发送给主 OSD 进行数据落盘。

```
ssize_t AsyncConnection::write_message(Message * m, bufferlist& bl, bool more)
{
...
  if (msgr ->crcflags & MSG_CRC_HEADER)
    m ->calc_header_crc();
  ceph_msg_header& header = m ->get_header();
  ceph_msg_footer& footer = m ->get_footer();
  ...
  ssize_t total_send_size = outcoming_bl.length();
  ssize_t rc = _try_send(more);//发送数据
  ...
  m ->put();//清理资源
  return rc;
}
```

虽然 PG 寻址的结果是一组 OSD，但是对于 LibRADOS 而言，LibRADOS 只需将操作请求发送给主 OSD，其他从 OSD 的数据写入由主 OSD 负责；操作请求的执行结果也由主 OSD 反馈给 LibRADOS。操作从 OSD 的部分内容将在第 6 章再行详细介绍。操作请求在 OSD 组内的执行顺序如图 4 - 9 所示。

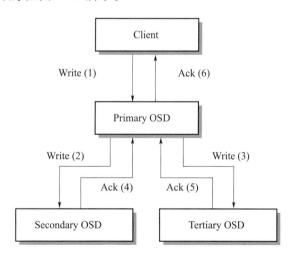

图 4 - 9　操作请求在 OSD 组内的执行顺序

7）主 OSD 反馈执行结果，回调函数通知等待线程。

网络通信层也有专门的工作线程接收 OSD 反馈的落盘结果消息，并进行关联 OP 查找和调取回调函数。关联 OP 查找基于 Objecter::OP.tid 在 objecter.osd_sessions 中检索，定位到对应的原始 Objecter::OP，执行回调函数，最终调用函数 C _ SafeCond::finish()。该函数判断反馈结果状态，并采用信号量机制唤醒操作处理线程。此步中用到的 Objecter::OP 在第 5) 步中已经登记入了 osd_sessions，所以此处能基于 tid 检索出相关信息。其相关代码如下。

```
void C_SafeCond ::finish(int r) override {
    lock ->Lock();
    if (rval)
        * rval = r;
     * done = true;
    cond ->Signal();
    lock ->Unlock();
    }
};
```

上述程序中，Signal( ) 会进一步调用 Linux 操作系统的 pthread 接口函数 pthread_cond_broadcast( )，唤醒操作处理线程。

```
int Cond::Signal() {
    // make sure signaler is holding the waiters lock.
    assert(waiter_mutex = = NULL ||
        waiter_mutex ->is_locked());
    int r = pthread_cond_broadcast(& _c);
    //Linux 操作系统的 pthread 接口, 唤醒等待线程
    return r;
}
```

被唤醒的操作处理线程将确认此次写操作的执行结果，并进行必要的资源清理工作。

本例为同步写操作请求。对于异步操作请求，网络通信层的工作线程收到主 OSD 的反馈结果后，将调用另外一种由应用层设定的回调函数。总体来看，同步方式是提交操作请求后立即阻塞线程，等待 OSD 反馈执行结果；异步方式可以非立即性地、批量地、异步地检查结果反馈状态并确认完成结果。但两者对于网络通信层而言，除要调用的回调函数不同外，其他并无太多区别。

4.7　Watch-Notify 接口实现

Watch-Notify 为 RGW、RBD 等上层应用提供了一种集群内跨节点的消息传递机制，常用于上层应用的数据跨节点同步。在具体实现上，Watch-Notify 采用基于对象的订阅-发布的方法，上层应用调用 Watch 接口订阅消息，调用 Notify 接口发布消息，Watch 和 Notify 需要基于共同的、由应用指定的 RADOS 对象开展工作。

在 Watch 阶段，LibRADOS 提供了 Ioctx. watch2( )、Ioctx. aio_watch2( ) 等接口，

用于订阅消息。调用接口时需要指定所基于的目标 RADOS 对象（后称为 watcher 对象），以及用于回调处理的类 librados∷WatchCtx2。类 librados∷WatchCtx2 的各成员函数均为虚函数，如 handle_notify()、handle_error()均为虚函数，需要由上层应用通过派生类自行实现处理逻辑。此外，LibRADOS 还提供了用于取消 Watch 的 Ioctx.unwatch2() 接口。

```
int watch2(const std∷string& o, uint64_t * handle,librados∷WatchCtx2 * ctx);
int aio_watch2(const std∷string& o, AioCompletion * c, uint64_t * handle,
librados∷WatchCtx2 * ctx, uint32_t timeout);
```

在 Notify 阶段，LibRADOS 提供了 Ioctx.notify2()、Ioctx.aio_notify()等接口，用于发布消息，调用接口时同样需要指定所基于的 watcher 对象。后端 OSD 收到 Notify 请求后，将向所有在目标对象上执行过 Watch 操作的 LibRADOS 客户端转发消息。

```
int notify2(const std∷string& o, // object
    bufferlist& bl, // optional broadcast payload
    uint64_t timeout_ms, // timeout (in ms)
    bufferlist * pbl); // reply buffer
int aio_notify(const std∷string& o, // object
    AioCompletion * c, // completion when notify completes
    bufferlist& bl, // optional broadcast payload
    uint64_t timeout_ms, // timeout (in ms)
    bufferlist * pbl); // reply buffer
```

为了向 OSD 表明自己的存活状态，证明自身可正常接收 Notify 消息，LibRADOS 需要定期向 watcher 对象所在的 OSD 发送心跳更新操作 CEPH_OSD_WATCH_OP_PING（类型为 CEPH_OSD_OP_WATCH 的一种 OSDOp）。OSD 收到心跳更新操作后，更新其维护的 watcher 列表，并反馈 CEPH_MSG_OSD_OPREPLY 消息给 LibRADOS。LibRADOS 若超时未收到反馈消息，则会调用异常处理回调函数 handle_error()，由上层应用进行处理。

心跳更新操作由 LibRADOS 的 Objecter∷tick 定时器线程执行，对上层 RGW 等应用而言是透明的。在运行状态下，定时器线程是 LibRADOS 的一部分，主要负责运行状态的 LibRADOS 与 OSD、watcher 对象等相关方的周期性检测。在执行 Ioctx.watch2()等创建 watch 的过程中，在 LibRADOS 内部会形成一个对应的 LingerOp 结构，并在向 OSD 提交创建操作的过程中会调用 Objecter∷_session_linger_op_assign()函数，将 LingerOp 登记入 OSDSession.linger_ops（类型为 map<uint64_t, LingerOp * >）内。

```
void Objecter∷_session_linger_op_assign(OSDSession * to, LingerOp * op)
{
    assert(op ->session = = NULL);
```

```
  if (to ->is_homeless()) {
    num_homeless_ops + + ;
  }
  get_session(to);
  op ->session = to;
  to ->linger_ops[op ->linger_id] = op;
…}
```

Objecter∴tick 定时器线程会周期性地遍历每个 OSDSession 的 linger＿ops 结构，判断 LingerOp 状态正常后，则调用 _send_linger_ping()函数提交心跳更新操作。

```
void Objecter∴tick()
{…
    for (map<int,OSDSession * >∴iterator siter = osd_sessions. begin();
      siter ！= osd_sessions. end(); ＋＋siter) {
    OSDSession * s = siter ->second;
    OSDSession∴lock_guard l(s ->lock);
    …
    for (map<uint64_t,LingerOp * >∴iterator p = s ->linger_ops. begin();p !
      = s － >linger_ops. end();＋＋p)
    {
      LingerOp * op = p ->second;
      LingerOp∴unique_lock wl(op ->watch_lock);
      assert(op ->session);
      ldout(cct，10) << " pinging osd that serves lingering tid " << p ->first
          << " (osd. " << op ->session ->osd << ")" << dendl;
    found = true;
    if (op ->is_watch && op ->registered && ！op ->last_error)
    _send_linger_ping(op);
    }
  …}
…}
```

LibRADOS 每隔 objecter＿tick＿interval（默认 5 s）发送一次心跳。objecter tick 线程轮训检查所有的 OSD Session 中记录的 LingerOp，并调用 _send＿linger＿ping 发送心跳消息。

本章小结

　　LibRADOS 在 Ceph 中具有承上启下的接口作用，对上层应用发起的操作请求 LibRADOS 进行初步转换后发给目标 OSD。在运行状态下其运行在 RBD、RGW 等客户端进程内。由于 LibRADOS 会将针对存储池 Pool 的操作转换为针对 PG 的操作，这一转换过程主要通过 CRUSH 算法完成，因此本章对 CRUSH 算法进行了详细介绍，并举例加以说明；同时，本章对 PG 也进行了初步介绍，关于 PG 的详细情况将在第 6 章中进一步介绍。

　　RBD、RGW 等客户端在启动时，会首先通过 LibRADOS 与 Monitor 节点建立连接，进行身份认证，并获取必要的 CRUSHMAP 等信息，然后才会向目标 OSD 发起数据读写，因此第 5 章将对 Monitor 节点进行介绍。

第 5 章　Monitor 节点

Monitor 节点在 Ceph 集群中承担管理中心的职能，集群中的各 OSD 节点主要依靠 Monitor 节点将其组织起来。Monitor 节点主要通过维护和传播 OSDMAP 等集群表的方式履行这些职能。同一集群中的各个 Monitor 节点组成一个集群，各 Monitor 节点通过 Paxos 算法达成共识，他们通过该算法会自动选举出一个 Leader 节点。基于 Paxos 算法，各个 Monitor 节点之间会同步一些必要的数据，如 OSDMAP 等。

总体上看，Monitor 节点是 Ceph 系统的必不可少的基础模块，系统的关键信息如 OSDMAP 均由其维护；同时，它又是轻量级的，客户端的实际数据读写均是客户端与 OSD 直接通信、直接处理，OSD 一侧在处理多副本、纠删码等计算时由不同 OSD 之间直接完成，不需要 Monitor 节点的深度参与。这些设计减轻了 Monitor 节点的负担，避免了单点故障，提高了系统的分布式并发处理能力，是典型的分布式系统的特征。

在数据读写流程中，Monitor 节点向客户端提供数据 I/O 读写过程中必需的 CRUSHMAP，在集群内部 Monitor 节点监控集群内各 OSD 节点的状态，并根据 OSD 节点状态的变化生成新的 CRUSHMAP、OSDMAP 等 MAP 信息，并向客户端、集群内部的 OSD 传播这些 MAP 信息。其主要的信息交互梳理如下。

1）Ceph 客户端与 Monitor 节点之间的信息交互。Ceph 的各类客户端需要获取 OSDMAP 等必需的信息，客户端的 LibRADOS 中的 RadosClient 具有名为 MonClient 的成员结构，该结构具体负责与 Monitor 节点的通信。该部分相关成员详见 4.3 节。

2）Monitor 节点之间的信息交互。各 Monitor 节点通过 Paxos 算法形成了一个集群系统，因此各 Monitor 节点之间会进行 Leader 选举相关的通信，选举成功后，各 Monitor 节点还会收集、整理 OSDMAP 等更新信息，并发送给 Leader 节点；Leader 节点也会按照 Paxos 算法的要求一致性地向各 Monitor 节点更新 OSDMAP 等信息。

3）Monitor 节点与 OSD 之间的信息交互。OSD 节点在运行过程中也需要从 Monitor 节点获取 OSDMAP 等信息，同时 OSD 节点会向 Monitor 节点反馈 OSD 节点自身的状态情况，并且也会向 Monitor 节点报告相邻 OSD 节点的状态变化信息。关于 OSDMAP 在 Ceph 集群内的更新与传播，5.5 节会进行详细说明。

本章首先介绍 Monitor 节点的结构组成和 Monitor 节点的 Paxos 共识算法，这是 Monitor 节点形成集群的基础；然后介绍 Monitor 节点的认证功能，这是 Ceph 集群运行的基础；最后介绍 Monitor 节点对 OSDMAP 的处理以及对 OSD 状态的监测，这部分与 Ceph 的应用层客户端和 OSD 节点均有关联。

5.1　Monitor 节点的结构组成

Monitor 节点的结构组成如图 5－1 所示。

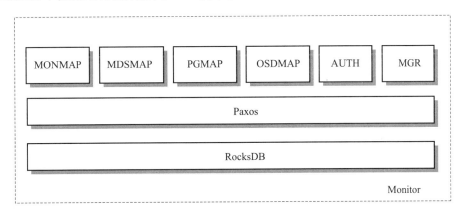

图 5－1　Monitor 节点的结构组成

Monitor 节点的 RocksDB 数据库存储其运行所必需的少量数据。RocksDB 构建在通用文件系统上，其落盘数据在文件系统中以 ".log" 和 ".sst" 文件形式存在，前者为 RoscksDB 的日志文件，后者为最终数据。对于 Monitor 节点，其对应的 RocksDB 数据库一般存放在/var/lib/ceph/mon/ceph－node1/store.db 目录下。在运行时，RocksDB 运行在 Monitor 节点进程内部。BlueStore 也采用了该数据库，在第 7 章有对 RocksDB 的进一步介绍。

Monitor 节点基于分布式算法，承载了 MONMAP、MDSMAP、PGMAP、OSDMAP 等数据在集群内的数据同步。这些数据同步项通过 Paxos 算法在 Monitor 集群内保持数据一致性。此外，Monitor 节点还具有 AUTH 权限认证、MGR 监控管理等功能。其中，AUTH 保存的是认证信息，包括 Sessionkey、Rotatingkey 等信息。关于 AUTH 信息，本章会进一步深入介绍。MGR 用于集群状态的监控，并会将监控到的数据暴露给外界使用。

MONMAP 维护了集群内所有 Monitor 节点的信息，包括 Monitor 节点名称、IP 地址及 TCP 端口、集群 ID 号、MONMAP 的版本号和 MONMAP 最近一次的修改时间等。客户端连接存储池进行数据访问时，要从 Monitor 节点获取 MONMAP，这样在某些 Monitor 节点故障时客户端可访问其余可用的 Monitor 节点，达到高可用的目的。

MDSMAP 维护了集群内所有 MDS 节点的信息，包括集群内 MDS 节点的数量、MDS 节点的存活状态、MDSMAP 的版本号和修改时间。MDSMAP 是 CephFS 客户端所必需的，基于该 MAP 客户端访问可用的 MDS 节点，避免 MDS 单点故障。

PGMAP 记录了每个 PG 的状态、PG 到 OSD 的映射关系等信息，因为其功能与 OSDMAP 存在重合，所以自 L 版本后其作用逐步弱化。

OSDMAP 是 Ceph 系统中最为关键的数据，保存着集群内所有 OSD 的状态、权重、最近一次变化的历史信息、集群 ID、OSDMAP 的版本号 epoch，这些信息都是执行 CRUSH 算法所不可或缺的。CRUSH 算法运算过程中使用的 CRUSHMAP 其实是 OSDMAP 的一部分，因为其直接作用于 CRUSH 算法，所以在官方文档上有时将其与 OSDMAP 独立出来并列描述。

5.2　Monitor 节点与 Paxos 算法

RADOS 集群内至少有一个 Monitor 节点，为了提高可靠性和适应大规模的集群应用，生产环境下一般有多个 Monitor 节点。这些 Monitor 节点间需要"强一致性"地维护并存放上述 OSDMAP、MONMAP 等信息。这些信息虽然数据量不大，但需要在多个 Monitor 节点间保持一致性，因此用到了分布式一致性算法 Paxos。

Paxos 算法是由 Lamport 提出的一种基于消息传递的分布式一致性算法。Lamport 于 1998 年在 *The Part - Time Parliament* 论文中首次公开 Paxos 算法，其最初使用希腊的一个小岛 Paxos 作为比喻，描述了 Paxos 小岛中通过决议的流程，并以此命名该算法，但该描述理解起来比较有挑战性。2001 年，Lamport 重新发表了 Paxos 算法的朴素版本 *Paxos Made Simple*，对算法进行了进一步说明。

5.2.1　Paxos 算法流程

Paxos 算法解决的是分布式系统中的各个节点如何就某个值（Value）达成一致的问题，所确定的值"不会改变"，集群内的所有节点都会接受该值，即使某些少数节点离线后再重新加入也不影响该值在集群内的一致性。

Paxos 算法不要求可靠的消息传递，可容忍消息丢失、延迟、乱序以及重复，但要求消息不能被篡改。Paxos 算法利用"大多数机制"保证了 2N+1 的容错能力，即 2N+1 个节点的系统最多允许 N 个节点同时出现故障。

（1）三个角色

Paxos 将系统中的角色分为（Proposer（提议者）、Acceptor（决策者）和 Learner（最终决策学习者）。

1）Proposer：提出提案（Proposal）。Proposal 信息包括提案编号（Proposal ID）和提案的值（Value），表述为 [ID，Value]。Paxos 算法要求提案编号唯一，不能重复，且编号递增。将提案编号和值一起提交是 Paxos 算法的第一个关键点。

2）Acceptor：参与决策，回应 Proposers 的提案。Acceptor 收到 Proposal 后可以接受提案，若 Proposal 获得超过半数 Acceptors 的接受，则称该 Proposal 被批准。这就是"大多数"原则，是 Paxos 算法的第二个关键点。

3）Learner：不参与决策，从 Proposers/Acceptors 学习最新达成一致的提案。

Paxos 算法的主要工作集中在 Proposer 和 Acceptor 两种角色上，对于一个 Ceph Monitor 节点，其可以是上述各角色，具体角色可根据运行状态转换。

（2）两个阶段

Paxos 算法通过一个决议分为两个阶段，每个阶段又由多个步骤组成。

1）第一阶段，Prepare 阶段。

①Proposer 选择一个提案编号 n，向所有的 Acceptor 广播 Prepare（n）请求。集群内的所有 Proposer 都可能提出提案，但提案编号不会相同。

②Acceptor 接收到 Prepare（n）请求后，如果提案编号 n 不大于之前接收的 Prepare 请求，则不予理会。如果提案编号 n 比之前的大，则承诺此后将不会再接受提案编号比 n 小的请求。记录本次编号，称为 minProposal，并回复 Proposer，回复消息中带上该 Acceptor 之前 Accept 的提案中编号最大的提案的值及编号，即最新的历史提案，没有历史提案时反馈 null。

这里采用了"喜新厌旧"的原则，即只响应提案编号更大的，而且要反馈历史提案。这一步骤中的"承诺此后将不会再接受提案编号比 n 小的请求"也是 Paxos 算法对 Acceptor 角色的主要规则要求之一。

通过这一阶段第②个步骤，查询了 Acceptor 是否接受过其他提案。如果接受过，就要回复历史提案信息，这些信息会在第二阶段产生关键影响。

2）第二阶段，Accept 阶段。

①如果 Proposer 未收到超过半数 Acceptor 响应，则直接转为提案失败。如果某 Proposer 收到超过半数 Acceptor 的承诺，则相当于该 Proposer 具有了提出提案的权力，此时又分为如下两种情况分别进行处理。

a. 如果所有 Acceptor 都未反馈历史提案的值（都为 null），那么 Proposer 向所有的 Acceptor 发起自己的值和提案编号 n。该值由该 Proposer 自己设定，不受其他 Proposer 约束。

b. 如果 Proposer 接收到 Acceptor 反馈的值，那么从中选择使用编号最大的历史提案的值，并向所有的 Acceptor 发送该值和提案编号 n。这种情况下，Proposer 不能提出自己的值，只能信任历史提案。这里采用了"后者认同前者"的原则。

②Acceptor 接收到提案后，如果该提案编号等于第一阶段记录的编号 minProposal，则说明这是第一阶段 Prepare（n）请求的后续步骤，则接受该提案，更新 minProposal 并反馈提案编号 n，同时在本地进行持久化存储；如果该提案编号大于 minProposal，则说明本次提案是新提出的提案，也接受；如果该提案编号小于 minProposal，说明 Acceptor 接受了另外一个 Proposer 的 Prepare 请求，而且另外一个 Proposer 的提案编号更大，这在多节点并发执行环境下是有可能的，此时要拒绝本次编号为 n 的提案，并返回历史编号 minProposal。

③Proposer 等待 Acceptor 的响应。如果没有 Acceptor 拒绝，且超过半数的 Acceptor 反馈接受提案，则提案生效。如果有 Acceptor 拒绝，Proposer 则放弃本次提案。这种情况下，Proposer 可使用新的提案编号重新来过，再次发起 Prepare 请求开始下一轮[①]。

---

①*Paxos Madc Simple* 论文中未给出该步骤的详细说明，该步骤参考了《分布式系统概念与设计》（George Coulouis 等著，第 5 版）P945 的说明。

Paxos 算法的伪代码描述如图 5 - 2 所示。

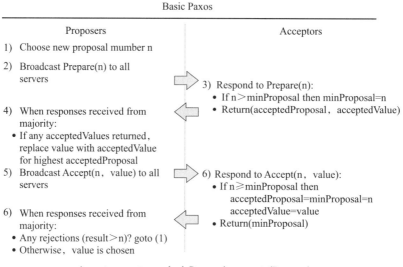

图 5 - 2　Paxos 算法伪代码描述

Paxos 算法伪代码来源于 Implementing Replicated logs with Paxos，John Ousterhout and Diego Ongaro，伪代码的算法实现与《分布式系统概念与设计》第 21 章的描述一致。

为了达成一个决议，上述流程可能运行多次，但只要各节点都遵从上述规则，就能保证算法的正确执行。正确执行的结果要么针对某个值达成一致；要么形成"活锁"，算法一直运行，即 Paxos 算法保证了正确性，但没有保证活性。针对某值达成一致后，便可将形成的决议发送给所有 Learners。

Paxos 算法的关键点在于①提案编号唯一，对于接收方一般不会收到编号重复的请求，除非消息重复发送；②采用了"喜新厌旧"原则，Acceptor 收到新的更大编号后则不再响应小的编号；③采用了"大多数"原则，Proposer 需要获得超过半数的支持；④采用了"后者认同前者"原则，存在历史提案时，Proposer 直接使用编号最大的历史提案的值。

其中，关键点①和②相当于约束规则，比较容易理解；关键点③和④是算法的核心。"大多数原则"确保在多轮次投票过程中，参与投票的节点成员必定存在一个非空的交集，算法所确定的"值"可被该交集继承；再结合"后者认同前者"原则，该"值"一旦被算法确定，即使有节点按算法规则再发起投票，该值也不会被改变。

5.2.2　Paxos 算法在 Ceph Monitor 节点中的应用

在 Ceph 集群中，一般存在多个 Monitor 节点，这些 Monitor 节点通过 Paxos 算法实现 Monitor 集群的高可用，即允许少数 Monitor 节点宕机。

在具体程序实现中，Monitor 集群中存活的节点用 Quorum 表示。为了实现集群的高可用，要求 Quorum 的节点数量多于总数的 50%。当 Monitor 节点数为偶数时，其半数并不能构成"大多数",所以存活的节点需要半数＋1。其实,从不同规模 Monitor 集群可允许宕机的节点数量的角度更能说明该问题,如表 5－1 所示。

表 5－1　Monitor 集群允许宕机的节点数

Monitor 集群节点总数	Quorum 节点的最小数量	允许宕机的最大数量
1	1	0
2	2	0
3	2	1
4	3	1
5	3	2
6	4	2
7	4	3

标准的 Paxos 算法运行开销太大,因此后续又出现了多个改进后的 Paxos 算法,而且在实际应用中一般需要根据具体场景进行调整。Minitor 节点采用了先选举 Leader 节点,再由 Leader 节点统一发起数据更新操作的方式,并使用了状态机实现这一过程。状态机各状态的转换关系如图 5－3 所示。

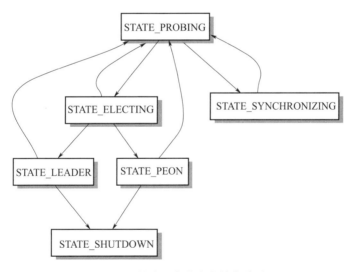

图 5－3　状态机各状态的转换关系

1) STATE_PROBING 状态:集群各 Monitor 节点之间的相互探测阶段状态。在该状态下,Monitor 节点通过发送 MMonProbe 消息探测集群内其他节点,同时发现节点之间的数据状态。

2) STATE_SYNCHRONIZING 状态:节点进行数据同步的阶段状态。当 Monitor 节点与其他节点之间的数据差距(epoch)较大无法补齐时,在该状态下进行数据的全同步。

3) STATE_ELECTING 状态:节点进行选主的阶段状态。

4) STATE_LEADER 状态:经过选主过程后,当前节点胜出成为 Leader 的状态。

5）STATE _ PEON 状态：经过选主过程后，当前节点没有胜出，成为 Peon（劳工）的状态。

6）STATE _ SHUTDOWN 状态：结束状态。

5. 2. 3　Monitor 节点 Leader 选举实现

Monitor 节点选举程序主要涉及 mon、paxos 和 elector，选举成功后再由各 paxos _ service 发起集群内 MONMAP、OSDMAP 等数据的更新。

选举过程主要涉及 3 个数据结构：MONMAP、outside _ quorum 和 quorum。其中，MONMAP 存有集群内的全部 Monitor 节点，包括存活的和离线的，各节点都持有同样的 MONMAP。quorum 存放集群内存活的 Monitor 节点，要求存活的节点数超过总数的一半。在选举成功后，Leader 节点将向其他节点发送 quorum 列表，后续通信都基于 quorum 进行。outside _ quorum 用以临时存放选举过程中探测到的、存活的节点，各节点各自独立统计、维护，仅用在选举过程中，选举成功结束后清空。选举过程中相关成员信息及关联关系如图 5 - 4 所示。

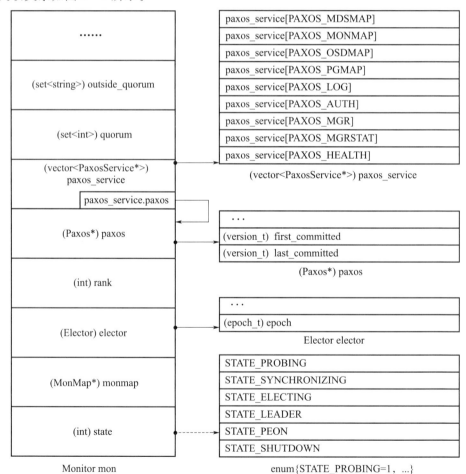

图 5 - 4　选举过程中相关成员信息及关联关系

图 5 - 4 中的 paxos 是 Paxos 算法和 paxos 通信的主要实现者,通过 paxos 将数据在 Monitor 集群内达成一致并落盘存储。这些落盘数据存储在 KV 数据库内,落盘的数据分为两种,一种是 OSDMAP 等各类 map 数据,另一种是 log 数据。log 数据是集群数据同步过程中的数据备份与记录,也是判断 Monitor 节点数据一致性的依据。log 数据使用 first_committed 、last_committed 等序号标识本节点的最早和最新(最近一次)的 commit 成功的数据,也称为 log 数据的版本(version)。在落盘存储时,这些 log 数据以唯一的序号作为 key,以具体的过程数据作为 value,存放在 Monitor 所使用的 KV 数据库内。

paxos 会在自己所属的节点内存放 first_committed 至 last_committed 之间的所有数据,当这些历史数据过多时,会进行裁剪。这种设计与 PGLOG 的设计思想类似(第 6 章)。在选举过程中,会基于这些序号标识判断各 Monitor 节点的 paxos 数据同步情况,选举成功后还会同步这些历史数据。

图 5 - 4 中的 elector 是选举过程的主要实现者,其使用其自身的 epoch 标识选举阶段,奇数为正处于选举过程,偶数表示已完成选举。elector 会比对、判断消息中的 rank 值,并支持 rank 值较小者。

有效选举出 Leader 是 Monitor 集群正常提供服务的前提。当 Monitor 节点启动、选举过程中未达成一致决议或者处于正常服务状态的 Monitor 节点发现其他 Monitor 节点通信异常时,均会触发 Leader 选举。

Leader 选举本身也是一次朴素 Paxos 算法过程,也基于"大多数"原则和"喜新厌旧"原则,并结合 Monitor 节点的实际需要改造了"后者认同前者"原则。在第二阶段应答选举消息时,比较节点的 rank 值,即 Monitor 节点在集群中的序号,只有 rank 值最小者胜出。

在具体实现时,Monitor 节点在检测到其他 Monitor 节点加入或退出 Monitor 集群时,或者收到其他节点发送的选举消息时,或者节点执行重新启动时(bootstrap 流程),均会触发选举操作。下面以常见的节点执行 bootstrap 后运行 Paxos 算法的情况为例进行分析。

第 1 步,开始时设置 Monitor 节点的状态为 STATA_PROBING,程序根据 MONMAP 的结构判断集群内 Monitor 节点的数量,如果集群只有一个 Monitor 节点,则该 Monitor 节点直接胜出。MONMAP 中存有集群内所有 Monitor 节点的信息,包括处于在线状态的和离线状态的。该程序摘要如下。

```
void Monitor::bootstrap()
{...
    if (monmap->size() == 1 && rank == 0) {    //单节点时直接胜出,无需选举
      return;
      }
    reset_probe_timeout();
    // i'm outside the quorum
```

```
if (monmap ->contains(name))
    outside_quorum.insert(name); //将自己加入 outside_quorum 集合内
  dout(10) <<"probing other monitors" << dendl;
for (unsigned i = 0; i < monmap ->size(); i + +) {
if ((int)i ! = rank)
//rank 值就是 monitor 节点编号,此条件标识不给自己发送消息
  messenger -> send_message(new MMonProbe(monmap -> fsid, MMonProbe::OP_
    PROBE, name, has_ever_joined), monmap ->get_inst(i));
}
```

上述程序中,如果集群不是单一 Monitor 节点,则将自己加入 outside_quorum 集合中。outside_quorum 临时记录选举过程中探测到的、存活的节点,包括节点自身,后续将根据 outside_quorum 中的节点数量判断是否可进入下一选举状态。

此后将根据 MONMAP 向集群内的其他 Monitor 节点一一发送 MMonProbe 消息。MMonProbe 消息内含有 MONMAP 信息、标识信息 fsid 和本节点名字等关键信息,其用于探测其他节点的存活性。

第 2 步,Monitor 节点收到 MMonProbe 消息后,在 Monitor:: handle_probe_reply ()函数中进行处理。这里的处理逻辑比较多,其中主要做了以下几件事。

首先比对对方的 MONMAP 和自己 MONMAP 的 epoch 版本,如果自己的 MONMAP 版本低,MONMAP 记录了组成集群的所有 Monitor 节点,则说明两者在集群 Monitor 节点成员上存在数据不一致的情况。这种情况下需要先更新自己的 MONMAP,确保 MONMAP 版本一致,然后重新进入 bootstrap()阶段。注意,此处的 epoch 是 MONMAP 的版本标识,与 elector 或其他数据结构的 epoch 不同。如果 MONMAP 的版本一致,则继续进行接下来的选举准备操作。其相关程序摘要如下。

```
void Monitor::handle_probe_reply(MonOpRequestRef op)
{…
  bufferlist mybl;
  monmap ->encode(mybl, m ->get_connection()->get_features());
  if (! mybl.contents_equal(m ->monmap_bl)) {
    MonMap * newmap = new MonMap;
    newmap ->decode(m ->monmap_bl);
  if (m ->has_ever_joined && (newmap ->get_epoch() > monmap ->get_epoch() || !
    has_ever_joined)) {
      dout(10) <<" got newer/committed monmap epoch " << newmap ->get_epoch()
      <<", mine was " << monmap ->get_epoch() << dendl;
      delete newmap;
      monmap ->decode(m ->monmap_bl);  //monmap 版本低时更新接收方的 monmap
```

```
    bootstrap();　//重新进入 bootstrap()阶段
    return;
  }
  delete newmap;
}…}
```

接下来比较 paxos 的版本信息，相关代码摘要如下。上面介绍过，paxos 会存放一定数量的历史数据，并用 last _ committed 等值进行标识。下述代码就是提取 paxos 的 last _ committed 值，并与消息中传递过来的，即对方 paxos 的 first _ committed 进行比较，如果本节点的 last 值小于对方的 first 值，则说明历史值的记录相差太大，两者的历史数据记录没有重合的记录。这种情况下需要进行数据同步，不能继续进行选举操作。系统代码中还有关于 paxos 的其他异常场景的判断，此处不一一列举。

```
void Monitor::handle_probe_reply(MonOpRequestRef op)
{…
    if (paxos − >get_version() < m − >paxos_first_version &&
      m − >paxos_first_version > 1) { // no need to sync if we're 0 and they start
        at 1.
        dout(10) << " peer paxos first versions [" << m − >paxos_first_version
          << "," << m − >paxos_last_version << "]"
          << " vs my version " << paxos − >get_version() << "(too far ahead)"
            << dendl;
    cancel_probe_timeout();
    sync_start(other, true); //记录值相差太大,同步 paxos 数据
…}
```

如果从返回的消息中判断已经有一个 quorum 存在，自己也在 MONMAP 中，则说明此时已经存在存活的、满足超过半数运行要求的集群，此时本节点可能属于新启动需加入 quorum 等情况引起的。这种情况下可直接触发重新选举，不用再通过 outside _ quorum 判断存活的 Monitor 节点数量。否则，将对方节点加入 outside _ quorum。其相关代码如下。

```
void Monitor::handle_probe_reply(MonOpRequestRef op)
{……
    if (m − >quorum. size()) {　//消息中已经存在一个 quorum
        dout(10) <<" existing quorum " << m − >quorum << dendl;
        dout(10) <<" peer paxos version " << m − >paxos_last_version << " vs
          my version " << paxos − >get_version() << " (ok)" << dendl;
    if (monmap − >contains(name) && ! monmap − >get_addr(name). is_blank_ip()) {
```

```
        // i'm part of the cluster; just initiate a new election
        start_election();   //重新选举
    }...
  }else {
    if (monmap->contains(m->name)) {
    dout(10) <<" mon. " << m->name << " is outside the quorum" << dendl;
    outside_quorum. insert(m->name);      // 将对方节点加入 outside_quorum
}... }
```

加入后再判断 outside_quorum 内的节点数量，如果还没有形成 quorum，并且自己在 MONMAP 中，则把 peer 添加到 outside_quorum 的集合中。当 outside_quorum 中的成员不小于 monmap->size()/2 + 1 时，则开始选举；否则返回，等待条件满足。outside_quorum 由各 Monitor 节点在其本地维护，各节点间没有刻意同步，其通过接收 MMonProbe 消息来感知存活的其他节点，并记录在 outside_quorum 内，用以判断是否达到超过半数才能开始选举的前置条件。如果因通信异常等原因导致出现 Monitor 集群节点分成两组的情况，则根据这一步的设计，节点数较少的、不超过半数的一组无法发起选举，Paxos 算法无法进入下一个选举阶段，因此也没有机会选出 Leader 节点，这也符合 Paxos 算法中的"大多数"原则。其相关代码如下。

```
    void Monitor::handle_probe_reply(MonOpRequestRef op)
{...
    unsigned need = monmap->size() / 2 + 1;
    dout(10) <<" outside_quorum now " << outside_quorum << ", need " << need
      << dendl;
    if (outside_quorum. size() >= need) {
      if (outside_quorum. count(name)) {
        dout(10) <<" that's enough to form a new quorum, calling election" <<
          dendl;
        start_election(); //开始选举
      }else {
        dout(10) <<" that's enough to form a new quorum, but it does not include me;
          waiting" << dendl;
          }
      }else {
        dout(10) <<" that's not yet enough for a new quorum, waiting" << dendl;
}... }
```

总之，上述准备阶段确定了超过半数的 Monitor 节点存活。如果没有探测到超过半数的存活节点，则继续等待其他节点响应 MMonProbe 消息；如果探测到有超过半数的存活节点，则开始选举，进入下一阶段。

第 3 步，开始选举，向其他节点发送 OP ＿ PROPOSE 消息。在分布式环境下，此时各节点的状态不是完全同步的，有的节点准备好了进行选举，有的节点还没有准备好。对于准备好的节点，执行 Monitor ∷ start ＿ election()函数，发起选举，期望将自己选举为 Leader 节点。

Monitor∷ start ＿ election()先设置 Monitor 进入 STATE ＿ ELECTING 状态，随后调用 Elector 的 Elector∷ start()执行具体的选举操作。其相关代码如下。

```
void Elector∷start()
{
    …
        // start by trying to elect me
        if (epoch % 2 = = 0){
            bump_epoch(epoch + 1);// odd = = election cycle,epoch 递增为奇数
        }
    …
        // bcast to everyone else
    for (unsigned i = 0; i<mon ->monmap ->size(); + + i){
        if ((int)i = = mon ->rank) continue;
        MMonElection * m =
            new MMonElection(MMonElection∷OP_PROPOSE, epoch, mon ->monmap);
        m ->mon_features = ceph∷features∷mon∷get_supported();
        mon ->messenger ->send_message(m, mon ->monmap ->get_inst(i));
         //向其他节点发送消息
    }
reset_timer();  //启动定时器,后续环节将发挥作用
}
```

在上述代码中，调用者希望自己当选为 Leader 节点，因此需要将 Elector 的 epoch 递增为奇数（注意是 Elector 的 epoch，而不是 MONMAP 的 epoch。奇数表明为选举状态；偶数表明已完成选举，形成了稳定的 quorum），并向 MONMAP 中的其他所有节点发送 MMonElection∷ OP ＿ PROPOSE 消息，推举自己为 Leader 节点。该程序的最后会调用 reset ＿ timer()启动定时器，该定时器在后续判定是否胜出时将发挥重要作用。

在分布式环境下，此时其他节点可能也会尝试将自己推举为 Leader 节点，也会发送 MMonElection∷ OP ＿ PROPOSE 消息。这种情况将在第 4 步进行处理。

第 4 步，接收者处理 OP ＿ PROPOSE 消息。接收者收到 MMonElection∷ OP ＿ PROPOSE 消息后，由 Elector∷ handle ＿ propose()函数进行处理。Elector∷ handle ＿ propose()首先对 epoch 值进行检查，判断收到的消息中的 epoch 值是否是奇数，以确认是

否是在选举状态。然后对 Elector 的 epoch 值进行对比。如果收到的 epoch 值更大，则说明是一种正常的状态，因为正常情况下选举发起者在发起选举时会将 epoch 值进行递增（增加到奇数）。这种情况下需要更新自己的 epoch 值，落盘存储，并继续进行接下来的选举操作。如果收到的 epoch 值较小，则可能是干扰消息，也可能是发生了某节点长时间未运行而后新启动的情况。对于这种异常情况，会执行 start_election() 函数重新发起选举操作。通过上述处理过程，可确保只有 epoch 值较大的选举者的选举消息才有机会得到进一步处理，符合 Paxos 算法的 "喜新厌旧" 原则。同时，通过上述处理，Elector 的 epoch 值也在这一过程中以正向增长的方式得到了同步。其相关代码如下。

```
void Elector::handle_propose(MonOpRequestRef op)
{...
    assert(m->epoch % 2 = = 1); // 确认对方是否处于选举状态
        ...
    if (m->epoch > epoch) { //收到值更大的 epoch,更新自己的 epoch,继续执行
        bump_epoch(m->epoch); //将 epoch 值落盘
    }else if (m->epoch < epoch) {
    //收到的 epoch 更小,可能是集群内有节点新启动,也可能是干扰消息
    if (epoch % 2 = = 0 && mon->quorum.count(from) = = 0) {
        dout(5) <<" got propose from old epoch, quorum is " << mon->quorum
            <<", " << m->get_source() << " must have just started" << dendl;
        mon->start_election();   //集群内有节点新启动,重新进行选举
    }else {
        dout(5) <<" ignoring old propose" << dendl;   //干扰消息,忽略本消息
        return;
}... }
```

此后将比对 rank 值，并支持 rank 值最小的节点成为 Leader 节点。其具体程序实现如下。在如下程序中，如果对方的 rank 值比自己的 rank 值大，则表明对方不应成为 Leader 节点。此时先判断是否支持过 rank 值更小的节点，如果没有，则表明自己有可能是 Leader 节点，则不响应此消息，不向对方发送确认消息，而是通过 start_election() 重新发起一轮选举，期望在下一轮中将自己选举为 Leader 节点。如果对方的 rank 值比自己的 rank 值小，同时没有支持过其他 rank 值更小的节点，则支持对方，通过调用 defer() 函数向对方发送确认消息 MMonElection::OP_ACK。

```
void Elector::handle_propose(MonOpRequestRef op)
{...
    if (mon->rank < from) { //对方的 rank 值更大
        if (leader_acked >= 0) {          // we already acked someone
        assert(leader_acked < from);// and they still win, of course
```

```
      dout(5) <<"no, we already acked " << leader_acked << dendl;
      //已经支持过其他 rank 值更小的节点
    }else {
      if (! electing_me) {        // wait, i should win!
        mon->start_election(); //应当选举我为 Leader,再发起选举
      } }
    }else {      // 对方的 rank 值更小
      if (leader_acked < 0 ||        // haven't acked anyone yet, or
      leader_acked > from ||// they would win over who you did ack, or
      leader_acked = = from) {// this is the guy we're already deferring to
        defer(from); //支持对方,发送 MMonElection::OP_ACK 确认消息
      }else {
      // ignore them!
      dout(5) <<"no, we already acked " << leader_acked << dendl;
}}}
```

　　上述比对 rank 值的过程与 Paxos 协议的"后者认同前者"原则类似,但根据选出 Leader 节点实际业务需求进行了调整,调整为各节点都认同和支持最小的 rank 值。

　　第 5 步,统计收到的支持节点成为 Leader 的票数。选举发起者收到 MMonElection:: OP _ ACK 消息后调用 Elector:: handle _ ack()进行处理,代码如下。

```
void Elector::handle_ack(MonOpRequestRef op)
{
…
assert(m->epoch % 2 = = 1);// election
    …
assert(m->epoch = = epoch); //确保消息中的 epoch 值与本节点持有的 epoch 值相等
    …
    if (electing_me) {
      acked_me[from]. cluster_features = m->get_connection()->get_features();
      acked_me[from]. mon_features = m->mon_features;
      acked_me[from]. metadata = m->metadata;
      …
      if (acked_me. size() = = mon->monmap->size()) {
      //如果 monmap 中的所有节点有确认选举我,则胜出
        victory();
} }…}
```

　　在上述代码中,首先确保 epoch 值为奇数,并确保消息中的 epoch 值与本节点持有的

epoch 值相等，并确认选举的是本节点；然后将消息发送方加入到 acked _ me 这个 map 中，并判断 MONMAP 中的所有节点是否都选举本节点，即得到的票数与节点总数是否一致。如果一致，则本节点胜出，成为 Leader 节点；如果得到的票数仍少于节点总数，则返回，结束该函数的本次调用，并会在下一个 MMonElection：：OP _ ACK 消息到达时重新调起该函数，继续统计获得的票数；如果经过一定时间后始终没有获得全票支持（如 MONMAP 中少量节点不在线的情形），则设置的 reset _ timer()定时器就会发挥作用。当定时器超时时，会调用如下函数。

```
void Elector::expire()
{…
    if (electing_me && acked_me. size() > (unsigned)(mon ->monmap ->size() / 2)) { //超过半数支持我

    victory(); //胜出,成为 Leader 节点
    }else {              //否则重新开始选举或重新执行初始启动过程
      // whoever i deferred to didn't declare victory quickly enough.
      if (mon ->has_ever_joined)
        start();
      else
        mon ->bootstrap();
}}
```

在上述定时器函数内，会判断选举本节点的票数是否超过总节点数的一半，如果是，则胜出；如果不是，则意味着出现了其他节点当选，但没有及时发出胜出消息的情况（收到胜出消息时会取消定时器），此时需要重新选举；还有可能出现了更糟糕的状况，如在选举过程中有节点掉线，而且存活的节点没有超过半数，此时只能重复执行初始启动过程。这一过程体现了 Paxos 算法中的"大多数"原则。

胜出的节点执行 Elector：：victory（）函数，该函数会向其他节点发送 MMonElection：：OP _ VICTORY 消息，并将本节点设置为 STATE _ LEADER 状态。其他节点收到 MMonElection：：OP _ VICTORY 消息后，将自身状态设置为 STATE _ PEON，并取消前期通过 reset _ timer()设置的定时器。

至此选举过程结束。经过 Monitor Leader 选举过程，既确定了 Leader 节点，同时也确定了 Peon（劳工）节点，它们共同组成了 quorum（大多数）节点集合，后续的 Monitor 节点数据读写均基于此集合开展。

选举后 Leader 节点要周期性地"续租"，期间由 Leader 节点周期性地向其他节点发送检测消息，并等待这些节点的反馈。当 Peon 节点检测到租期到期后没有收到 Leader 节点的消息时，则认为集群出现了异常，重新选举；同时，如果 Leader 节点超过一定时间后没有收到 Peon 节点对检测消息的反馈，也会认为集群发生了异常，并触发重新选举。

5.2.4　选举后的 Monitor 集群内的数据通信

正常情况下，集群内的 OSD 设备状态经常会发生变化，如 OSD 设备上下电等，这些变化都会导致 OSDMAP 等集群表的更新。Peon 节点可收到这些集群表的更新请求，但这些更新请求都会发送给 Leader 节点，并由 Leader 节点合并这些更新请求后形成提案，发起正式的数据更新。

根据 Paxos 算法，集群内更新数据需要提案编号，Leader 会选择当前集群中最大且唯一的 Propose Num 作为编号，简称 Pn。

根据 Paxos 算法，为确保 Pn 的唯一性和单调递增，尤其是避免不同节点产生的序号有冲突，Ceph 采用 "次序号" 扩倍的方法，并在扩倍后再融入节点的 rank 值，以确保 Pn 值的唯一性。在具体实现时，将原始的 "次序号" 扩大 100 倍。例如，在节点 rank 为 3，原始提案次序号为 16 的情况下，首先将 16 扩倍为 1600，然后将节点 rank 与 1600 相加，得到最终的序号 1603。在这种设计下，rank 值为 3 的节点发出的提案 "序号" 只能是 103、203、203、403 等。提案 "次序号" 单调递增，扩倍后的 "序号" 又进一步避免了 "序号" 重复的可能，提高了 Paxos 算法的可靠性。其相关代码如下。

```
version_t Paxos::get_new_proposal_number(version_t gt)
{
    if (last_pn < gt)
        last_pn = gt;   //更新 last_pn,后续考虑是否落盘
    // update. make it unique among all monitors.
    last_pn /= 100;   //通过除法运算取得提案"次序号",并过滤其他节点 rank 的影响
    last_pn + +;       //"次序号"加 1
    last_pn *= 100;   //通过乘法运算再次恢复到"百倍"的大空间
    last_pn += (version_t)mon ->rank;
    //将本节点的序号融入"百倍"大空间,形成最终的"序号"
    // write
    auto t(std::make_shared<MonitorDBStore::Transaction>());
    t ->put(get_name(),"last_pn", last_pn);
    dout(30) << __func__ <<" transaction dump:\n";
    JSONFormatter f(true);
    t ->dump(&f);   //落盘
    f.flush( * _dout);
    * _dout << dendl;
    logger ->inc(l_paxos_new_pn);
    utime_t start = ceph_clock_now();
    get_store()->apply_transaction(t);
```

```
utime_t end = ceph_clock_now();
logger ->tinc(l_paxos_new_pn_latency, end - start);
dout(10) << "get_new_proposal_number = " << last_pn << dendl;
return last_pn;
}
```

Pn 满足了 Paxos 算法对提案编号唯一性的要求，除 Pn 外，每个提案会被指派一个版本号，用 last_committed 表示。该版本号就是上文 Leader 选举步骤中的 Paxos 版本信息。Pn 及版本号会随着 Paxos 之间的消息通信进行传递，供对方判断消息及发起消息的 Leader 的新旧。Paxos 节点会将当前自己提交的提案的版本号同 Log 一起持久化落盘。

此处需要注意区分 Pn（提案号）和提案版本号（last_committed 表示）。Pn 由 Leader 提出，是为了满足算法对 Pn 唯一性的要求，同一个 Leader 提出的提案号是不连续的；提案版本号是连续的，其随着 Log 一起落盘存储，并用以意外故障情况下的状态判别，前述选举 Leader 过程中基于 paxos ->get_version()和 last_committed 判断历史记录值的一致性就是其应用场景之一。

选举后的 Monitor 集群内数据通信步骤简述如下。

第 1 步，具体执行数据通信时，Leader 节点给 quorum 中各个成员发送提案，提案包括序号 Pn、last_committed 值和提案内容，消息类型是 MMonPaxos：OP_BEGIN。Leader 将提案内容以 last_committed+1 为 key，以提案内容为 value，先在本地 KV 数据库中落盘。这种以 last_committed+1 为 key 的落盘方式主要起到 Log 记录的作用。

第 2 步，Peon 收到 MMonPaxos：OP_BEGIN 消息并进行处理，如果消息中的 Pn 比 Peon 节点持有的小，则说明 Leader 节点发生了变化，有新的 Leader 节点产生，说明出现了意外情况，则忽略此消息；否则会进一步执行程序语句 assert（begin ->last_committed == last_committed），确保 last_committed 值相等，同时以 last_committed+1 为 key 将提案写入本地 Log，并向 Leader 节点返回 MMonPaxos：OP_ACCEPT 消息。

第 3 步，Leader 收到全部 Quorum 的 MMonPaxos：OP_ACCEPT 消息后进行 commit 写入。这是第二次写入，第一次写入主要起到 Log 作用，第二次是真正的写入，将数据按照应有的 key 和 value 的形式写入 KV 数据库。在 commit 成功执行后的回调函数内会将 last_commit 值加 1 并落盘，并向所有 Quorum 节点发送 MMonPaxos：OP_COMMIT 消息，消息内包含加 1 后的 last_commit 值。

第 4 步，Peon 收到 commit 消息在本地 DB 执行，完成 commit。

与标准的 Paxos 算法相比，Monitor 节点实现时只有 Leader 能提交提案；同时，标准 Paxos 算法要求对提案要有超过半数节点的确认，这个半数节点不是固定的，Monitor 节点实现时改为 quorum 集合内的节点全部确认，quorum 集合在一个 Leader 周期内固定。因此，与标准 Paxos 算法相比，Monitor 节点的实现效率有所提高。

在上述算法运行过程中，只允许提案顺序执行，即只有上一轮提案完成才能执行下一轮提案；另外，在该过程中需要等待所有 quorum 节点的确认，并且会产生两次落盘操作，其数据通信速率是比较慢的。但对于 Ceph 系统而言，Monitor 节点仅负责 OSDMAP 等少部分数据，对 Paxos 算法的性能没有过高的要求。

5.3　Monitor 节点的认证功能

认证服务是 Monitor 节点提供的一个基础性功能，使用频率很高。在默认配置下，RBD、RGW 等客户端在进行初始连接时，以及 ceph － s 等命令执行过程中，均需要进行认证，以认证客户端的身份，鉴别客户端的权限。

Ceph 系统的认证功能是基于 CephX 协议的，其操作方式与 Kerberos 类似。CephX 以 Monitor 节点为中心，在客户端和 OSD 共同参与下完成认证流程。

在 CephX 认证体系中，主要涉及 1 种票据（ticket）和 3 种密钥。

5.3.1　票据

票据是密码技术中证明用户身份与权限的一种方式。在 Ceph 系统常规的数据读写过程中，票据由 Monitor 节点生成，颁发给客户端，客户端将票据转交给 OSD，以证明客户端自身的身份。

Ceph 系统使用 CephXServiceTicketInfo 结构描述票据（见图 5－5 中间部分），其内包含用于会话数据签名的 SessionKey、客户端名称、会话标识 global _ id、权限 caps 和有效期限。票据在网络传输时要进行加密处理，加密后的票据存放在 CephXTicketBlob. blob 字段，CephXTicketBlob. secret _ id 是对应加密密钥的 ID 索引号。通过在票据中封装 SessionKey，可以达到在相关通信方传递、协商会话密钥的目的。CephXServiceTicketInfo 相关结构组成如图 5－5 所示。

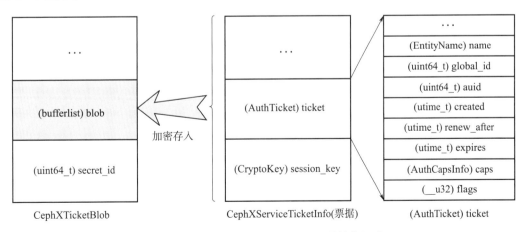

图 5－5　CephXServiceTicketInfo 相关结构组成

5.3.2　三种密钥

CephX 基于三种密钥进行"密钥"加密、票据加密和部分通信数据的加密，加密算法默认采用 AES（Advanced Encryption Standard，高级加密标准）对称加密算法。

（1）Keyring

Keyring 是系统管理人员能够直接接触到的密钥，ceph auth list、ceph‐authtool —create‐keyring ./testkey. keyring 等命令访问或创建的密钥均为 Keyring。Keyring 是 CephX 的基础密钥，在 Ceph 系统部署时，常会因为 Keyring 配置不正确而出现 bad authorizer 等错误。

集群内的 Monitor 节点、各 OSD 节点、RGW 客户端等都以配置文件的方式持有自己的 Keyring 密钥，它是进行安全认证的基础。Monitor 节点的 Keyring 仅存放在配置文件内，配置文件一般位于/var/lib/ceph/mon/ceph‐XXX/keyring，ceph‐XXX 为 Monitor 节点的名称。Monitor 节点的 Keyring 用 ceph auth list 等命令无法列出。

对于其他类型节点的 Keyring，要求这些节点的 Keyring 同时存在 Monitor 节点一侧和自己节点一侧。在 Monitor 节点一侧，Monitor 节点将 Keyring 及相关权限信息存放在 Monitor 节点的 KV 数据库内；在自己节点一侧，Keyring 仍然以配置文件的方式存放在节点的相关配置文件内。ceph auth list 命令可列出存放在 Monitor 节点数据库内的相关节点的 Keyring 信息，其执行效果示例如下。

```
[root@node1 ～]# ceph auth list
installed auth entries：
osd. 0
    key：AQC15OteqWHJDRAAGDLy3l1ByJq1ERNhgdi + Pw = =
    caps：[mgr] allow profile osd
    caps：[mon] allow profile osd
    caps：[osd] allow *
client. admin
    key：AQCptP9coNJ1LhAAiCmMKODyzFKh03EBD/ojEQ = =
    caps：[mds] allow *
    caps：[mgr] allow *
    caps：[mon] allow *
    caps：[osd] allow *
…
```

（2）Rotatingkey

Rotatingkey 也称为临时密钥，是 Monitor 节点产生的一组密钥。Monitor 节点中的 AUTH 服务、MON 服务、OSD 服务、MDS 服务、MGR 服务均有各自的 Rotatingkey，在运行时存放于 Monitor 节点与 OSD 节点内，在各 Monitor 节点间通过 Paxos 算法同步，

OSD 节点周期性地从 Monitor 节点同步该密钥。该密钥在客户端认证过程中用来加解密票据，以保护票据在网络上传输时的机密性。

　　针对每个服务的 Rotatingkey，其基于密钥 ID 来访问其 key，密钥 ID 可在网络中明文传输。Monitor 节点和 OSD 节点会同时保持 3 个 Rotatingkey，分别对应过去、当前和未来使用的 key。每个 key 的有效期默认为 2 h，超过有效期后就把当前、未来使用的 key 分别轮换为过去、当前使用的 key，并产生新的 key 作为未来使用的 key。这种轮换方式也是"rotating"名称的由来。这种轮换机制降低了同步密钥的实时性要求，提高了 CephX 安全机制的可靠性。

　　Rotatingkey 与 Monitor 节点进程实例和 Keyring 的结构引用关系如图 5 - 6 所示。Keyring 直接存放在 Monitor 节点进程实例的 monitor.keyring 结构内，Rotatingkey 则使用多级结构存放。（map＜uint32 _ t，RotatingSecrets＞）rotating _ secrets 结构体现了每个服务都有对应的 Rotatingkey，（map＜uint64 _ t，ExpiringCryptoKey＞）secrets 结构体现了每个 key 都是通过密钥 ID 来访问的。过去、当前、未来 3 个 key 分别有 3 个密钥 ID，旧密钥到期新产生 key 时密钥 ID 也会增加。

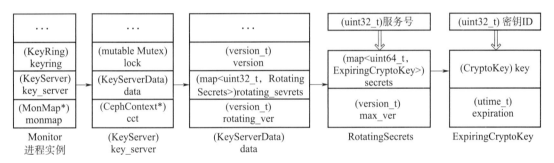

图 5 - 6　Rotatingkey 与 Monitor 节点进程实例和 Keyring 的结构引用关系

（3）Sessionkey

Sessionkey 是对具体数据读写网络通信进行安全性签名的对称加解密密钥。Sessionkey 在创建会话时由 Monitor 节点动态产生，并以密文方式分别传递给客户端和 OSD。对于客户端，Monitor 节点使用 Keyring 加密 Sessionkey，客户端收到后使用同样的 Keyring 解密，得到 Sessionkey；对于 OSD，Monitor 节点将其封装在票据中，并使用 Rotatingkey 加密，经由客户端转发给 OSD，OSD 使用 Rotatingkey 解密票据，得到 Sessionkey。

　　密钥传递过程如图 5 - 7 所示。

　　系统使用 Sessionkey 对数据通信进行签名和验签。进行签名时，CephXSessionHandler：：sign _ message（）函数调用 CephXSessionHandler：： _ calc _ signature（）函数对消息数据进行签名；验证签名时与此类似，CephXSessionHandler：：check _ message _ signature（）函数同样调用 CephXSessionHandler：：sign _ message（）生成签名信息，然后进行签名验证。通信数据签名并不是对所有内容进行加密运算，而是仅

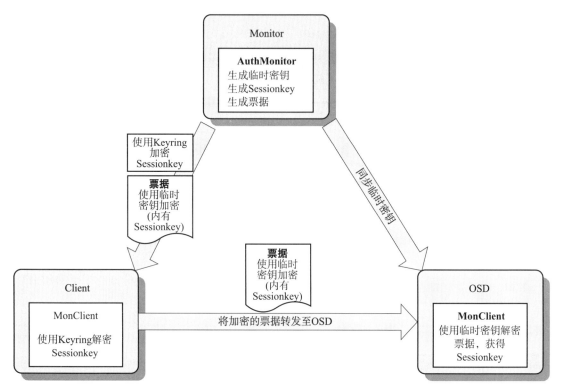

图 5 - 7　密钥传递过程

针对网络数据包中 header 和 footer 的特定数据校验字段、内容长度字段和序列号等信息进行 AES 加密运算，并将结果分成 4 段后进行按位异或运算，最终形成 64 位的签名值，存放在网络数据包的 footer. sig 字段。验签时基于同样的过程生成签名值，与网络数据包 footer. sig 字段进行比较，结果相同时验签通过。这种签名和验签方法加密运算量小，同时还可防止恶意的网络仿冒攻击，保证数据的安全性。此外，系统还提供了配置参数 cephx _ sign _ messages，管理员可通过该参数配置是否对网络通信数据进行签名与验签，默认情况下启用签名与验签。

5. 3. 3　票据与密钥应用的过程

以客户端与 OSD 节点的通信过程为例，在通信建立前，客户端和 Monitor 节点都持有同一个 Keyring，客户端的 Keyring 存放在配置文件内，Monitor 节点的 Keyring 存放在 KV 数据库内；OSD 节点和 Monitor 节点都持有同一个临时密钥，OSD 节点会周期性地到 Monitor 节点中同步该密钥。

在客户端与 OSD 的通信建立过程中，客户端中 librados 内的 monclient 会首先与 Monitor 节点建立连接。在这一过程中，monclient 获得相应的 Sessionkey 以及票据，客户端再通过转发票据给 OSD，进而让 OSD 节点获得同一个 Sessionkey。此后客户端与 OSD 节点即可基于该 Sessionkey 进行通信。其具体过程简述如下。

1）客户端向 Monitor 节点发送自己的名称 entity name 和 ID。

2）Monitor 节点收到后，确定 entity name 以及 ID 在自己的 KV 数据库内是否合理存在，确认没问题后向客户端发送一个 64bit 的 server challenge 值。challenge/response（挑战/应答）方式在安全通信中普遍使用，通过发送随机的 challenge 并验证对方能否对该 challenge 按照约定方式正确应答而判断对方的合法性。

3）客户端收到 server challenge 后，首先用随机方式生成一个 64bit 的 client challenge；然后使用 Keyring 加密 server challenge 和 client challenge，并将加密后的值进行混淆运算，生成应答数据，此后一并将 client challenge 和应答数据发送给 Monitor 节点。

4）Monitor 节点验证这些应答数据。验证过程是使用自己持有的 Keyring 对自己发送过的 server challenge 和收到的 client challenge 进行加密运算和同样的混淆运算，比较生成的数据和收到的应答数据是否相同。如果相同，则验证通过，表明对方是合法的客户端。然后生成 Sessionkey 和票据，票据内含有 Sessionkey；用 Keyring 加密 Sessionkey，用临时密钥加密票据，并将加密后的 Sessionkey 和票据一起发送给客户端。

5）客户端用 Keyring 解出 Sessionkey，保留在客户端本地，并将票据转发给 OSD 节点。因为客户端没有临时密钥，所以此处只能转发票据，无法解密或修改票据。

6）OSD 节点使用临时密钥解密票据，从中获得 Sessionkey。此后客户端与 OSD 的通信将使用 Sessionkey 进行加解密。

5.4 Monitor 节点对 OSD 状态的检测

有效检测 OSD 的运行状态是 Monitor 节点形成准确的 OSDMAP 的前提。Ceph 系统定位于大规模的分布式存储系统，在 Monitor 节点轻负载、OSD 高度自治的设计理念下，Ceph 设计了以 Monitor 节点为核心、以 OSD 为主体的状态检测机制。该机制主要有两种，如图 5 - 8 所示。

第一种是 Monitor 节点通过 Beacon 心跳消息检测集群内各 OSD 的存活状态。各 OSD 会定期向 Monitor 节点发送 MSG _ OSD _ BEACON 心跳消息，表明自己的存活状态。Monitor 节点使用数组结构 last _ osd _ report [ ]、osd _ epochs [ ] 保存各 OSD 的心跳状态，同时 Monitor 节点内有 tick 定时器线程，周期性地依据 last _ osd _ report 结构评估各 OSD 的状态，如果超过 900s 没有更新（受配置参数 mon _ osd _ report _ timeout 控制），则将对应 OSD 标记为 down，并更新 OSDMAP。其相关代码如下。

```
void OSDMonitor::tick()
{
    if (! is_active()) return;
    dout(10) << osdmap << dendl;
    if (! mon ->is_leader()) return;
```

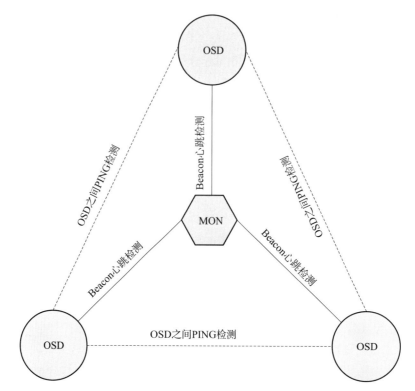

图 5-8　两种检测机制

```
bool do_propose = false;
utime_t now = ceph_clock_now();
if (osdmap.require_osd_release >= CEPH_RELEASE_LUMINOUS &&
    mon ->monmap ->get_required_features().contains_all(
  ceph::features::mon::FEATURE_LUMINOUS)) {
  if (handle_osd_timeouts(now, last_osd_report)) {
    do_propose = true;
  }
}
…}
```

OSD 发送 Beacon 消息的时间间隔默认为 300s（受配置参数 osd _ beacon _ report _ interval 控制）。由于该时间间隔非常长，因此这种检测方式属于状态检测的托底备用。

第二种是 OSD 之间的相互检测。在大规模的 Ceph 集群中，OSD 故障时有发生。为减轻 Monitor 节点的状态检测压力，Ceph 设计了 OSD 节点之间相互点对点快速检测的机制。

在第二种检测机制下，集群内每一个 OSD 节点定期向其他伙伴节点发送 MSG _ OSD _ PING 消息，探测对方的存活状态和 OSDMAP 的版本号。为避免集群内所有节点同时发送 PING 消息，每个 OSD 节点的发送周期不一样，其具体值在配置参数 osd _ heartbeat _ interval 的基础上随机浮动，并在 OSD 启动时进行设置，详见如下函数。

```
void OSD::heartbeat_entry()
{...
    double wait = .5 + ((float)(rand() % 10)/10.0) * float)cct -> _conf -> osd_
     heartbeat_interval;
    utime_t w;
    w.set_from_double(wait);
    dout(30) << "heartbeat_entry sleeping for " << wait << dendl;
    heartbeat_cond.WaitInterval(heartbeat_lock, w);
...}
```

参数 osd _ heartbeat _ interval 默认为 6 s，结合随机数的影响，实际发送周期在0.5～6.5 s。

在伙伴节点的选择上，默认伙伴节点的数量不超过 10 个，受配置参数 osd _ heartbeat _ min _ peers 控制。伙伴节点优先选择 OSD 上每个 PG 的 up 和 Acting 集合中的节点，以及与本 OSD 编号相邻的 OSD 节点。OSD 节点内中 tick 线程会定期调用函数 OSD：：maybe _ update _ heartbeat _ peers()更新伙伴节点集合，当创建 PG、OSDMAP 发生变化时也会更新伙伴节点集合，以力争各伙伴节点集合联合起来，能够覆盖集群中的全部 OSD 节点。在大规模集群中，每个节点都有 10 个伙伴节点，平均起来每个节点会受到 10 个节点的检测，检测周期在 0.5～6.5 s。因此，综合来说，第二种检测机制的检测频率是比较快的。

当第二种检测机制发现 OSD 节点异常后，将主动上报 Monitor 节点。Monitor 节点将此类消息统一交给 Leader 节点进行处理。如果非 Leader 节点收到此消息，也将在 PaxosService 中通过 PaxosService：：dispatch()函数转发给 Leader 节点。Leader 节点将 failure 消息存入 failure _ info 结构中。

Monitor 节点会依据 failure _ info 中的上报信息动态评估上报的信息。

Monitor 节点按域评估上报的信息，它将来自同一个域上报的多个 OSD 异常信息记为一次有效上报，域的范围默认为主机 HOST，并受参数 mon _ osd _ reporter _ subtree _ level 控制。当有效上报达到 2 次（受参数 mon _ osd _ min _ down _ reporters 控制）时，Monitor 节点将认定该 OSD 发生异常。这种评估方式也要求管理员在 OSD 命名时，尽量不要将编号连续的 OSD 集中放在一个服务器节点上，以提高心跳检测全覆盖的可能性。相关主要评估程序在函数 OSDMonitor：：check _ failure()内。Monitor 节点内的定时器线程 tick 会定期调用该函数检查异常报告情况，Monitor 节点在处理 MSG _ OSD _ FAILURE 消息时也会调用该函数进行检查，以确保及时发现异常 OSD，进而更新 OSDMAP，使 OSD 节点和客户端能及时按新的 MAP 访问数据。

此外，当 OSD 启动、OSD 正常下线时，OSD 会主动上报自身的状态。当 OSD 启动时，其会发送 MSG＿OSD＿ALIVE 消息主动向 Monitor 节点上报自身状态；当 OSD 正常下线时，其会发送 MSG＿OSD＿MARK＿ME＿DOWN 消息。Monitor 节点收到这些消息后，会更新 OSDMAP。

在 Ceph 较旧的版本中，OSD 还会定时向 Monitor 节点发送 MSG＿PGSTATS 消息，报告 PG 的状态情况，Monitor 节点基于该消息也会进行 OSD 故障检测；Ceph L 版本后，随着 PGMonitor 作用的弱化，故不再使用该消息进行故障检测。

5.5　OSDMAP 的更新与传播

OSDMAP 是最为重要的 MAP 数据，其在 Ceph 集群中的传播采取 Monitor 节点与 OSD 节点共同分担的模式。Monitor 节点产生新的 OSDMAP 后，面向部分而不是全部 OSD 节点进行首次传播；OSD 节点收到 OSDMAP 后，再向其 PING 检测的 OSD 节点、数据读写请求涉及的客户端和 OSD 进行二次传播。OSD 节点加入集群、退出集群、节点重启等都会导致 OSDMAP 更新，更新 OSDMAP 属于常见的数据通信；同时，由于单个 OSD 节点引起的 OSDMAP 更新仅对部分 PG 产生影响，大部分 PG 到 OSD 的映射关系保持不变，因此也没有必要采取集中式、强一致性的传播策略。Ceph 系统采取的二次传播机制减少了 Monitor 节点传播 OSDMAP 的工作负载，避免因集中广播 OSDMAP 产生通信风暴，同时也符合 Ceph 系统 Monitor 节点轻负载、OSD 高度自治的设计理念，赋予 OSD 更多的自主权。下面介绍传播 OSDMAP 的 5 种方式。

1）Monitor 节点主动推送 OSDMAP。在 Paxos 层完成 OSDMAP 在各 Monitor 节点间同步后，Leader 节点和其他非 Leader 节点均会调用 OSDMonitor∷share＿map＿with＿random＿osd（）函数，随机选择具有活动会话的 OSD 节点，并主动向其推送 OSDMAP。其相关代码如下。

```
void OSDMonitor∷share_map_with_random_osd()
{
    if (osdmap.get_num_up_osds() = = 0) {
        dout(10) << __func__ << " no up osds, dorrt share with anyone" << dendl;
        return;
    }
    MonSession * s = mon ->session_map.get_random_osd_session(&osdmap);
    //随机选择 OSD 节点
    if (! s) {
        dout(10) << __func__ << " no up osd on our session map" << dendl;
        return;
    }
    dout(10) << "committed, telling random " << s ->inst << " all about it" <
```

```
        < dendl;
uint64_t features = s ->con_features ? s ->con_features :
            mon ->get_quorum_con_features();
MOSDMap * m = build_incremental(osdmap.get_epoch() - 1, osdmap.get_epoch(),
 features);
s ->con ->send_message(m);
}
```

2）向异常状态报告者反馈新的 OSDMAP。当 OSD 节点通过 PING 检测到其伙伴 OSD 节点发生故障时，其将上报 Monitor 节点。Monitor 节点会将新生成的 OSDMAP 发送给这些状态报告者。OSD 的伙伴节点主要是依据 PG 集合关联关系而建立的，其伙伴节点发生故障很大可能会直接影响到它上面的 PG，因此针对这些节点的更新可使其及时感知到 OSDMAP 的变化，并迅速做出反应。

3）通过订阅请求更新。当 OSD 通过客户端数据读写请求感知到 OSDMAP 版本落后时，或者当 OSD 检测到自己没有伙伴节点时，以及 OSD 节点启动时，其会通过 OSD::osdmap_subscribe() 函数向 Monitor 节点订阅 OSDMAP。Monitor 节点会通过 OSDMonitor::check_osdmap_sub() 函数检查并发送新的 OSDMAP。

上述 3 种方式都是 Monitor 节点对外发送 OSDMAP。在 Monitor 节点轻负载的设计理念下，下面的这 2 种更新方式均是 OSD 节点对外发送。

4）OSD 之间的 PING 检测更新。这种方式是在 OSD 之间的 PING 心跳检测过程中更新 OSDMAP。因为 PING 心跳检测频率快、覆盖范围广，所以能够及时对 OSDMAP 进行更新，这也是 OSDMAP 最为主要的一种更新方式。在 OSD 节点向伙伴 OSD 发送的 PING 消息以及对端反馈的 PING_REPLY 消息中均有 OSDMAP 版本号 epoch，各 OSD 节点在处理这些消息时，都将调用 OSDService::share_map_peer() 函数检测对端的版本号。如果对端的 OSDMAP 版本号小于自己的版本号，则会将自己的 OSDMAP 发送给对端，完成 OSDMAP 更新。

5）在 OSD 处理数据读写操作过程中检测并更新 OSDMAP。客户端发起的数据读写操作请求中会附带客户端的 OSDMAP 版本，这些操作请求均要进入 OSD 内的主队列中等待处理。在出队时，OSD 进程会调用 OSDService::should_share_map() 函数检测客户端的 OSDMAP 版本，如果客户端的版本号小于自身的，将调用 OSDService::share_map() 函数将自己的 OSDMAP 发送给客户端，以对其进行更新（如果客户端持有的 OSDMAP 版本号更大，OSD 将到 Monitor 节点上订阅更新 OSDMAP）。在 PG 主从副本进一步处理这些数据读写请求时，相关 OSD 也会在操作请求出队时调用 OSDService::should_share_map() 函数检测 OSDMAP 版本，必要时用 OSD 自己持有的 OSDMAP 更新对方的 OSDMAP。

OSDMAP 各种更新方式如图 5 - 9 所示。

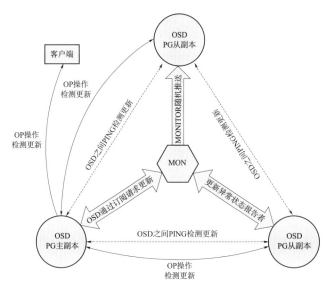

图 5 - 9　OSDMAP 各种更新方式

本章小结

Monitor 节点是 Ceph 系统的大脑，处于指挥者的角色。虽然经过其处理的数据量并不大，其不直接参与数据 I/O，经由其处理的数据只有 OSDMAP、MONMAP 等少量数据，但这些数据都非常关键。本章主要介绍了 Monitor 节点的共识算法、认证功能，以及关键数据 OSDMAP 的监测更新与传播，这些均是正常执行数据 I/O 的基础。第 6 章将针对具体执行数据 I/O 的 OSD 模块进行介绍。

第 6 章　OSD 节点

OSD 是 Ceph 集群的基础存储单元，数据以其为基础进行存储和访问。单个 OSD 用于管理一个或多个本地物理存储设备，如一个磁盘分区。在运行时，OSD 需要占用一定的 CPU、内存和网络资源，承担数据落盘、数据读取、状态监测、故障恢复与数据自动平衡等职能，是 Ceph 系统中代码体量较大的一个组件。

从软件层面看，一个 OSD 在运行状态下是一个独立的进程，对外承接 LibRADOS 发过来的操作请求，并将其转变为事务，向下发送给 BlueStore 或 FileStore 等后端存储；对于写请求，同时还要发送给其他副本 OSD 进程，实现多副本数据存储。在参与集群管理方面，OSD 需要通过 MonClient 建立安全的通信连接，并向 Monitor 节点上报自身状态，以及从 Monitor 节点获取 OSDMAP 等集群数据。同时，同一集群内的各个 OSD 之间也有密切的联系，一方面 RADOS 对象的多副本存储模式需要多个 OSD 协同工作；另一方面在某个 OSD 设备出现故障时需要集群内的其他 OSD 设备做出调整，对数据进行迁移，满足服务不中断的高可靠要求。

本书重点介绍 OSD 的两个重要组成部分，一个是后端存储，Ceph L 版本中默认是 BlueStore，将在第 7 章中单独介绍；另一个是 PG。除 BlueStore 之外，本书对 OSD 的说明均围绕 PG 展开，包括将客户端的操作请求转化为 PG 事务、PG 事务在各副本间的分发，以及用于保证 OSD 故障恢复时数据一致性的 PGLOG 等。

此外，OSD 是 Ceph 系统的快照、多副本、纠删码、磁盘故障情况下数据自动迁移等功能的实现主体，因此它是 Ceph 系统的基础、关键、重要的组成部分。

本章将围绕 PG 进行介绍，并给出操作请求转化为 PG 事务、基于 PGLOG 进行数据一致性恢复等处理实际操作请求的例子。第 7 章对 BlueStore 进行专门介绍，第 8 章对基于 PG 的故障恢复进行专门介绍。这 3 章均是 OSD 组件的主要功能。

另外，因为 Ceph I/O 请求数据必须经过 OSD，因此 Ceph 大部分命令的执行与 OSD 有关。为此，OSD 专门实现了执行命令的流程，这部分内容本书没有展开介绍，读者可结合源代码与命令实操进行学习。

6.1　OSD 中的对象

OSD 对外提供 RADOS 对象的读写服务。RADOS 对象与 RGW 面向用户提供的对象不同，RGW 中的对象由多个 RADOS 对象按一定的规则组成，RADOS 对象是 RGW 对象的组成部分。为表述方便，无特殊说明时，本章中的对象均指 RADOS 对象。关于对象的大小，在 OSD 以及 RADOS 系统层面受配置项 osd _ max _ object _ size 控制，默认为

100GB。但在实际使用时，上层应用一般会限制 RADOS 对象的大小，如 RBD 块存储服务将其限定为 4MB，大于 4MB 的数据 RBD 将其拆分成多个 RADOS 对象；RGW 对象存储服务一般将 RGW 对象分解为多个 RADOS 对象，每个 RADOS 对象也限定为 4MB。

对象最基本的描述是对象的名字，也常称为对象的 oid，其定义如下。

```
struct object_t {
  string name;
    }
```

为了更全面地描述对象，在 object _ t 基础上定义了 hobject _ t 数据结构，增加了对象的快照序号、所属存储池、hash 值等必不可少的信息。需要说明的是，该结构中并没有对象所属 PG 的信息，原因是一个存储池的 PG 数量是可调的，如果在该结构中直接引用会大大增加调整 PG 的复杂度。在 OSD 中，用 hobject _ t 作为一个对象的唯一标识，其定义如下。

```
struct hobject_t {
  object_t oid;
  snapid_t snap;
  uint32_t hash;
  int64_t pool;
  string nspace;
  string key;
…}
```

在 hobject _ t 的定义中，hash 值常用来作为对象的排序依据，Pool 用来表示对象所属的 Pool。

此外，一个对象还有两个必不可少的属性，分别是 OI 属性和 SS 属性。OI 属性由 object _ info _ t 结构定义，其使用 hobject _ t 记录对象的 ID 信息，同时记录了对象的版本、对象大小、数据校验和、修改时间等较为全面的基础信息。

```
struct object_info_t {
  hobject_t soid;
  eversion_t version, prior_version;
  version_t user_version;
  osd_reqid_t last_reqid;
  uint64_t size;
  utime_t mtime;
  utime_t local_mtime; // local mtime
  uint64_t truncate_seq, truncate_size;
  map<pair<uint64_t, entity_name_t>, watch_info_t> watchers;
```

```
    __u32 data_digest;  // data crc32c
    __u32 omap_digest;  // omap crc32c
…}
```

SS 属性记录了对象的快照相关信息，其定义如下。

```
struct SnapSet {
  snapid_t seq;
  bool head_exists;
  vector<snapid_t> snaps;     // descending
  vector<snapid_t> clones;  // ascending
  map<snapid_t, interval_set<uint64_t> > clone_overlap;  // overlap w/
    next newest
  map<snapid_t, uint64_t> clone_size;
  map<snapid_t, vector<snapid_t>> clone_snaps; // descending
…}
```

上述结构用以描述对象自身，是对象的元数据，其中 OI 属性和 SS 属性作为对象的扩展属性落盘。

OSD 将对象分为两类，分别是 head 对象和克隆对象。其中，head 对象是原始对象，在不启用快照机制的情况下对象全是 head 对象；克隆对象用以支持快照功能，是对某一时刻 head 对象的克隆。一个 head 对象可以对应多个克隆对象，用于保存不同快照下的对象数据。两者具有相同的对象名字 oid，但在 OI 属性中的（snapid_t）hobject_t. snap 字段上有区别，head 对象的 snap 字段为 CHEP_NOSNAP，克隆对象的 snap 字段为快照序号。此外，两者在 SS 属性和数据内容上也有区别。

除上述元数据外，上层应用的数据在 RADOS 对象层面会分为 3 种类型，分别是自定义的扩展属性、OMAP 属性和普通内容数据。在默认情况下，OSD 使用 RocksDB 数据库保存扩展属性和 OMAP 属性数据，普通内容数据则直接保存在磁盘上。RADOS 对象的逻辑结构如图 6-1 所示。

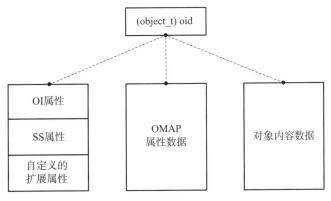

图 6-1　RADOS 对象的逻辑结构

6.2　PG 在 OSD 内的实现

PG 是 Ceph 系统组织数据的最末级组织单元，其内直接存放最终的 RADOS 对象。由第 4 章可知，Pool 内存储哪些对象由管理员人为指定，受人工控制；Pool 划分为多少个 PG 也受人工控制，但一个对象划分到哪个 PG 并不受人工控制，而是基于对象 ID 标识向 PG 数量取模计算出来的。作为最末级的组织，Ceph 系统以 PG 为单位决定数据存放在哪个 OSD 上，故障时进行数据迁移也是以 PG 为单位。需要迁移时，系统将 PG 内的所有对象一起迁移，不会只迁移 PG 内的一部分数据。因此，对象属于 PG，并不属于 OSD，虽然对象要存放在 OSD 上。

PG 与 OSD 是动态地被承载与承载的关系。PG 内的对象数据最终存储在 OSD 设备上，由 OSD 承载 PG 内的数据。与传统存储不同，PG 内的数据存储在哪个 OSD 设备上并不是固定的、直接寻址的方式，而是基于 OSDMAP，使用 CRUSH 算法计算出来的。如果一个 OSD 设备发生故障，将导致 OSDMAP 发生变化，CRUSH 算法的计算结果也会变化，进而导致 PG 与 OSD 的映射关系发生变化，这时 RADOS 系统会自动将故障 OSD 上的 PG 内的数据迁移到其他 OSD 设备上。这种基于算法的计算寻址和数据的自动动态迁移是 Ceph 分布式存储系统的主要特征。关于 RADOS 对象、存储池、PG、OSD 的关系，可参考 4.4 节。

PG 在 OSD 内实现时，分为两部分。一部分是纯粹描述对象隶属关系的末级组织，称为 Collection，其数据结构定义如下。OSD 的少部分代码涉及该结构。

```
class coll_t {
    type_t type;
    spg_t pgid;
    uint64_t removal_seq;    // note：deprecated，not encoded
    char _str_buff[spg_t::calc_name_buf_size];
    char * _str;
…}
```

另一部分是实现 PG 功能、处理各类操作请求的程序实例。这部分在 OSD 中实现为基于 PG 程序类派生的程序实例，其中主要是 PrimaryLogPG。本章中的 PG 指的是这类程序实例，下面单独对其进行介绍。

PG 标识是一个二维结构，如 pgid = {m_pool = 44，m_seed = 3}，前者为 PG 所属的存储池 Pool 的编号，后者为 PG 在对应存储池内的编号，两者一起构成 PG 标识。

PG 作为系统组织数据的最末级组织，其自身在落盘和运行时都需要一定的管理信息数据，这就是 PG 的元数据。在落盘时，OSD 为每个 PG 分配一个 RADOS 对象，称为 PG 元数据对象，其对象名 oid 为 NULL，系统将 PG 元数据保存在该 RADOS 对象的扩展属性和 OMAP 属性中。某一 PG 的元数据对象如下。

```
pgmeta_oid = {
  (hobject_t) hobj = {
    static POOL_META = -1,
    static POOL_TEMP_START = -2,
    oid = {
      name = ""
    },
    snap = {
      val = 18446744073709551614
    },
    hash = 3,
    max = false,
    nibblewise_key_cache = 805306368,
    hash_reverse_bits = 3221225472,
    pool = 44,
    nspace = "",
    key = ""
  },
…}
```

在后端存储采用 FileStore 的情况下，该 RADOS 对象为一个目录文件，目录名就是 PGID+ "_head"，如 43.2_head。在后端存储采用 BlueStore 的情况下，该 RADOS 对象为一个 BlueStore 自定义的由 onode 承载对象基础元数据的数据集合，其中包括对象大小、扩展属性、数据磁盘块地址信息等。BlueStore 的 onode 并不存储在磁盘上，而是存储在 RocksDB 数据库中，对象的内容数据则使用磁盘块进行存储。

PG 落盘存储的元数据主要有 PG_INFO、PGLOG、missing 列表等，其中 PG_INFO 存放了 PG 的日志状态、相关 epoch 序号等基本信息；PGLOG、missing 列表是保持各 PG 副本间数据一致性的重要信息，这些信息均以 OMAP 属性的方式保存在 PG 元数据对象中。

```
struct pg_info_t {
  spg_t pgid;
  eversion_t last_update;       // last object version applied to store.
  eversion_t last_complete;     // last version pg was complete through.
  epoch_t last_epoch_started;
  //last epoch at which this pg started on this osd
  epoch_t last_interval_started;
  // first epoch of last_epoch_started interval
```

```
version_t last_user_version; // last user object version applied to store
eversion_t log_tail;          // oldest log entry.
hobject_t last_backfill;
// objects >= this and < last_complete may be missing
bool last_backfill_bitwise;
// true if last_backfill reflects a bitwise (vs nibblewise) sort
interval_set<snapid_t> purged_snaps;
pg_stat_t stats;
pg_history_t history;
pg_hit_set_history_t hit_set;
```

PGLOG 是保证 PG 各副本数据一致性的重要基础。PG 是承载上层数据的最小单元，对象数据在 PG 内以多副本形成存放。在生产环境中，存放 PG 数据的 OSD 设备故障不可避免。在 OSD 出现故障时，就会导致有些副本的数据缺失，进而出现 PG 各副本间数据的不一致。Ceph 系统设计了 PGLOG 日志，为检测甚至恢复故障数据提供了对照标准。

PGLOG 日志由 PG 的副本维护，即一个 PG 副本有一个 PGLOG 日志，各 PG 副本维护各自的 PGLOG，其在落盘时存放在元数据影子对象的 OMAP 内，在运行时作为 PG 实例的数据载入内存。PGLOG 日志条目默认存储 3000 条，但当 PG 发生故障处于降级状态时，会将存储日志条目扩展至 10000 条。日志数据主要包括 RADOS 对象 ID、版本、写操作的类型等，日志内并不记录对象的内容数据。PGLOG 单条记录的格式定义如下。

```
struct pg_log_entry_t {
    hobject_t   soid;
    //对象唯一标识,记录了对象的 ID(名字)、所属存储池 ID、快照版本号等
    osd_reqid_t reqid;   // caller + tid to uniquely identify request
    mempool::osd_pglog::vector<pair<osd_reqid_t, version_t> > extra_reqids;
    eversion_t version;//版本号,由{ version, epoch, _pad}组成,前两者是主要标志
    eversion_t prior_version;//上一次对象被修改时的版本号
    eversion_t reverting_to;
    version_t user_version; // the user version for this entry
    utime_t mtime;             // this is the _user_ mtime, mind you
    __s32 op;          //操作类型,如修改、克隆、删除等
…}
```

其中，version（对象版本号）、op（操作类型）、soid（对象 ID 及相关信息）是 3 个比较关键的字段。PGLOG 通过 soid 字段关联到对象，通过 version 字段与对象 SS 属性中的同名字段进行比对，可以确定对象的状态。本章后续分析原理时会用 {10'4，MODIFY，hw} 来概要描述一条 PGLOG，其中 10'4 分别指实际版本号和 epoch 序号，MODIFY 表示操作类型，hw 为对象 ID。

在运行时 PG 数据成员较多，PG 运行实例会在内存中构建 130 余项数据结构，并与 PG 处理程序相配合，完成 PG 数据处理功能。PG 运行实例的主要数据结构如图 6 - 2 所示。图中 past _ intervals 用于存放 PG 的 PastIntervals，将在第 8 章进一步说明。

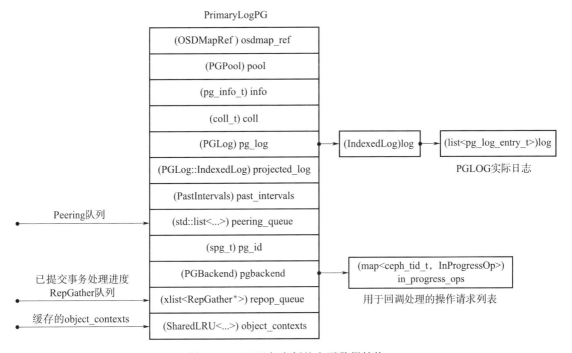

图 6 - 2　PG 运行实例的主要数据结构

6.3　OSD 操作请求的处理过程

处理客户端发送过来的写操作请求是 OSD 的主要功能之一。首先，客户端使用 CRUSH 算法进行 OSD 寻址，确定对象所在的主副本 OSD（简称主 OSD）编号和从副本 OSD 编号；然后，客户端直接与主 OSD 建立网络连接，发送写操作请求给主 OSD，由主 OSD 组织完成数据的本地写入和从副本 OSD 的数据写入，并向客户端反馈写操作结果。

首先，OSD 执行写操作请求的过程也是 OSD 处理功能逻辑的过程，这些功能包括快照功能、数据多副本存放、使用 PGLOG 保证数据一致性等。这些功能的具体实现均在数据写入过程中得到落实。

其次，OSD 执行写操作请求的过程也是数据结构变换的过程。在数据写入过程中，写入请求先后经过 Message、OpRequest、OpContext、PG 事务、ObjectStore 事务等数据结构的转换，而转换过程又需要 ObjectContext、SNAPcontext、PG、OSDMap 等资源性数据结构的支持。该过程最终是将写操作请求封装为 ObjectStore 事务，提交给本地后端存储和从副本 OSD 落盘。

接下来以向 RADOS 对象 hw 中写入 12B 的数据"hello world！"为例，通过以点带面的方式说明写操作请求经历的 13 个主要步骤。在写入前，hw 对象并不存在，因此在这一过程中会生成"创建对象的操作"。

（1）接收写请求 Message 并转换为 OpRequest

客户端基于 OSDMAP 计算出本次操作请求的目标 PG 与 OSD 后，直接与主 OSD 建立网络连接。网络连接在以太网环境下采用 TCP 协议。网络连接建立后进行身份认证，并将操作请求以 Message 的形式发送给主 OSD。Message 数据结构定义如下。

```
class Message : public RefCountedObject {
  ceph_msg_header  header;        // headerelope
  bufferlist      payload;  // "front" unaligned blob
  bufferlist      middle;   // "middle" unaligned blob
  bufferlist      data;     // data payload
  ceph_msg_footer  footer;
  ConnectionRef   connection;
…}
```

header 为消息头，存放了消息 ID、操作 ID、消息类型、payload 等各部分数据长度等信息。其中，（_le64）header. tid 存放的是操作 ID（transaction id），在会话内依据操作请求顺序递增，初始值为 1，其是唯一标识写操作请求的元素之一。data 存储了写请求的内容数据。footer 为消息尾，存有数据 CRC 校验码。payload 存放了写请求的相关各类元数据，其中主要是 pgid、对象名字（hobj. oid）、操作类型编码（__le16）op，在写操作情况下其值为 8705（CEPH_OSD_OP_WRITE）。典型写请求 payload 包含的元数据参见如下代码片段。

```
359        ::encode(pgid, payload);//pgid
360        ::encode(hobj. get_hash(), payload);
361        ::encode(osdmap_epoch, payload);
362        ::encode(flags, payload);
363        ::encode(reqid, payload);
364        encode_trace(payload, features);
363        ::encode(reqid, payload);
364        encode_trace(payload, features);
368        ::encode(client_inc, payload);
369        ::encode(mtime, payload);
370        ::encode(get_object_locator(), payload);
371        ::encode(hobj. oid, payload);//对象 oid
373        __u16 num_ops = ops. size();
374        ::encode(num_ops, payload);
375        for (unsigned i = 0; i < ops. size(); i++)
```

```
376    ::encode(ops[i].op, payload);//操作请求编码
378      ::encode(hobj.snap, payload);
379      ::encode(snap_seq, payload);
380      ::encode(snaps, payload);
382      ::encode(retry_attempt, payload);
383      ::encode(features, payload);
```

Message 结构中的 connection 字段记录了客户端的网络地址，后续在对操作请求进行队列入队处理时需要用到。客户端与主 OSD 建立初始会话时，OSD 端的网络通信线程会创建并记录 connection；客户端发送的写请求网络数据包中并不包含 connection 信息，而是在数据包到达后再在 Message 中填充对 connection 的引用。

此后由 OSD 进程内的网络通信线程将 Message 转换为 OpRequest，后续各环节的进一步处理均基于 OpRequest 结构进行。OpRequest 的结构定义如下。

```
struct OpRequest : public TrackedOp {
  Message * request;  //Message 结构
  osd_reqid_t reqid;        //OpRequest ID 标识
  entity_inst_t req_src_inst;
  uint8_t hit_flag_points;
  uint8_t latest_flag_point;
  utime_t dequeued_time;
bool check_send_map = true;
  epoch_t sent_epoch = 0; //< client's map epoch
  epoch_t min_epoch = 0;        //< min epoch needed to handle this msg
…}
```

OpRequest.request 就是 Message，同时 OpRequest 又增加了 sent_epoch、min_epoch、reqid 等信息。

其中，OpRequest.reqid 是 OpRequest 的关键 ID 标识，后续的操作请求查重等环节会使用该结构，其值构成如下。

```
struct osd_reqid_t {
  entity_name_t name;
  ceph_tid_t    tid;
  int32_t       inc;
}
```

在 Ceph L 版本的实现中，写请求的 Message.payload 中的 (_le64) reqid.tid 字段为0，不能直接用于 OpRequest 的 ID 标识。在构建 OpRequest 时，OpRequest.reqid 由 Message 的 payload 和 Message 的 header 中的相关字段混合而成。OpRequest.reqid.tid 使

用 Message. header. tid，OpRequest. reqid. inc 使用 Message. payload 中 的 reqid. inc，OpRequest. reqid. name 最终使用 Message. header. src 构建。

经过本步骤，将客户端发送过来的 Message 转换为 OSD 本地的数据结构 OpRequest，并在 OpRequest 结构中增加了之前已经建立的会话信息 connection 等。会话信息将在后续工作队列控制等步骤中使用。

（2）使用 OSD 全局工作队列控制系统 QoS

OpRequest 组装完成后，网络通信线程会将其置入（OSD：：ShardedOpWQ）op＿sharedwq 工作队列组。op＿sharedwq 工作队列组在 OSD 范围内是全局的，从客户端发送过来的各类操作请求都将进入该队列组等待处理，因此它也是 Ceph 系统进行 QoS 控制的关键结构。

工作队列组 QoS 控制方法有 prioritized、WeightedPriority、mclock＿opclass、mclock＿client 4 种类型，其中 prioritized 为基于优先级的控制方法；mclock＿opclass 和 mclock＿client 为基于时间标签 dmClock 的控制方法；本书基于的 Ceph L 版本默认采用 WeightedPriority 类型，是一种基于权重的控制方法。

Weightedpriority 类型的工作队列组是一种 4 级结构。其中，前两级相对固定，主要用来对 OpRequest 划分类别，第一级是基于 PG 的分片，第二级用来对优先级分类；后两级是动态变化的队列，分别存放会话客户端和具体操作请求。Weightedpriority 类型的工作队列组的结构如图 6－3 所示。

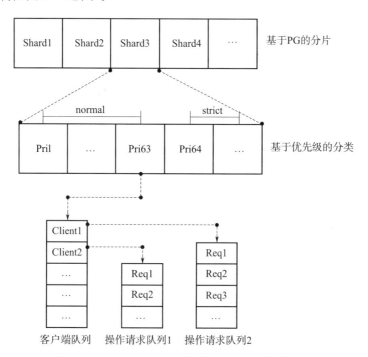

图 6－3　Weightedpriority 类型的工作队列组的结构

第一级结构与 PG 是一对多的关系，一个分片可存放多个 PG 的 OpRequest，但同一个 PG 的 OpRequest 只进入一个队列，这样可以保证 PG 内 OpRequest 的处理顺序。

第二级结构对操作请求进行优先级控制，第三级队列存放客户端会话，第四级队列存放客户端会话内的具体操作请求。其优先级从大类上分为 normal 优先级和 strict 优先级两类，默认情况下优先级不大于 63 的为 normal 优先级，大于 63 的为 strict 优先级。两者在 OpRequest 的出队方式上有区别，strict 类别的 OpRequest 严格按照优先级大小出队，完成优先级大的 OpRequest 出队后再进行优先级小的 OpRequest 出队。normal 类别的则将优先级值当作权重计算出队的概率，优先级大的，该客户端队列被选中的概率越高；而在客户端队列内部，则采用 Round‑Robin 轮询调度，每个客户端队列依次被选中，被选中后则将其内处于操作请求队列头部的 OpRequest 出队，避免某些客户端会话的操作请求长期得不到处理。

在程序实现上，第一级结构采用向量 vector，以动态数组的形式存放；为加速查找和优化内存空间，第二级、第三级结构采用红黑树数据结构；第四级队列中的 OpRequest 为紧密顺序存放，因此直接采用列表 list 数据结构。WeightedPriority 控制方法的源程序位于 src/common 目录下。

写请求入队过程如下。

1）使用 OpRequest. request. pgid. m _ seed 与 op _ shardedwq 一级结构的分片总数取模，得到具体的分片 shard。这一步骤的实质就是基于 pgid 计算所属的分片。

2）使用 OpRequest. request. header. priority 得到普通写请求的 priority 为 63（针对 hw 实例的写操作的优先级），属于 normal 优先级，并进一步确定其在二级结构中的位置。

3）使用 OpRequest. request. header. src 和 OpRequest. request. connection ->peer _ addr 构成的结构体（类型为 entity _ inst _ t）确定其在三级结构——客户端队列中的位置。

4）将 OpRequest 置入四级结构操作请求队列。

Message 处理线程将 OpRequest 放入队列后即返回，OpRequest 的出队及后续处理由专门的 PG 工作线程负责，这一过程中会有一次线程切换。

OpRequest 出队后进入 PG 处理阶段。

（3）依据 PG 日志信息进行操作请求查重

在 PG 处理阶段首先进行 OpRequest 的查重工作，防止重复处理相同的操作请求。操作请求的唯一性由 OpRequest. reqid 确定，相关程序代码如下。

```
PG::check_in_progress_op( const osd_reqid_t &r, eversion_t * version, version_t *
user_version, int * return_code) const
    {
    return (
        projected_log. get_request(r, version, user_version, return_code) ||
        pg_log. get_log(). get_request(r, version, user_version, return_code));
}
```

在 PG：：check ＿ in ＿ progress ＿ op（）函数中，（osd ＿ reqid ＿ t &）r 的值为 OpRequest.
reqid，是 OpRequest 的 ID 标识。若存在重复请求的情况，则通过（eversion ＿ t ＊）version
和 user ＿ version 返回操作版本标识。version 是操作请求的版本标识，正常情况下其在 PG
内随着操作请求的依次提交而顺序、连续增加。version 也是后续基于 PGLOG 进行
peering 一致性保证的重要标识信息。user ＿ version 是对客户端可见的版本标识，也是后
续 PGLOG 记录的日志信息之一。

查重的依据是内存中的（IndexedLog）pg. projected ＿ log 和（IndexedLog）pg. pg ＿
log. log。前者对 OpRequest 处理过程进行记录，会根据 OpRequest 的处理进度动态添加
和删除其中的记录条目；后者其内包含实际 PGLOG，但查重时并不会遍历实际的
PGLOG 队列，而是依据其内的 caller ＿ ops、extra ＿ caller ＿ ops、dup ＿ index 3 个 map 映
射进行查重，以尽可能地提高查重效率。3 个 map 映射仅记录日志的地址值，不存放日志
内容，属于索引日志。map 映射信息的更新会随着实际 PGLOG 的更新而更新。

IndexedLog 结构定义如下。

```
/ * * IndexLog - adds in - memory index of the log, by oid. plus some methods to
manipulate it all. * /
    struct IndexedLog : public pg_log_t {
    mutable ceph::unordered_map<hobject_t,pg_log_entry_t * > objects;
    mutable ceph::unordered_map<osd_reqid_t,pg_log_entry_t * > caller_ops;
    mutable ceph::unordered_multimap<osd_reqid_t,pg_log_entry_t * > extra_
        caller_ops;
    mutable ceph::unordered_map<osd_reqid_t,pg_log_dup_t * > dup_index;
    …}
```

其中，查重日志与实际落盘的实际 PGLOG 以及 PG 类对象实例的关联关系如图 6 - 4
所示。

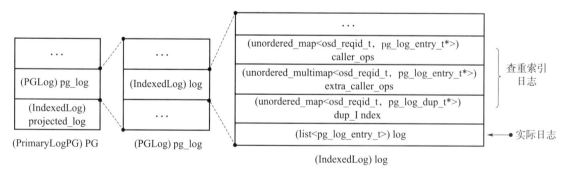

图 6 - 4　查重日志与实际落盘的实际 PGLOG 以及 PG 类对象实例的关联关系

对于重复的操作请求，程序会到 PG 的（xlist＜RepGather ＊ ＞）repop ＿ queuer 队列
中查询 OpRequest 的完成状态。如果上次的原始请求完成，则直接应答客户端并返回；如

果还未完成，则进入 pg. waiting ＿ for ＿ ondisk 队列，后续满足相关限制条件后，PG 会将其出列，重新进入 OSD 的全局 op ＿ shardedwq 工作队列组，下次被调度时再次判断完成状态，直至原始请求执行完成。

除查重外，还有程序判断对象是否处于降级状态，即有没有完成 recovery。如果 recovery 操作没有完成，则会将该操作置入内部队列，阻塞此次写请求，待完成 recovery 后再继续执行。

总之，本步骤以 OpRequest 结构为依据判断写请求的可调度性，如果满足被调度处理的条件，将进入下一处理步骤。

（4）查找 ObjectContext，确定对象是否存在

ObjectContext 收集了对象 OI 和 SS 属性信息，ObjectContext 中的（ObjectState）Obs 在 OI 属性的基础上又增加了表示对象存在性的 ObjectContext. Obs. exists 字段。后续生成事务时，将使用（ObjectState）Obs 结构存放对象的基础 OI 属性信息。此外，ObjectContext 还汇集了读写控制锁、用户自定义属性信息缓存等数据，它拥有对象的全部基础元数据信息。ObjectContext 与对象 OI 属性和 SS 属性的关系如图 6 - 5 所示。

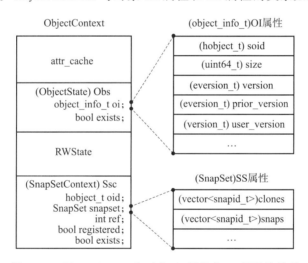

图 6 - 5　ObjectContext 与对象 OI 属性和 SS 属性的关系

读取 OI 和 SS 属性、确定对象是否存在的主要函数为 PrimaryLogPG：：get ＿ object ＿ context( )。对于已经存在的对象，ObjectContext 会被缓存，以提高查找速度。ObjectContext 存放在 PG 的（SharedLRU＜hobject ＿ t，ObjectContext＞）PG. object ＿ contexts 结构内，此时 ObjectContext. Obs. exists 为 true，表示对象存在。

对于新创建的对象，因为 PG. object ＿ contexts 中没有 ObjectContext，所以在查找 ObjectContext 过程中 PG 会调用函数 PGBackend：：objects ＿ get ＿ attr（）向后端存储读取对象的 "＿" 属性（OI 属性），即发起一次元数据读操作。读操作返回属性不存在后，PG 判定该对象不存在，进而创建 ObjectContext 结构，并设置 ObjectContext. Obs. exists 为 false，后续构建事务时将依据该标识决定是否生成对象创建操作。对于 hw 实例，因为

对象 hw 目前还不存在，因此设置 ObjectContext. Obs. exists 为 false。

　　判断写请求目标对象的状态是不可或缺的必要环节，经过本步骤的处理，写请求找到或新建了目标对象的上下文信息，具备了进入下一步骤的基础条件。

　　（5）创建 OpContext 并汇集数据，为形成 PG 事务做准备

　　经过前面对 OpRequest 进行查重、确定对象是否存在之后，接下来将创建（OpContext）ctx。在 OSD 中，带有 Context 名字后缀的数据结构多数具有数据汇集并根据上下文环境进行操作转换的用途，此处（OpContext）ctx 的作用就是将上面的各种数据结构汇集起来，并在此基础上生成事务。在第 7 章中将会看到后端 BlueStore 在执行事务时也有类似的 Context 数据结构。

　　OpContext 数据结构定义如下。

```
struct OpContext {
    OpRequestRef op;
    osd_reqid_t reqid;
    vector<OSDOp> * ops;
    const ObjectState * obs; // Old objectstate
    const SnapSet * snapset; // Old snapset
    ObjectState new_obs;   // resulting ObjectState
    SnapSet new_snapset;   // resulting SnapSet (in case of a write)
    object_stat_sum_t delta_stats;
    list<pair<watch_info_t, bool> > watch_connects; // new watch + will_
      ping flag
    list<watch_disconnect_t> watch_disconnects; // old watch + send_discon
    list<notify_info_t> notifies;
    list<NotifyAck> notify_acks;
    uint64_t bytes_written, bytes_read;
    utime_t mtime;
    SnapContext snapc;           // writer snap context
    eversion_t at_version;       // pgs current version pointer
    version_t user_at_version;   // pgs current user version pointer
    PGTransactionUPtr op_t;
    vector<pg_log_entry_t> log;
    ObjectContextRef obc;
    ObjectContextRef clone_obc;    // if we created a clone
    ObjectContextRef snapset_obc;  // if we created/deleted a snapdir
    MOSDOpReply * reply;
    PrimaryLogPG * pg;
```

```
    list<std::function<void()>> on_applied;
    list<std::function<void()>> on_committed;
    list<std::function<void()>> on_finish;
list<std::function<void()>> on_success;
…}
```

其中，（SnapContext）snapc 描述了存储池 Pool 等上层应用的快照信息，包括存储池整体上的最新快照序列号、所有有效的快照序列号等。其与描述对象快照信息的 SnapSet 不同，后者用来描述具体对象当前的快照序号信息和已生成克隆对象的信息。两者共同为快照功能逻辑提供了数据基础。

构建过程中，首先将操作请求 OpRequest、查找或新创建的 ObjectContext、PG 中的 SnapContext 等基础数据结构汇集起来；然后预留存放本次操作相关 PGLOG 的（Vector<pg_log_entry_t>）log、存放对象预期状态的（ObjectState）new_obs、存放快照预期状态的（SnapSet）new_snapset 和（ObjectContextRef）clone_obc 等数据结构，用于事务生成过程中临时数据的存放；最后预留 PG 事务智能指针（PGTransactionUPtr）op_t，后续形成的 PG 事务将会存放在该成员中。

（OpContext）ctx 及相关数据结构的关联关系如图 6-6 所示。经过本步骤，形成了写操作请求的上下文结构，汇集了 PG 的快照配置信息，并预留了一些必要的内存数据结构。

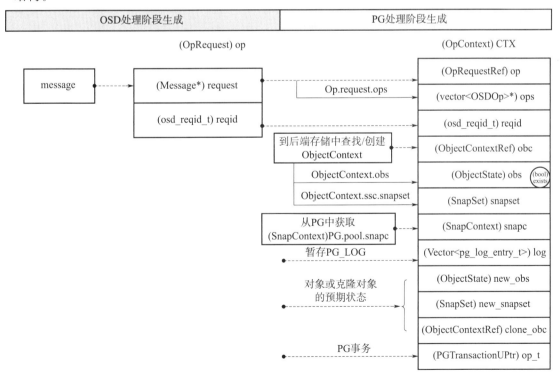

图 6-6　（OpContext）ctx 与相关结构的关联关系

（6）根据 OpContext 中的结构数据构建 PG 事务

写请求只有转化为事务才能提交给副本 PG 和后端存储落盘，转化的结果就是将写请求分解为事务执行单元。数据结构 PGTransaction 定义了 PG 事务，并用来承载转换后的事务，其内封装了转换后的事务执行单元。（OpContext）ctx 的 op＿t 字段是它的引用指针。

PGTransaction 关键数据结构定义如下。

```
class PGTransaction {
public：
    map<hobject_t, ObjectContextRef> obc_map;
    map<hobject_t, ObjectOperation> op_map;
…}
```

其中，op＿map 封装了针对目标对象的事务执行单元，具体结构定义在 ObjectOperation 中。

```
class ObjectOperation {
    struct Init{struct Create {};  struct Clone {hobject_t source; }; };
    using InitType = boost::variant<Init::None,Init::Create,Init::Clone,Init::
     Rename>;
    std::map<string, boost::optional<bufferlist> > attr_updates;
    struct BufferUpdate {struct Write {bufferlist buffer;uint32_t fadvise_flags;}
…};
    using BufferUpdateType = boost::variant<BufferUpdate::Write,…>;
    using buffer＿update＿type ＝ interval＿map < uint64＿t, BufferUpdateType,
     SplitMerger>;
…}
```

上面节选了关于 Create、Clone、attr＿updates、Write 4 种执行单元的定义。ObjectOperation 数据结构封装了执行单元的操作类型、操作参数，以及存放数据的 bufferlist（内存地址）。ObjectOperation 多以联合体、向量等形式存放数据，并按操作类型对执行单元进行分类，同一类的放在一个联合体中。例如，Create、Clone、Rename，以及空操作 None 放在一个联合体中，Write、CloneRange、Zero 3 种操作归为一类放在另一个联合体中，这种组织方法有利于后续快速将 PG 事务转换为 ObjectStore 事务。

为了将执行单元封装进去，PGTransaction 还对外提供了相关接口函数：

```
void PGTransaction::create( const hobject_t &hoid)
void PGTransaction::clone(const hobject_t &target,const hobject_t &source )
void PGTransaction::setattrs(const hobject_t &hoid,map<string, bufferlist>
  &attrs)
```

```
void PGTransaction::write(const hobject_t &hoid,uint64_t off,uint64_t len,
bufferlist &bl,uint32_t advise_flags)
```

上一步骤的（OpContext）ctx 为把写请求转换为事务，提供了基础数据条件，此后会将写请求依次转换为 PG 事务、Objector 事务，并将 Objector 事务提交给副本 PG 和后端存储，进行数据落盘。其中，写请求转换为 PG 事务涉及将写请求分解为多个事务执行单元，其分解过程也是执行写请求的关键程序逻辑。

将写请求分解为 PG 事务执行单元的主要函数为 PrimaryLogPG:: prepare _ transaction()。从该函数的名字也可以看出，其是 PG 类 PrimaryLogPG 的一个成员函数，此部分属于 PG 处理阶段。

客户端的一个写请求经过本阶段的处理，会产生 create、clone（与快照有关）、PG 日志更新、对象属性更新等多个执行单元，需要将这些执行单元封装进一个 PG 事务内，以确保写请求执行后数据状态满足事务一致性等要求。

写请求转换由 PG 实例的函数 PrimaryLogPG:: prepare _ transaction()完成。转换过程中，其主要调用了 3 个函数：PrimaryLogPG:: do _ osd _ ops()、PrimaryLogPG:: make _ writeable()和 PrimaryLogPG:: finish _ ctx()。

do _ osd _ ops()函数处理写请求的基础性转换，如是否执行 create 操作、是执行普通的 write 操作还是执行 truncate 操作；make _ writeable()函数处理快照相关的操作转换，根据 SnapContext 和 SnapSet 判断是否执行 clone 及相关的属性设置操作；finish _ ctx()函数生成 PGLOG 日志更新的 omap _ setkeys 操作，更新对象 OI 属性和 SS 属性的 setattrs 操作。

1）PrimaryLogPG:: do _ osd _ ops()。

do _ osd _ ops()函数首先判断写请求实质上是否是一种 truncate（截断操作），然后根据 ctx. obs. exists 判断是否执行 create 操作。如果确定执行 create 操作，将设置 PGTransaction:: ObjectOperation:: Init 类型为 Create，最终将会在 Objector 事务中增加一项 OP _ TOUCH 执行单元，以告知后端存储在执行事务时先进行创建操作。不管是否新建，最终都将调用 PGTransaction:: write 接口将待写的数据、参数、对象 id 等信息作为一个 Write 执行单元封装进 PG 事务。本实例因为是新建对象，所以会生成 OP _ TOUCH 执行单元。

完成上述基础处理后，do _ osd _ ops()还会更新对象 OI 属性的数据校验和信息，并暂存在 ctx->new _ obs 中，用于后续形成 setattrs 属性，更新事务执行单元。

do _ osd _ ops()是进行操作请求转换的主要函数，除写操作外，CEPH _ OSD _ OP _ READ、CEPH _ OSD _ OP _ GETXATTR、CEPH _ OSD _ OP _ TRUNCATE、CEPH _ OSD _ OP _ DELETE、CEPH _ OSD _ OP _ SETXATTR 等各种操作请求均要在本函数中进行分类处理。

2）快照功能的核心逻辑与 PrimaryLogPG:: make _ writeable()函数的处理流程。

make _ writeable()函数专门针对快照逻辑进行处理，是写请求相关快照逻辑的实现者，具体实现了 OSD 层面写请求相关的快照功能逻辑。

① 快照功能的核心逻辑。

Ceph 系统快照功能的核心逻辑是 COW 机制。Ceph 系统可以针对一个存储池 Pool 做快照，也可以针对 RBD 等上层应用做快照。当对一个存储池或应用做快照时，仅进行元数据层面的标记，而不进行其内对象的复制，这样就实现了快照操作的秒级实现。在对对象进行修改性的写入操作时，才进行复制，克隆出一个新的克隆对象，并在对象快照属性信息里标记对克隆对象的引用。

本章节介绍的 Snapset 属于对象的属性，描述对象自身已有的最新快照序号、对象已有的快照序号列表、对象已有的克隆对象列表等信息；SnapContext 数据结构用以描述存储池 Pool 或者 RBD 等上层应用的整体快照信息，该结构的名字以 Context 为扩展名，也表明其用来描述应用侧整体的快照上下文信息。存储池快照属于 Pool 级别的快照，其 SnapContext 存放在（SnapContext）PG. pool. snapc；上层应用快照属于用户管理的快照，其 SnapContext 信息存放在操作请求 Message 中 payload 内的 snap＿seq 和 snaps 两个字段内。两者在 OSD 层面区别不大，本节以 Pool 级别的快照为例进行说明。SnapContext 结构定义如下。

```
struct SnapContext {
    snapid_t seq;  //存储池已存在的最新快照序号,序号为一个无符号的 64 位整数
    vector<snapid_t> snaps;//存储池已存在的快照序号集合,降序排列
    …}
```

对于存储池 Pool 内众多对象，根据 COW 原理，虽然针对存储池创建了快照，但是如果未针对特定对象进行写操作，则对象的 SnapSet 属性信息不会修改，也不会创建克隆对象；当针对对象进行写操作时，对于正常的写操作，只会针对 head 对象进行写数据，不会针对克隆对象进行写操作（删除快照等特殊情况除外）。因此，在处理写请求 OpRequest 时，将基于存储池的 SnapContext 信息和对象的 Snapset 信息进行规则判断，判断规则主要有如下两条。

a. 如果 SnapContext. seq 等于 Snapset. seq，则表明此时对象已存在快照对应的克隆对象，此时可直接修改 head 对象。

b. 如果 SnapContext. seq 大于 Snapset. seq，则表明存储池创建了快照，但对象还没有对应的克隆对象，因此需要执行克隆操作，同时修改 head 对象。此时如果两者数值相差 1，则说明自上次对象执行克隆操作后，存储池又创建了一次快照，创建后就对对象执行写操作，对象此时应该执行克隆操作，创建一个克隆对象。如果两者数值相差大于 1，则说明自上次对象执行克隆操作后，存储池又创建了多个快照，但期间没有对对象进行写操作，对象数据在该期间没有发生变化，也没有再创建过克隆对象。根据 COW 规则，此时需要进行克隆操作，但为提高效率，此时仅需要进行一次克隆操作，中间的这几次快照都引用本次克隆的对象数据。记录引用关系的方法也比较简单，使用 head 对象 SS 属性的 clones 字段以升序记录对象已有的克隆对象的快照序号。客户端访问特定快照时，客户端

发送其想要访问的快照序号 seq，并到 clones 中查找首次大于 seq 值的标号，此标号所标识的克隆对象即为要访问的快照对象。

例如，head. SnapSet. clones＝ {1，2，3，5}，当客户端访问快照序号 seq 为 4 的快照时，在 clones 中查找到首次大于 seq 的标号为 5，PG 将以对象 oid 和 snap 快照序号 5 查找要访问的目标对象。

② PrimaryLogPG：: make _ writeable()函数的处理流程。

make _ writeable()函数依照上述规则决定是否进行克隆操作。其判断依据主要是将来自存储池的 ctx. snapc. snaps [0]（存储池快照序列中最新的序列号，与 ctx. snapc. seq 相同）与来自对象的 ctx -＞new _ snapset. seq（对象的快照序号，其值源自 ctx. snapset. seq）进行比较，前者值较大时条件成立，执行克隆操作。

克隆操作主要有如下步骤。

a. 为克隆对象创建 hobject _ t 描述结构，设置该结构的 hobject _ t. snap 为存储池持有的最新快照序列号 ctx -＞snapc. seq，hobject _ t 结构的其余值与 head 对象的相同。

b. 生成克隆对象的 ObjectState，暂存于 ctx. clone _ obc。

c. 调用 PGtransaction 的 clone()接口，在 PG 事务中加入克隆执行单元。

d. 调用 PGtransaction 的 setattr()接口，在 PG 事务中加入重新设置克隆对象 OI 属性的 setattr 执行单元。

e. 因为克隆操作会全部克隆源对象的内容，包括属性信息，因此再调用 PGtransaction 的 rmattr()接口，在 PG 事务中加入删除克隆对象 SS 属性的执行单元。

f. 对于 head 对象，将克隆对象的快照序号加入 ctx -＞new _ snapset. clones 中，new _ snapset 保存的是 head 对象 SS 属性的预期值，这样可以使用它在后续 PG 事务中更新 head 对象的 SS 属性，以在 head 对象中记录新生成的克隆对象的快照序号。同时，此过程还会修改各个克隆对象的大小等其他关联属性信息。

g. 生成克隆操作的 PGLOG 日志，暂存于 ctx. log，用于后续统一更新 PG 日志。

经过本函数形成的克隆对象逻辑结构如图 6 - 7 所示。与原对象相比，克隆对象的对象名 oid、OMAP 属性和内容数据与原对象相同，但克隆对象没有 SS 属性信息，OI 属性中的 snap 序号为存储池 SnapContext 的最新快照序号。后续读取克隆对象数据时，依据 oid 与 snap 快照序号两者定位对象。

③ PrimaryLogPG：: finish _ ctx()。

对于写请求，finish _ ctx()函数主要生成更新 OI 属性的 setattrs 执行单元，同时生成写操作对应的 PGLOG 日志。

在生成 setattrs 执行单元前，本函数先更新对象 OI 属性中表示对象新版本号的 ctx -＞new _ obs. oi. version 字段、表示对象老版本号的 ctx -＞new _ obs. oi. prior _ version 字段、记录本次写请求 reqid 的 ctx -＞new _ obs. oi. last _ reqid 字段。在上面 do _ osd _ ops ()函数中已经对 OI 属性的数据校验和进行了修改，这些修改后的信息全部暂存在 ctx -＞ new _ obs 中。

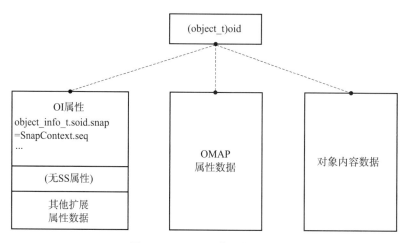

图 6 - 7　clone 对象逻辑结构

make_writeable()函数已将修改后的 SS 属性信息暂存于 ctx ->new_snapset 中。finish_ctx()将依据 ctx ->new_obs 和 ctx ->new_snapset 中存放的新属性信息生成 setattrs 事务执行单元。SS 属性是 head 对象的基础属性，即使在没有存储池快照的情况下，本步骤生成的 setattrs 事务执行单元也会使用 ctx ->new_snapset 对 SS 属性进行更新。

对于 PG 日志，本函数将生成本次写请求对应的 PGLOG，暂存在 ctx ->log 中。虽然 PGLOG 最终会进入事务进行落盘，但因为 PGLOG 由各 PG 副本独立维护，所以在本函数中没有将 PGLOG 封装进事务。后续将看到，PGLOG 是在各副本提交给后端存储落盘前才封装进事务的。

本步骤涉及的内容较多，是处理过程的核心步骤，主要是分解事务的执行单元，形成 PG 事务。该过程中还进行了快照、PGLOG 等关联工作处理。对于 hw 实例，因为需要新建 RADOS 对象 hw，所以会在这一过程中设置 PGTransaction∷ObjectOperation∷Init 类型为 Create，生成写操作执行单元，生成设置对象属性信息的 setattrs 执行单元，形成了 PG 事务。对于快照相关功能，hw 实例本身不涉及快照操作，此处将其实现原理放在这一过程中进行介绍。

（7）生成 RepGather，用于后续收集各副本执行情况

RepGather 数据结构用于收集并判断各副本的执行情况，同时该结构登记了 4 个回调函数，以备后续在相应执行状态下被调用。

```
class RepGather {
  public:
    hobject_t hoid;
    OpRequestRef op;
    bool rep_aborted, rep_done;
    bool all_applied;          //标识所有副本 applied 状态
```

```
    bool all_committed;        //标识所有副本 committed 状态
    const bool applies_with_commit;
    ObcLockManager lock_manager;
    list<std::function<void()>> on_applied;
    list<std::function<void()>> on_committed;
    list<std::function<void()>> on_success;
    list<std::function<void()>> on_finish;
…}
```

OSD 将写请求的执行状态分为 4 个，分别是 applied、committed、success 和 finish。applied 和 committed 表示写请求数据落盘的不同阶段，applied 表示数据已进入日志盘（对应后端存储为 FileStore 的情况），committed 表示数据已完成实际落盘。在实际应用时以 committed 为主，向客户端反馈写请求执行结果也是在 on_committed() 函数中完成的。success 状态和 finish 状态用于事后处理，前者用于处理 Watch/Notify 相关操作，后者用于清理和资源回收等操作。

RepGather 的部分数据结构成员来自 OpContext，在其基础上又增加了标识副本执行状态的字段，如 all_applied 标识所有副本 applied 的状态，all_committed 标识所有副本 committed 的状态。

RepGather 数据结构和函数 PrimaryLogPG：eval_repop（RepGather）一起实现了各副本执行情况的汇集、判断和回调函数的调用执行。eval_repop()将会在事务提交后被调用。

本步骤预先生成 RepGather 结构，形成相关回调函数，这些结构和函数将在后续步骤中使用。

（8）将 PG 事务转换为 ObjectStore 事务

PG 事务从客户端角度将写请求分解为不同的执行单元，但没有考虑多副本、纠删码等本地特性，因此需要在本步骤中将其进一步转换为 ObjectStore 事务。

类 ObjectStore：Transaction 封装了 ObjectStore 事务的目标对象信息、执行单元操作编码、元数据和内容数据、回调函数。

```
class Transaction {
    TransactionData data;        //事务内执行单元的数量、最大数据长度等信息
    void * osr {nullptr};       // NULL on replay
    map<coll_t, __le32> coll_index;     //索引,op_bl 通过该索引查找 collection 信息
    map<ghobject_t, __le32> object_index;  //索引,op_bl 通过该索引查找 object 信息
    __le32 coll_id;      //本事务中 collection 索引数量
    __le32 object_id;      //本事务中 object 索引数量
    bufferlist data_bl;     //存储操作数据的 bufferlist
    bufferlist op_bl;      //存储事务执行单元操作码的 bufferlist
```

```
bufferptr op_ptr;
list<Context *> on_applied;        //on_applied 回调函数
list<Context *> on_commit;         //on_commit 回调函数
list<Context *> on_applied_sync;        //on_applied_sync 回调函数
}
```

其中，op＿bl 记录了各执行单元的操作码、cid 索引号和 oid 索引号，并通过索引号关联到 coll＿index 和 object＿index。coll＿index 和 object＿index 分别记录了 collection 和目标对象的基本信息。data＿bl 存放了具体的数据，包括要写入的对象内容数据和元数据，这些数据依照 op＿bl 内执行单元的顺序依次编码进 data＿bl，后续拆解时再依次解码。一个执行单元可能对应多个 data＿bl 条目。

在 PG 事务中，操作数据以联合体、向量等形式存放。与 PG 事务相比，ObjectStore 事务使用 bufferlist 组织数据，这样便于将其打包进网络操作请求 Message 中。ObjectStore 事务各部分的逻辑关系如图 6-8 所示。

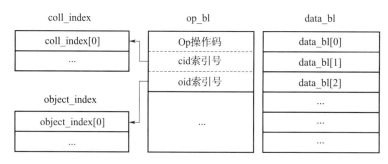

图 6-8　ObjectStore 事务各部分的逻辑关系

与 PG 事务类似，ObjectStore：：Transaction 类也提供了 write()、setattrs()等转换接口。

PG 事务转换为 ObjectStore 事务时使用 PGTransaction：：safe＿create＿traverse()函数。对于系统默认的多副本模式，因为 PG 事务已经按照顺序组织好操作数据，所以此处只是将操作数据依次编码进 op＿bl 和 data＿bl，转换过程并不复杂。对于纠删码模式，转换过程较复杂。本 hw 写操作实例以多副本模式进行分析，纠删码模式此处不做展开分析。

对于 hw 实例，在这一步骤中会将"创建操作"封装为"OP＿TOUCH（编码值为 9）"执行单元操作编码，写操作封装为"OP＿WRITE（编码值为 10）"执行单元操作编码，将设置对象属性信息封装为"OP＿SETATTRS（编码值为 15）"执行单元操作编码，形成 ObjectStore 事务。hw 实例的 ObjectStore 事务相关主要数据结构示意可参见第 7.1.2 节中相关图示和描述。

（9）形成 InProgressOp 结构，插入 in＿progress＿ops 列表

InProgressOp 记录了请求 ID 和回调函数，用以在处理从副本应答请求时定位原始的

写操作请求和回调函数。InProgressOp 结构定义如下。

```
struct InProgressOp {
  ceph_tid_t tid;
  set<pg_shard_t> waiting_for_commit;
  set<pg_shard_t> waiting_for_applied;
  Context * on_commit;
  Context * on_applied;
  OpRequestRef op;
  eversion_t v;
};
map<ceph_tid_t, InProgressOp> in_progress_ops;
```

InProgressOp 属于 PGBackend 类。OSD 在 PG 处理的末端引入了 PGBackend，用来屏蔽多副本 PG 与纠删码 PG 的差别。多副本 PG 对应的 PGBackend 实现为 ReplicatedBackend 子类，纠删码 PG 对应的为 ECBackend 子类。这两种模式的实现原理不同，其内部实现方式差别很大。Ceph 系统默认采用多副本模式，因此此处以多副本模式为例进行分析，可以将 ReplicatedBackend 作为 PG 的一部分来理解。

in_progress_ops 被 pg->pgbackend. in_progress_ops 引用，后续 PG 收到从副本执行结果反馈时，可在该列表内直接查找到对应的 InProgressOp，通过 InProgressOp 可最终关联到 RepGather。两者通过 InProgressOp 的回调函数，以回调程序对象的形式进行关联。例如，C_OSD_RepopCommit 就是一种回调程序对象，相关关键代码如下。

```
void PrimaryLogPG::issue_repop(RepGather * repop, OpContext * ctx)
{ …
Context * on_all_commit = new C_OSD_RepopCommit(this, repop);
  Context * on_all_applied = new C_OSD_RepopApplied(this, repop);
  Context * onapplied_sync = new C_OSD_OndiskWriteUnlock(
    ctx ->obc,
    ctx ->clone_obc,
    unlock_snapset_obc ? ctx ->snapset_obc : ObjectContextRef());
…}
```

（10）向从副本提交 ObjectStore 事务和 PGLOG 日志

在完成 ObjectStore 事务创建、PGLOG 数据归集、InProgressOp 结构创建后，接下来将向从副本提交操作请求。操作请求经由 ReplicatedBackend:: issue_op()函数向所有从副本提交。

```
ReplicatedBackend::issue_op(
    soid,
```

```
        at_version,
        tid,//ceph_tid_t
        reqid,
        trim_to,
        at_version,
        added.size() ? *(added.begin()) : hobject_t(),
        removed.size() ? *(removed.begin()) : hobject_t(),
        log_entries,          //vector<pg_log_entry_t>,PGLOG 数据
        hset_history,
        &op,
        op_t);              //ObjectStore 事务
```

操作请求类型为 MSG_OSD_REPOP。操作请求中，（ceph_tid_t）tid 用于在本 OSD 范围内标识本次操作，由主 OSD 维护，在 OSD 范围内递增。tid 在后续从副本反馈执行结果时将用来查找定位 InProgressOp，进而再由 RepGather 汇集执行状态。

log_entries 为 PGLOG 数据，因为 PGLOG 由各个副本独立维护，因此此处未将 PGLOG 封装进 ObjectStore 事务，而是作为独立结构发送给从副本处理。

op_t 为 ObjectStore 事务，其中封装了需要操作的元数据和内容数据。

issue_op()函数内部会先生成 MSG_OSD_REPOP 类型的网络请求，并进一步调用 send_message_osd_cluster()函数将请求发送给该 PG 的所有从副本。

从副本收到请求后，会将请求中的 PGLOG 数据先根据本地的具体情况进行处理，再和 ObjectStore 事务进行结合，完成在本地的落盘，并向主副本反馈执行结果。

（11）主副本封装 PGLOG 数据，提交给主副本后端存储落盘

向从副本提交操作请求后，主副本 PG 在本地立即将 PGLOG 及（pg_info_t）PG.info 数据封装进 ObjectStore 事务。PGLOG 及 PG.info 是 OSD 不正常时进行故障恢复的重要依据，其中 PG.info 是确定权威 PGLOG 的判定标准。封装过程是调用 ObjectStore::Transaction::omap_setkeys()函数，将存放在 ctx->log 中的日志信息封装进 ObjectStore 事务。在事务内，它是一个 omap_setkeys 执行单元，该执行单元对应的 OID 为 PG 元数据对象，因此会在事务的 Transaction.object_index 中增加该元数据对象的信息。这些操作在 PG::write_if_dirty()函数内完成。相关代码如下。

```
void PG::write_if_dirty(ObjectStore::Transaction& t)
{
  map<string,bufferlist> km;
  if (dirty_big_info || dirty_info)
    prepare_write_info(&km);
    //此行是准备(pg_info_t)PG.info 数据,下一行是准备 PGLOG 数据
  pg_log.write_log_and_missing(t, &km, coll, pgmeta_oid, pool.info.require_
```

```
    rollback());
    if (! km.empty())
      t.omap_setkeys(coll, pgmeta_oid, km);//封装进事务
}
```

设置 ObjectStore 事务的回调函数。回调函数也以回调程序对象的方式与 InProgressOp 相关联，这样后续在本地完成事务落盘后，可以直接通过 InProgressOp 回调 eval_repop（RepGather）。

```
    void ReplicatedBackend::submit_transaction()
    {…
    op_t.register_on_applied_sync(on_local_applied_sync);
      op_t.register_on_applied(
        parent->bless_context(
          new C_OSD_OnOpApplied(this, &op)));
      op_t.register_on_commit(
        parent->bless_context(
          new C_OSD_OnOpCommit(this, &op)));   //op 为 InProgressOp
    …}
```

完成上述工作后，调用 ObjectStore::queue_transactions() 函数接口将事务提交给本地后端存储。

本地后端存储目前主要有 FileStore 和 BlueStore 两类。后端存储实现了 queue_transactions() 接口，通过该接口接收并执行提交过来的事务，将数据落盘，存入 OSD。其详细内容将在第 7 章中进一步介绍。

在此过程中，同时会更新索引日志等内容，用以对 OP 操作请求的查重。

（12）收集副本的执行结果，执行操作请求回调函数

从副本通过网络消息反馈执行结果，消息类型为 MSG_OSD_REPOPREPLY。反馈消息到达主 OSD 后，仍先进入 OSD 全局队列，并被分配到所属 PG 的子队列中；然后由 PG 将其出队，由 PrimaryLogPG::do_request() 根据消息类型 MSG_OSD_REPOPREPLY 最终将其提交给 ReplicatedBackend::do_repop_reply() 处理，中间不经过查重、对象存在性确认等环节。在 do_repop_reply() 中，首先根据 reqid 标识，到 in_progress_ops 列表中查找对应的 InProgressOp 结构；然后通过 InProgressOp 的回调函数关联到 RepGather，汇集各副本的执行结果；最终调用 PrimaryLogPG::eval_repop（RepGather），判断汇集结果并进行相应的处理。

对于主副本，事务直接在本地执行，本地事务完成执行后以进程内函数回调的形式反馈执行结果。具体是通过 ObjectStore 事务的回调函数引用 InProgressOp，再通过 InProgressOp 的回调函数引用 RepGather，汇集执行结果，最终执行 eval_repop() 函数。因为是本地直接回调，所以中间不需要到 in_progress_ops 列表中查找 InProgressOp 结

构。在后端存储默认采用 BlueStore 的情况下，其进程内由 BlueStore 的 finalize 线程回调，与上述各步中的 PG 工作线程属于同一进程内的不同线程。其实，后端存储 BlueStore 在执行事务过程中又经过了多次线程切换。相关内容在第 7 章有进一步介绍。

eval _ repop()函数根据 RepGather. all _ committed 的值判断各副本 committed 结果，如果其值为 true，则调用在 on _ committed 处登记的回调函数，反馈客户端写请求执行结果，反馈客户端的消息类型为 CEPH _ MSG _ OSD _ OPREPLY。同时，在 eval _ repop ()函数内还会调用相关清除（OpContext）ctx、处理 Watch/Notify 操作等函数，进行后处理工作。

副本回调处理及 InProgressOp 和 RepGather 数据结构之间的关系如图 6 - 9 所示。

由上述过程可看出，OSD 写操作处理过程比较长，过程中涉及数次网络传输和多个线程的切换。

（13）关于从副本执行过程的补充说明

从副本收到类型为 MSG _ OSD _ REPOP 的消息后，仍然会先进入从副本的 OSD 全局队列，并被分配到所属 PG 的子队列中；然后由 PG 将其出队，ReplicatedBackend 根据消息类型 MSG _ OSD _ REPOP 将其提交给 ReplicatedBackend∶∶do _ repop()进行处理。

do _ repop ()函数从消息中提取出 PGLOG 数据，并整理形成从副本本地待更新的 PGLOG 数据；do _ repop()函数将创建一个新的 ObjectStore 事务，并将 PGLOG 数据落盘的操作转换为 omap _ setkeys 执行单元，封装进新创建的事务。

最后，do _ repop()函数调用 ObjectStore∶∶queue _ transactions()接口，将主副本发送过来的事务和新创建的事务一起提交给后端存储落盘。

```
void ReplicatedBackend∶∶do_repop(OpRequestRef op)
{…
  parent ->log_operation(      //将 PGLOG 封装成一个新的事务 rm ->localt
    log,
    m ->updated_hit_set_history,
    m ->pg_trim_to,
    m ->pg_roll_forward_to,
    update_snaps,
    rm ->localt);
  rm ->opt. register_on_commit(
    parent ->bless_context(
      new C_OSD_RepModifyCommit(this, rm)));
  rm ->localt. register_on_applied(
    parent ->bless_context(
      new C_OSD_RepModifyApply(this, rm)));
  vector<ObjectStore∶∶Transaction> tls;
```

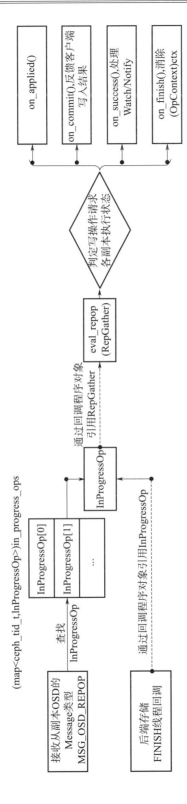

图 6 - 9　副本回调处理及 InProgressOp 和 RepGather 数据结构之间的关系

```
        tls.reserve(2);
        tls.push_back(std::move(rm->localt));  //将新事务 rm->localt 加入 tls
        tls.push_back(std::move(rm->opt));      //将原有事务 rm->opt 加入 tls
        parent->queue_transactions(tls, op);   //两个事务一起提交
    }
```

对于读操作，客户端会默认将读操作请求发送给 PG 主副本（也可配置成允许发送给其他从副本）；客户端的读请求被发送到 PG 副本所在 OSD 后，由 OSD 读取本地存储中的对象数据，读取成功后 OSD 将数据返回给客户端。Ceph 还可以利用缓存机制来提高读取性能，如果数据已经存在于缓存中，OSD 可以直接从缓存中提供数据。与写操作相比，读操作经历的步骤相对简单，读操作对 RADOS 的压力也更加分散，其性能也会更高一些。

本章小结

OSD 处于自顶向下的数据 I/O 流程底部，数据 I/O 相关的核心功能均在 OSD 中实现，包括写操作、读操作、快照与克隆，以及后端存储的落盘操作，RADOS 的故障恢复也是以 OSD 为主体实现的。因此，本章介绍了 RADOS 对象、PG 在 OSD 中的主要数据结构和关键函数，并对写操作的处理流程进行了详细介绍。通过写操作流程的分析，分别对 QoS 控制队列、操作请求查重、PGLOG 的形成与使用、构建 PG 事务、快照与克隆、多副本情况下的操作结果收集等主要步骤进行了说明。关于 OSD 的后端存储和 RADOS 故障恢复，将在第 7 章和第 8 章分别介绍。

第 7 章　本地后端存储 BlueStore

BlueStore 是数据落盘的最后一站，是 Ceph 系统中的本地对象存储，即后端存储。BlueStore 的主要任务是快速、安全地完成 OSD 的数据读写请求。快速一方面指的是数据读写过程中的各环节尽可能简化、优化，去掉无用的、冗余的操作；另一方面是能适应近些年出现的 SSD、NVMe SSD、NVRAM（Non‐Volatile Random Access Memory，非易失性随机访问存储器）等更快速的数据存储介质。安全指的是满足存储对 ACID（Atomicity Consistency Isolation Durability，原子性、一致性、隔离性、持久性）数据可靠性要求，能适应数据写过程中的设备断电等意外情况，在意外情况出现后一个数据写事务要么全写进去，要么可以撤销没有完全写入的事务，满足 ACID 定义的数据的原子性、一致性、隔离性、持久性要求。

对外而言，BlueStore 主要承载 OSD 发送过来的数据读写事务。事务由 OSD 的 PG 模块封装，到达 BlueStore 的是已封装好的事务。一个事务包含数据的读写以及必须相关联的一些执行单元组成，这些相关联的执行单元一起形成一个整体，在语义上是完整的，具有原子性，不可分割。因此，BlueStore 要把事务中的操作解析出来，分解成元数据操作、数据操作和日志操作，并按照严格设计的逻辑把这些操作以一定的顺序和规则组织起来，保证事务的 ACID 特性。

对内而言，BlueStore 是一种用户态的、日志型与结构化相混合的文件系统，实现了数据的结构化定义、磁盘空间的划分与管理、数据缓存和元数据的管理。Ceph 系统的特点之一是一个 RADOS 对象可能有很多属性值，这些属性值在 BlueStore 中属于元数据。另外，保证事务一致性的日志也以元数据的方式存储，因此 BlueStore 中元数据的数量大，对数据一致性和读写速度要求高，对系统整体而言非常重要。BlueStore 使用性能较好的第三方组件 RocksDB KV 数据库存储元数据。

在运行时，BlueStore 不是独立的进程，它运行在 OSD 进程内部。数据传递、函数调用均在进程内部完成，不涉及网络通信。

7.1　BlueStore 的对外功能

7.1.1　BlueStore 的对外接口

Ceph 系统同时支持 FileStore、Kstore 和 BlueStore 等多种本地对象存储，这些不同的后端存储均通过 ObjectStore 类向上对外提供调用接口。ObjectStore 类是比较关键的一个类，处于承上启下的关键位置。ObjectStore 类对内适配不同种类的后端存储，包括 BlueStore；同时，ObjectStore 类还实现了向事务中添加事务执行单元的函数，供上层

OSD 调用，这部分在第 6 章中进行了介绍。BlueStore 的对外接口通过 BlueStore 类展示，BlueStore 类以 ObjectStore 类为基类。BlueStore 对外的主要接口函数如表 7 - 1 所示。

表 7 - 1   Bluestore 对外的主要接口函数

对外接口	接口作用	接口类别
BlueStore::mount	BlueStore 设备挂载，OSD 启动时调用	连接与设备管理
BlueStore::get_type	获得设备类型，返回 bluestore 字符串，OSD 上层调用，确认设备类型	
BlueStore::stat	获得设备状态，重写的基类 ObjectStore 的函数	
BlueStore::exists	获得设备存在的状态	
BlueStore::get_fsid	获得设备的 fsid，重写的基类 ObjectStore 的函数	
BlueStore::queue_transactions	主要的功能接口，统一的写入口，写操作均通过该接口将事务传递给本地存储	读写业务处理
BlueStore::read	读操作对外接口，纯粹读操作不进入事务，OSD 上层直接调用此接口进行读操作	
BlueStore::getattr	获取对象属性，不进入事务，直接调用	
BlueStore::omap_get	获取存储在 OMAP 中的对象属性	

BlueStore 的对外接口大多数是重写的 ObjectStore 类的函数。ObjectStore 类对内可以适配不同种类的后端存储，常用的包括 BlueStore 和 FileStore，FileStore 的对外接口也是重写的 ObjectStore 类的函数。这种设计有利于统一本地存储的对外接口，也有利于对OSD 上层屏蔽后端存储的差异，使得上下层之间的接口在结构上更为清晰。

在接受 OSD 上层管理方面，BlueStore 提供了 mount、get _ type、stat、exists、get _ fsid 等标准的接口，实现 BlueStore 设备的 fsid 标识、挂载、状态查询等基本的设备管理工作。

在数据读写方面，对于写操作，OSD 上层均将写操作封装为事务，并通过 BlueStore 的 queue _ transactions 接口传递过来，queue _ transactions 接口是 BlueStore 处理事务的唯一对外接口；对于读操作，OSD 上层不将其封装为事务，而是直接调用 BlueStore 的 read、getattr 等接口进行读操作。

7.1.2   BlueStore 事务的组成

OSD 的写操作均要封装进事务中进行处理，目的是保证写操作在本地执行过程中的 ACID 要求。一个 BlueStore 事务封装了多个操作，事务的完成意味着里面操作的全部成功，并通过回调函数通知上层，而不会只完成事务内的一部分操作，这是原子性的要求。一致性是要求事务内封装的多个操作在功能上是一个完整的实现，一个事务执行前 BlueStore 系统的数据处于一个一致性的状态，此事务执行后，系统的数据处于另一个一致性的状态。总之，事务执行前后 BlueStore 系统数据都要处于一致性状态。隔离性指的是多个事务并存时，一个事务的执行不受另一个事务的干扰，BlueSore 主要通过队列机制实现该特性。持久性指的是一个事务一旦成功完成，数据就会持久存在。例如，对于 BlueStore 的延迟写，数据写入 RocksDB 后就报告写事务完成，然后才择机落盘，落盘前出现故障也可通过回放 RosksDB 中的日志恢复数据，这样既提高了效率，也保证了事务的持久性。

类 Transaction 封装了 ObjectStore 类型事务的执行单元、数据和回调函数。

```
class Transaction {
    TransactionData data;                 //事务内执行单元的数量、最大数据长度等信息
    void * osr {nullptr};                 // NULL on replay
    map<coll_t, __le32> coll_index;       //索引,op_bl 通过该索引查找 collection 信息
    map<ghobject_t, __le32> object_index; //索引,op_bl 通过该索引查找 object 信息
    __le32 coll_id;                       //本事务中 collection 索引数量
    __le32 object_id;                     //本事务中 object 索引数量
    bufferlist data_bl;                   //存储操作数据的 bufferlist
    bufferlist op_bl;                     //存储事务执行单元操作码的 bufferlist
    bufferptr op_ptr;                     //
    list<Context *> on_applied;           // on_applied 回调函数
    list<Context *> on_commit;            // on_commit 回调函数
    list<Context *> on_applied_sync;      // on_applied_sync 回调函数
}
```

仍以名为 hw、内容为 "Hello World!" 的 RADOS 对象的写操作为例，利用 LibRADOS 接口 rados _ write 在此处形成的 transaction 数据结构如图 7 - 1 所示。

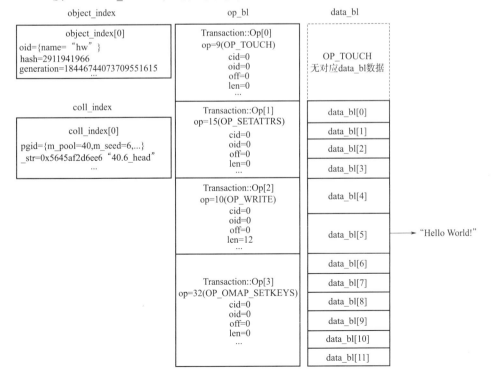

图 7 - 1　transaction 数据结构示例

图 7 - 1 中，op _ bl 列出了本次事务中包含的执行单元，共有 4 项，分别是 TOUCH、
SETTRS、WRITE、SETKEYS，每个执行单元操作的对象通过 oid 值到 object _ index 表
中检索。本次示例中，4 个执行单元的对象索引号均为 0，对应对象 hw。每个执行单元对
应的数据通过序列化操作依次存入 data _ bl 中，TOUCH 执行单元没有对应的数据；
SETATTRS 对应 4 条数据；WRITE 对应 2 条数据，实际写入的内容数据"Hello
World!"存放在这 2 条数据的后者；SETKEYS 对应 6 条数据。从本例中可看出，一个普
通的写操作事务会被分解为多个执行单元，每个执行单元又可能有多项数据。

7.2　BlueStore 的内部实现

BlueStore 等后端存储承载 Ceph 系统的绝大部分数据，这些数据大体上分为数据和元
数据两种。其中，元数据种类丰富，包括对象的属性、扩展 OMAP 属性、日志数据，以
及关于 BlueStore 磁盘空间分配情况的数据。BlueStore 将数据以 DIO 模式通过
BlockDevice 组件在用户态直接存储于硬盘上，元数据则使用 RocksDB 存储。BlueStore 的
结构组成如图 7 - 2 所示。

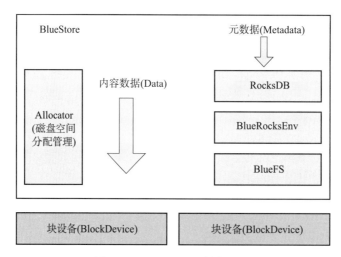

图 7 - 2　BlueStore 的结构组成

RocksDB 一般运行在普通的文件系统之上，如 XFS 文件系统。Ceph 系统为了提高效
率，专门为 RocksDB 设计了日志型迷你文件系统 BlueFS。RocksDB 通过 BlusFS 操作
RocksDB 的数据库文件，BlueFS 再通过 BlockDevice 以 DIO 模式访问磁盘。

Ceph 推荐将 RoscksDB 单独运行在高性能的硬盘设备上，真正的对象数据存储在大容
量的普通硬盘设备上；但 BlueStore 也支持将 RoscksDB 与对象数据都放在一个硬盘设
备上。

7.2.1　对象在 BlueStore 中的描述

普通文件系统采用 inode 存储文件元数据，采用磁盘块存储文件数据信息。与普通文件系统类似，RADOS 对象在 BlueStore 中使用 onode 存储对象的元数据，包括对象大小、扩展属性、数据磁盘块地址信息等；使用磁盘块存储对象实际数据。与普通文件系统不同的是，BlueStore 的 onode 并不存储在磁盘上，而是存储在 RocksDB 数据库中，程序运行时其缓存在内存中。除 onode 和实际数据外，RADOS 对象还有重要的 OMAP 属性数据。OMAP 属性数据在上层 RGW 等应用中广泛使用，其也存储在 RocksDB 数据库中。

onode 数据结构的定义如下。

```
/// onode: per-object metadata
struct bluestore_onode_t {
  uint64_t nid = 0;                          // numeric id (locally unique)
  uint64_t size = 0;                         // object size
  map<mempool::bluestore_cache_other::string, bufferptr> attrs;  // attrs
  vector<shard_info> extent_map_shards;      // extent map shards (if any)
  uint32_t expected_object_size = 0;
  uint32_t expected_write_size = 0;
  uint32_t alloc_hint_flags = 0;
  uint8_t flags = 0;
```

BlueStore 使用 key 访问 onode 信息。BlueStore 依次使用纠删码标识序号、所属存储池 ID、二进制翻转后的对象名 hash 值、命名空间（普通对象一般为空）、对象名、"="、快照序列号、纠删码用版本号、扩展名标识符 o 等信息对 key 进行编码。key 的编码中保存了对象的 ghobject_t 的基础信息，可以通过 key 解码出对象的 ghobject_t 结构信息。系统源代码中对该部分的说明如下。

```
 * object name key structure          //对象 KEY 的结构信息说明
 * encoded u8: shard + 2^7 (so that it sorts properly)
 * encoded u64: poolid + 2^63 (so that it sorts properly)
 * encoded u32: hash (bit reversed)
 * escaped string: namespace
 * escaped string: key or object name
 * 1 char: <, =, or >.   if =, then object key == object name, and we are done.
 *                          otherwise, we are followed by the object name.
 * escaped string: object name (unless '=' above)
 * encoded u64: snap
 * encoded u64: generation
 * ONODE_KEY_SUFFIX: o
```

对象的 onode 信息和对应的 key 存储在 RocksDB 数据库中，BlueStore 通过 key 可以检索出 onode 信息，进而找到对象的磁盘块地址信息和对象 OMAP 信息。

对象在 BlueStore 中的描述结构如图 7－3 所示。

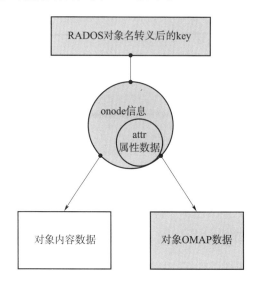

□：数据存储于磁盘上
▨：数据存储于 KV 数据库中

图 7－3　对象在 BlueStore 中的描述结构

对象在 BlueStore 中没有目录层级的概念，所有对象平铺在 BlueStore 中。由于在 key 中编码了对象名的 hash 值信息，因此对于同一个存储池内的对象，各对象可以按 key 进行排序；同时，又因为通过对象 hash 信息可以计算出对象所属的 PG 序号，所以 BlueStore 可以很方便地按序遍历同一 PG 内的各对象。遍历对象操作在 BackFill 数据恢复、OSD 启动检查等情形下经常使用。

7.2.2　BlueStore 使用磁盘的方式

BlueStore 直接管理硬盘裸设备，中间不需要 XFS 等本地文件系统，BlueStore 向下支持 KernelDevice 类型、NVMEDevice 类型和 PMEMDevice 类型的硬盘设备，其中前两类是常用类型。KernelDevice 类型的设备包括 SATA、SCSI 以及 LVM 等大多数设备，BlueStore 以 Direct I/O 与异步 I/O 相配合的方式操作这类设备；NVMEDevice 类型的设备是以 PCIe 为物理接口，以 NVMe 为上层协议的快速固态硬盘，BlueStore 通过 SPDK 用户态驱动操作这类设备。

（1）通过 Direct I/O 配合异步 I/O 操作 KernelDecice 类型的硬盘设备

为了取得更好的 I/O 速度，BlueStore 对 KernelDevice 类型的硬盘设备使用 Direct I/O 方法。Direct I/O 与 Buffered I/O 相对应，都是 Linux 操作系统提供的标准系统调用。

Buffered I/O 在普通文件系统中虽然应用广泛，如 FileStore 基于普通文件系统构建，其也必须使用 Buffered I/O，但是 Buffered I/O 方法在数据读写时会先将数据缓存在内核 Cache 中，然后将数据从内核空间复制到应用程序的进程空间。BlueStore 采用的 Direct I/O 则不再使用内核的缓存，而是将数据在硬盘与 BlueStore 所在的 OSD 进程空间中直接传输，避开了复杂的内核缓存结构。BlueStore 也需要进行一些数据的缓存，这部分数据缓存由 BlueStore 在用户态自己实现。这种设计减少了 I/O 路径，也降低了 CPU 开销，获得了更好的性能。

在具体程序实现上，Linux 操作系统采用一切皆文件的设计理念，使用 Direct I/O 与使用 open () 函数打开文件一样打开设备，并在代码中指定 O_DIRECT 标志位。其示例如下。

```
fd_direct = ::open(path. c_str(), O_RDWR | O_DIRECT | O_CLOEXEC);
```

采用 Direct I/O 时，读写数据的长度和偏移需要和设备的逻辑块大小对齐，一般是 4096B。为此，BlueStore 在实现时，对于超过逻辑块大小的数据，将数据分为首、尾和中间部分，中间部分严格按块大小对齐，对非块大小对齐的首、尾部分进行特殊处理。

Direct I/O 直接进行磁盘数据读写，中间不经过内核缓存。数据传输的量一般比较大，如果采用常用的同步 I/O 模型，程序会更容易产生阻塞，因此 BlueStore 将 Direct I/O 与 Linux 操作系统的异步 I/O 一起配合使用。

BlueStore 使用的异步 I/O 是由 Linux 内核实、由 Libaio 库封装的系统调用接口。异步 I/O 适用于高性能 I/O 的应用场景。同步 I/O 模型在写数据时，需要数据写入硬盘或写入内核缓存后才返回，在数据写入硬盘或内核缓存前是不会返回的。异步 I/O 在提交写请求时的同时提供本次操作的上下文，提交写请求后立即返回；然后监视写操作完成事件，收到完成事件后根据上步提供的操作上下文区分是哪个写操作，再执行相应的回调函数，确认写操作完成。关于监视任务，BlueStore 采用一个专门的线程循环查询事件状态。

libaio 提供了如下 5 个主要 API 函数。

```
int io_setup(int maxevents, io_context_t * ctxp);   // 创建异步 I/O 上下文
int io_destroy(io_context_t ctx);                   // 销毁异步 I/O 上下文
int io_submit(io_context_t ctx, l ong nr, struct iocb * ios[]);
 // 提交异步 I/O 请求
int io_cancel(io_context_t ctx, struct iocb * iocb, struct io_ event * evt);
 // 取消异步 I/O 请求
int io_getevents(io_context_t ctx_id, long min_nr, long nr, struct io_e vent *
 events, struct timespec * timeout);
```

Direct I/O 配合异步 I/O 进行文件读写的简要用法示例如下。

```
int main()
{
    io_context_t ctx;
    unsigned nr_even ts = 10;
```

```
    memset(&ctx, 0, sizeof(ctx)); // 必需的
    int errcode = io_setup(nr_events, &ctx); //创建异步 I/O 上下文
    if (errcode = = 0)
    printf("io_s etup success\n");
    else
    printf("io_setup error：：% d：% s\n", errcode, strerror(- errcode));
    int fd = open(". /direct. txt", O_CR EAT|O_DIRECT|O_WRONLY, S_IRWXU|S_IRWXG|S_
      IROTH);
    printf("open：% s\n", strerror(errno));
    char * buf;
    errcode = posix_memalign((void * * )&buf, sysconf(_SC_PAGESIZE), sysconf(_SC_
      PAGESIZE));
    printf("posix_memalign：% s\n", strerror(errcode));
    strcpy(buf, "hello");
    struct iocb * iocbpp = (struct iocb * )malloc(sizeof(struct iocb));
    memset(iocbpp, 0, sizeof(struct iocb));
    iocbpp[0]. data = buf;
    iocbpp[0]. aio_lio_opcode = IO _CMD_PWRITE;
    iocbpp[0]. aio_reqprio = 0;
    iocbpp[0]. aio_fildes = fd;
    iocbpp[0]. u. c. buf = buf;
    iocbpp[0]. u. c. nbytes = pag e_size;//strlen(buf); //该值必须按 512B 对齐
    iocbpp[0]. u. c. offset = 0; //该值必须按 512B 对齐
    //提交异步操作,异步写磁盘
    int n = io_submit(ctx, 1, &iocbpp);   //提交异步 I/O 请求,提交后立即返回
    printf(" = = io_submit = =：% d：% s\n", n, strerror(- n));
    struct io_event events[10];
    struct timespec timeout = { 1, 100};
    n = io_getevents(ctx, 1, 10, events, &timeout);
    // 检查写磁盘情况,类似于 epoll_wait 或 s elect
    printf("io_getevents：% d：% s\n", n, strerror(- n));
    close(fd);
    io_destroy(ctx);   //销毁异步 I/O 上下文
    return 0;
}
```

上述示例程序中，首先创建一个异步 I/O 上下文，并在打开设备文件时指定 O _

DIRECT 标志；然后提交异步 I/O 请求，提交后立即返回，无须等待；此后调用 io _
getevents()函数等待并获取异步 I/O 请求的事件，即获取异步 I/O 请求的处理结果，类似
于 epoll _ wait 或 select；最后销毁异步 I/O 上下文。

（2）通过 SPDK 支持 NVMEDevice 类型的设备

BlueStore 引入 SPDK 的目的是能以更高的效率支持 NVMEDevice 硬盘。
NVMEDevice 类型的设备指的是采用 NVMe I/O 协议的新型 SSD 硬盘。这类硬盘的物理
接口不使用 SATA 接口，而是采用 PCIe 接口。NVMe 协议以及 PCIe 接口能充分发挥
SSD 硬盘的潜能，与 SATA SSD 硬盘相比，NVMe 硬盘的读写性能和 IOPS（Input/
Output Operations Per Second，每秒进行读写操作的次数）均得到了大幅提升，尤其适合
存储 BlueStore 的元数据。

由于 NVMe I/O 协议最早由 Intel 公司提出，为了在软件层面提高设备访问性能，
Intel 公司又发起了 SPDK 软件加速库的设计开发工作。SPDK 是用于加速 NVMe 硬盘访
问的应用软件加速库。与传统内核态驱动＋系统调用的 I/O 方式相比，SPDK 采用用户态
驱动配合异步轮询的方式从软件层面提高 NVMe 硬盘的 I/O 性能。BlueStore 也支持使用
SPDK 访问 NVMEDevice 设备。

SPDK 有两个特点。第一个特点是通过 VFIO（Virtual Function I/O）将设备 I/O、
DMA（Direct Memory Access，直接存储器访问）从内核空间暴露到用户空间，在用户态
实现硬盘设备驱动。VFIO 是 Linux 操作系统的一种机制，其可以限制用户虚拟地址所映
射的物理地址不被换出，在一定条件下固定住这种映射。通过这种限制，在用户态操作虚
拟地址，也就是操作物理地址，反之亦然。VFIO 通过这种方式实现了在用户空间进行设
备 I/O 与用户态 DMA 内存访问。在此基础上，SPDK 就可以在用户态操作硬盘设备，处
理设备控制逻辑，实现用户态的驱动。同时，NVMe 硬盘采用 PCIe 接口，属于 PCI 设备，
在内核态 VFIO 提供了 vfio - pci 模块处理 PCI 层面的驱动逻辑，并在/dev/vfio 目录下生成设
备文件，由 SPDK 用户态驱动来操作。

第二个特点是通过异步轮询方式进行数据读写，这一点与 KernelDecice 类型设备的处
理方式类似。硬盘设备 I/O 中断需要在操作系统内核处理，而 SPDK 利用 VFIO 的内核模
块最简化处理中断，中断请求不会通知到用户态的驱动，避免驱动对中断的依赖。为此，
SPDK 通过轮询方式检测数据读写结果，轮询到读写完成时调用回调函数，通知上层。这
种方式减少了程序在用户态和内核态的上下文切换，缩减了软件本身的开销，更能发挥
SSD 硬盘设备的 I/O 能力。

通过 Direct I/O 配合异步 I/O 操作 KernelDecice 类型的硬盘设备，与通过 SPDK 操作
NVMEDevice 类型的设备相比，在操作方式上类似，都是通过异步 I/O 和轮询方式。因
此，BlueStore 通过 BlockDevice 模块统一了 NVMeDivce 和 KernelDevice 类型设备的调用
接口，对上层调用者屏蔽了两者的差异，降低了上层软件与底层具体设备间的耦合。

由于 KernelDevice 类型的设备应用广泛，因此本章接下来具体到设备操作的分析时均
以 KernelDevice 为例。

7.2.3　BlueStore 对磁盘空间的管理

BlueStore 将硬盘分为 3 类，分别是超高速设备、高速设备和慢速设备。其中，超高速设备优先存储 RocksDB 的 .log 文件；高速设备优先存储 RocksDB 承载的数据，即 BlueStore 的元数据；慢速设备优先存储对象的内容数据。因此，一个 BlueStore OSD 实例可以配置 3 块硬盘（或磁盘分区，下同），并按上述规则分配。实际使用时常配置 2 块硬盘，速度较高的硬盘存储 RocksDB 的数据和其 .log 文件，速度较低的硬盘存储对象内容数据；也可以配置一块硬盘，大家共用此部分空间。

存储 RocksDB 数据和其 .log 文件的空间由 BlueFS 管理，后面的章节将详细介绍。存储对象内容数据的空间由 BlueStore 直接管理。当 BuleFS 管理的空间不足时，存储对象内容数据的空间的一部分可被 BlueFS "借用"，即 BlueStore 会调整一部分存储对象内容的空间给 BlueFS 用；当 BlueFS 管理的空间占用率降下来后，BlueFS 会归还 "借用" 的空间。由于 BlueStore 直接管理空间时，其地址结构不支持跨设备构建逻辑空间，因此 BlueStore 不会借用高速或超高速设备上的且由 BlueFS 管理的空间。

本节接下来着重介绍由 BlueStore 直接管理的、存储对象内容数据的硬盘空间管理。

（1）BlueStore 磁盘空间的地址结构

BlueStore 描述磁盘地址的底层数据结构是 bluestore_pextent_t，用该数据结构的偏移量作为磁盘地址直接读写硬盘上的数据。数据结构 bluestore_pextent_t 的关键字段定义如下。

```
/// pextent: physical extent
struct bluestore_pextent_t : public bluestore_interval_t<uint64_t, uint32_t
  > struct bluestore_interval_t
{
  OFFS_TYPE offset = 0;//硬盘上的物理偏移量,要块大小对齐
  LEN_TYPE length = 0; //数据长度
}
```

在该数据结构基础上，BlueStore 为了实现数据校验、数据压缩等功能，将多个 bluestore_pextent_t 组合为数据结构 blob，并在 blob 中添加了数据压缩标志、数据校验码等字段。bluestore_pextent_t 与 blob 都用来描述磁盘上的物理数据块，但 BlueStore 还需要将对象内部自身的逻辑空间与物理数据块关联起来，因此在 blob 的基础上又封装了 extent 数据结构。一个 extent 数据结构关联一个 blob，同时增加了对象内部的逻辑地址字段，用以指示 blob 物理数据块对应对象内的逻辑地址。

```
/// a logical extent, pointing to (some portion of) a blob
struct Extent : public ExtentBase {
  uint32_t logical_offset = 0;
  // logical offset,对象内的逻辑起始地址
```

```
uint32_t blob_offset = 0;
// blob offset,当逻辑地址非块大小对齐时,用于定位数据在 blob 内的偏移
uint32_t length = 0;              // length,长度
BlobRef  blob;
// the blob with our data,blob 的引用计数指针,一个 extent 关联一个 blob
…}
```

如果对象较大，则需要多个 extent，因此多个 extent 进一步组合为一个 extent - map。BlueStore 对 extent - map 编码后，将其分片保存在 KV 数据库中，访问这些信息的 key 值为 extent _ map _ shards，这样做是为了防止因 extent - map 体量过大而影响 RocksDB 数据库的性能。extent _ map _ shards 直接存储在对象的 onode 内，使用时通过它到 RocksDB 数据库中检索需要的 extent - map 具体分片，然后依次向下查找 extent、blob、bluestore _ pextent _ t，并从 bluestore _ pextent _ t 中找到最终的物理硬盘地址。这部分层次结构较深，可参考图 7 - 4 进行理解。图 7 - 4 中，extent - map 保存在 KV 数据库内，根据 RADOS 对象 onode 中的 extent _ map _ shards 到 KV 数据库中检索出 extent - map，通过检索出的 extent - map 最终可找到存有对象数据的磁盘地址（在 bluestore _ pextent _ t 数据结构内）。

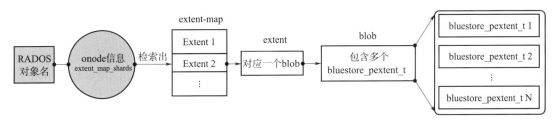

图 7 - 4　对象在 BlueStore 中的描述结构

（2）BlueStore 磁盘内容的数据校验

对存储于硬盘上的数据进行校验是确保数据正确的必要措施，BlueStore 也实现了磁盘数据的校验功能。

在 7.2.3 节"（1）BlueStore 磁盘空间的地址结构"一节指出，BlueStore 描述磁盘地址的底层数据结构是 bluestore _ pextent _ t，多个 bluestore _ pextent _ t 组合为数据结构 blob。数据校验就基于 blob 数据结构实现。blob 结构的 csum _ data 成员存储了数据校验码，相关结构定义如下。

```
/// blob: a piece of data on disk
struct bluestore_blob_t {
  PExtentVector extents;
  //使用向量容器组合的多个 extent,每个 extent 类型为 bluestore_pextent_t
  bufferptr csum_data;            ///数据校验码,存储于 RocksDB 数据库中
…}
```

（3）BlueStore 磁盘空间的缓存

BlueStore 直接管理硬盘，中间没有经过传统的文件系统，也没有使用操作系统内核的缓存。为提高常用数据的读取效率，特别是使用频率特别高的元数据的读取效率，BlueStore 自己在用户态实现了缓存功能。

BlueStore 的缓存是读缓存，缓存对象主要是 ondoe，因为 ondoe 的使用频率最高；对于对象内容数据，也缓存一部分，占缓存空间的 10%。在 BlueStore 读取数据时，程序会先到缓存空间中查找数据，如果没有命中，就再到数据库或硬盘中读取数据。对于写操作，没有使用缓存，而是直接将数据写入数据库或硬盘。

（4）BlueStore 磁盘空间分配器

BlueStore 自己直接管理磁盘空间，实现了自己的磁盘空间分配器。默认情况下，BlueStore 使用 BitmapAllocator 进行已分配磁盘空间的管理，使用 BitmapFreelistManager 负责未分配空闲空间的管理。这种管理方式使用"位图"的方式表示磁盘基本块的被使用情况，基本块的被使用情况分为"空闲"和"占用"两种状态。这种"位图"管理方式更适合基本块大、总容量小的高速固态存储设备。

7.2.4　BlueStore 使用 RocksDB 实现元数据的管理

RocksDB 承载了 BlueStore 的所有元数据，其对 BlueStore 的性能有关键性的影响；同时，BlueStore 事务特性的实现是构建在 RocksDB 基础之上的，RocksDB 保证了 BlueStore 元数据写操作的事务特性，因此 RocksDB 的可靠性是整个 OSD 可靠性的基础。

RocksDB 由 Facebook 公司基于 LevelDB 开发，也采用 C++ 语言，是一种嵌入式的 KV 键值存储数据库，向后兼容 LevelDB 的操作接口。RocksDB 针对 SSD 或 NVMe 等高速硬盘进行了优化处理，能最大限度发挥这些设备的读写性能。

RocksDB 的数据保存采用预写日志的方式，在数据保存之前，先将数据存放在以 .log 为扩展名的日志文件中，后续再将数据按格式写入以 .sst 为扩展名的数据文件。因此，日志文件的 I/O 速率对 RocksDB 的效能有直接影响，这也是 BlueStore 可为 RocksDB 日志文件配置专门存储介质的原因。

RocksDB 是键值型的数据库，其以 key–value 键值对的方式存储数据（简称 KV），每个 key 都会对应一个唯一的值 value。key 与 value 可以是任意的字节流，单个键与值的数据长度最好不要太大，太大会影响性能。其常见的操作包括 Get（key）、Put（key）、Delete（key）和 Scan（key）。RocksDB 支持原子读和写，可用来支撑事务的一致性等特性。

为了更好地组织元数据，也为了取得更快的检索速度，BlueStore 使用了 RocksDB 的前缀模式。前缀模式是在 key 的前面增加一个前缀，实现 key 的分类和快速定位。BlueStore 定义了如下几个前缀。

```
const string PREFIX_SUPER = "S";   // superblock block 信息,field -> value
const string PREFIX_STAT = "T";    // field -> value(in t64 array)
```

```
const string PREFIX_COLL = "C";    // collection name -> cnode_t
const string PREFIX_OBJ = "O";    // 对象名和 onode 信息,object name -> onode_t
const string PREFIX_OMAP = "M";    // 元数据信息,u64 + keyname -> value,
const string PREFIX_DEFERRED = "L";
// 延迟写日志信息,id -> deferred_transac tion_t
const string PREFIX_ALLOC = "B";
// 块分配信息,u64 offset -> u64 length (freelis t)
const string PREFIX_SHARED_BLOB = "X"; // u64 offset -> shared_blob _t
```

RocksDB 的写数据分为 3 种模式,即普通写、原子写和事务写。BlueStore 在处理事务时使用了 RocksDB 的原子写模式,典型用法如下。

```
voidRockDBTransactionDemo(){
  DB * db;
  std::string DbPath = "/tmp/rocksdb";
  Options options;
  options.create_if_missing = true;
  Status s = DB::Open(options, DbPath, &db);
  assert(s.ok());
  rocksdb::WriteBatch batch;//定义批处理
  batch.Put("k1", "v1");        //向批处理填入数据
  batch.Put("k2", "v2");
  s = db->Write(rocksdb::WriteOptions(), &batch);//提交批处理任务
  assert(s.ok());
}
```

由上例可看出,RocksDB 原子写批处理先将相关操作请求填入 RocksDB 批处理变量内,再提交批处理,完成数据向 RocksDB 数据库的原子写入,并根据返回结果判断是否成功完成。原子写入能确保批处理内的写入请求要么完全写入,要么完全不写入。BlueStore 在处理元数据写入操作时也采用了这种方式,这种原子特性支撑了 BlueStore 事务特性的实现。

7.2.5　专门支撑 RocksDB 的日志型文件系统 BlueFS

BlueStore 使用 RocksDB 存储元数据,而 RocksDB 是构建于通用文件系统之上的。为了在 BlueStore 下运行 RocksDB,Ceph 团队专门针对性设计了高效的、简化的、日志型文件系统 BlueFS。

对于 RocksDB 而言,BlueFS 提供了其所需的文件数据存储、目录操作等基本功能。RocksDB 的文件主要包括以 .sst 为扩展名的文件、以 .log 为扩展名文件、以 .dbtmp 为扩展名的文件、以 MANIFEST 为名字前缀的文件、以 OPTIONS 为名字前缀的文件,以

及名为 CURRENT、IDENTITY、LOCK 的文件等，文件数量较少。其中，.sst 文件存放 RocksDB 落盘的数据；.log 文件存放预写日志的数据，是主要的文件。RocksDB 对文件的写入采用追加写的方式，因此 BlueFS 只需要实现追加写接口而不需要提供随机写接口。RocksDB 文件的目录结构也比较简单，这对 BlueFS 的功能需求相应地也比较简单。

对于硬盘设备而言，BlueFS 操作硬盘的方式与 BlueStore 一样，仍然是通过 BlockDevice 模块操作。对于 KernalDevice 类型的硬盘，采用 Direct I/O 与 libaio 相结合的方式；对于 NVMe 类型的硬盘，利用 SPDK 的用户态驱动操作设备。

BlueFS 主要具有两个特点。第一个特点是 BlueFS 为日志型文件系统，其元数据操作都以日志的形式存入硬盘的特定位置，其磁盘空间分配、文件索引节点等元数据信息又是通过在启动时回放日志而得到。

第二个特点是 BlueFS 具有跨设备构建自身文件系统的能力，这种设计增加了 BlueStore 作为一个整体的灵活性。BlueFS 可单独构建在速度较快的 SSD 设备上，但当其磁盘空间不足时，可向 BlueStore 直接管理的数据磁盘借用存储空间，如果两者不在同一硬盘，则 BlueFS 可跨设备借用。这种设计的实现基础主要是 Ceph 系统在 BlueFS 的磁盘地址结构中引入了设备标号，这使得跨不同设备的磁盘块可组成统一的逻辑地址空间。

BlueStore 从概念上以及源代码组织管理上包含 BlueFS，但 BlueFS 与 BlueStore 又是松散的关联关系，BlueFS 仅用以支撑 RocksDB，BlueFS 大部分情况下对 BlueStore 是不可见的，只有在共用磁盘、按顺序启动时有些少量交互。因此，有时会将 BlueStore 与 BlueFS 并列起来，此时的 BlueStore 是指除 BlueFS 之外，但又包括 RocksDB 数据库的部分，读者注意区分。

（1）文件索引与磁盘地址结构

与 BlueStore 相比，BlueFS 的文件索引与磁盘地址结构大大简化，这主要是由于 BlueFS 承载的功能比较简单，而功能的实现最终要体现在数据结构与程序上。由于功能简单，因此 BlueFS 的文件索引数据项较少，磁盘地址结构也一步到位，从文件索引中可以直接寻址磁盘。

Bluefs 的文件索引定义如下。

```
struct bluefs_fnode_t {
  uint64_t ino;          //文件标识
  uint64_t size;         //文件大小
  utime_t mtime;         //文件修改时间
  uint8_t prefer_bdev;   //文件优先使用的设备,使用规则与上述 3 类设备分配规则
    一致
  mempool::bluefs::vector<bluefs_extent_t> extents;   //磁盘地址段集合
  uint64_t allocated;
}
```

磁盘地址结构定义如下。

```
class bluefs_extent_t {
  uint8_t bdev;          //地址段所在的设备
  uint64_t offset = 0; //设备上的物理地址
  uint32_t length = 0; //数据空间长度
}
```

从上面的定义可以看出，与 BlueStore 对文件和地址的定义相比，BlueFS 对文件和地址的定义是非常直接的。文件索引对文件空间地址的引用直接是磁盘地址段的一个集合，从集合中的元素 extent 中可以直接寻址到硬盘的物理地址，没有文件逻辑空间再到物理空间的二次映射。

磁盘地址结构具有 bdev 字段，该字段表明了磁盘地址段所在的硬盘设备，使得 BlueFS 可以跨设备存储与读写文件。BlueStore 整体上可以使用 3 块硬盘设备，其中优先将超高速设备存储 RocksDB 的 .log 文件，高速设备优先存储 RocksDB 的其他数据；也可以只配置一块硬盘，BlueStore 与 BlueFS 共用，这些功能的实现都与 bdev 字段有关。

无论是共用一块硬盘，还是 BlueStore 与 BlueFS 分别使用不同的设备，系统都会监视两者空间的使用情况。当 BlueFS 空间不足时，BlueStore 会将一部分存储数据的空间划给 BlueFS 使用。在本书基于的 Ceph L 版本中，这种监控是周期性的，存在 BlueFS 空间短时间内被耗尽的风险，导致 OSD 无法启动。在后续版本中，Ceph 团队将周期性地监控优化为实时监控，提高了 BlueStore 的可靠性。

（2）基于日志的元数据管理

BlueFS 是典型的日志型文件系统，除将文件内容数据写入磁盘外，其余的分配磁盘空间、目录操作、文件创建与删除等操作均以日志形式记录在 BlueFS 专门的日志文件中，文件目录结构、磁盘空间分配器等元数据在 BlueFS 启动时通过回放日志生成，并常驻内存。BlueFS 日志文件的头部存储在磁盘固定的 superblock（超级块）中，BlueFS 启动时直接到固定位置读取；BlueFS 通过将多条日志记录整合成事务的方式存储日志记录，一个事务按"块大小对齐"的方式存放。下面分别对 superblock 和日志记录进行具体分析。

1）superblock 的结构。

BlueFS 日志文件的元数据存储在 superblock 中，BlueFS 挂载启动时要首先读取 superblock 数据并解析日志文件的 fnode 结构，然后读取日志文件内容并进行回放。superblock 是一个地址被硬编码的磁盘块，位于磁盘设备的第二个磁盘块，一般情况下起始位置为 4kB，长度为 4kB。挂载 BlueFS 文件系统时首先加载这块固定区域的内容，从这块区域中读取磁盘 Block 大小、版本号、uuid、osduuid 以及日志文件的元数据。日志文件的元数据包括存储日志文件内容的磁盘编号，以及日志文件内容所在磁盘地址信息。

```
struct bluefs_super_t {
  uuid_d uuid;       // unique to this bluefs instance
  uuid_d osd_uuid;   // matches the osd that owns us
```

```
    uint64_t version;
    uint32_t block_size;
    bluefs_fnode_t log_fnode;
}
struct bluefs_fnode_t {
    uint64_t ino;
    uint64_t size;
    utime_t mtime;
    uint8_t prefer_bdev;
    mempool::bluefs::vector<bluefs_extent_t> extents;
    uint64_t allocated;
}
```

以作者实验环境中的 BlueFS 的 superblock 为例，使用 dd 命令 dd if＝/dev/ceph－dbpool/osd0.db of＝/home/test13 bs＝8k count＝1 将其导出。superblock 的数据分析示例如图7－5 所示。

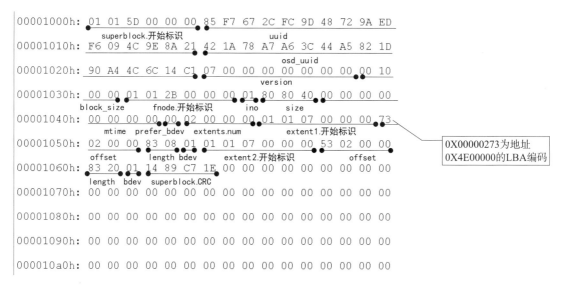

图 7－5　superblock 的数据分析示例

从图 7－5 可看出，superblock 在落盘存储时增加了 CRC 校验码字段，用于对 superblock 数据进行校验，防止磁盘静默错误。图 7－5 中，log_fnode 是 BlueFS 日志文件的 bluefs_fnode_t 结构的落盘编码数据，其中存储了日志文件的硬盘地址 extent 信息。图 7－5 所示示例用了两个 extent，以第一个 extent 为例，其 offset 编码后为 0x00000273（硬盘上为小端存储），BlueFS 在存储 extent 地址信息时采用了 LBA（Logic Block Address，逻辑块地址）编码，0x00000273 编码前的实际地址为 0x4E00000；对于长度 length 也采用了同样的编码，0x0883 的原始值为 0x100000，位于设备 bdev 1 上。因

此，BlueFS 日志文件的第一块存储空间位于第一块硬盘的 0x4E00000 地址处，空间大小
为 0x100000。

2）日志文件与操作日志。

BlueFS 将对文件与目录等的各种元数据操作记录在 BlueFS 日志文件中，其支持的各
类型操作如表 7-2 所示。

表 7 - 2　**BlueFS 支持的各类操作**

操作名称	含义
OP_NONE	空操作
OP_INIT	BlueFS 初始化或日志文件整理压缩时使用
OP_ALLOC_ADD(id, offset, length)	添加磁盘块 extent 给 BlueFS
OP_ALLOC_RM(id, offset, length)	从 BlueFS 中移除磁盘块 extent
OP_DIR_LINK(dirname, filename, ino)	为文件分配目录
OP_DIR_UNLINK(dirname, filename)	将文件从目录中移除
OP_DIR_CREATE(dirname)	创建目录
OP_DIR_REMOVE(dirname)	删除目录
OP_FILE_UPDATE(fnode)	更新文件的元数据 fnode
OP_FILE_REMOVE(ino)	删除文件
OP_JUMP(next_seq, offset)	跳过事务编号或跳过磁盘块内的偏移
OP_JUMP_SEQ(next_seq)	跳过事务编号，在重放日志时使用

日志文件在记录操作日志时，按照一个个事务的方式记录。每个事务在存储时按磁盘
块对齐，大小不超过磁盘块的事务占用一个磁盘块，事务内包括多个操作。BlueFS 事务
定义如下。

```
struct bluefs_transaction_t {
    uuid_d uuid;        /// uuid，与上述 superblock 中的 uuid 相对应
    uint64_t seq;       ///事务序号
    bufferlist op_bl;   ///事务内的操作，由表 7-2 中的操作编码和对应的操作参数组成
}
```

事务内 op_bl 中的操作由表 7-2 中的操作编码和对应的操作参数组成，有些操作如
OP_NONE、OP_INIT 没有操作参数，则在 op_bl 中只记录操作码。

继续以实验环境中日志文件第一个 extent 内的第一个事务的数据为例（图 7-6），第
一个事务占用了 4096B 的一个磁盘块，实际使用了前 0x2df B。每个事务在首部存有固定
标识、事务长度以及 BlueFS 的 uuid，uuid 必须与 superblock 中的 uuid 一致。事务中包含
多个操作，如 INIT、ALLOC_ADD、FILE_UPDATE 等，各操作依次排列。有些操作
只有操作码，没有参数；有些则带有参数，参数一般原文存储，没有经过再次逻辑编码。
在事务的结尾处存有本事务数据的 CRC 校验码，BlueFS 在挂载时利用此校验码对数据进
行校验。

```
00000000h: 01 01 DA 02 00 00 85 F7 67 2C FC 9D 48 72 9A ED
           固定标识    事务长度                        BlueFS的uuid
00000010h: F6 09 4C 9E 8A 21 01 00 00 00 00 00 00 00 BA 02
                                        事务序号
00000020h: 00 00 01 02 01 00 20 00 00 00 00 00 00 00 E0 BF
          Op_bl长度 INIT ALLOC_ADD(id,      offset,       length)
00000030h: 3F 00 00 00 00 02 02 00 00 E0 7F 00 00 00 00 00
                          ALLOC_ADD(id,        offset,
00000040h: 00 00 40 00 00 00 00 08 01 01 0F 00 00 00 72 00
          length)              FILE_UPDATE( fnode )
00000050h: A3 10 5D 5E A8 E2 07 2C 01 00 00 00 00 08 01 01
                                      FILE_UPDATE
00000060h: 1C 00 00 00 71 10 A3 10 5D 5E 03 1D D0 2B 01 01
          ( fnode )
00000070h: 00 00 00 01 01 07 00 00 00 00 1B 00 00 00 83 08 01

           . . .

00000290h: 30 30 30 30 37 34 68 00 00 00 00 00 00 00 04 02
                                                    DIR_LINK
000002a0h: 00 00 00 64 62 0E 00 00 00 4F 50 54 49 4F 4E 53
          (dirname,              filename,
000002b0h: 2D 30 30 30 30 38 31 6E 00 00 00 00 00 00 00 06
                            ino)                  DIR_CREATE
000002c0h: 07 00 00 00 64 62 2E 73 6C 6F 77 0A DF EC 07 00
          (dirname)                    JUMP( next_seq,
000002d0h: 00 00 00 00 00 00 10 00 00 00 00 00 EF BD 10 02
                    offset)                      CRC
000002e0h: 00 00 00 00 00 00 00 00 00 00 00 00 00 00 00 00
000002f0h: 00 00 00 00 00 00 00 00 00 00 00 00 00 00 00 00
```

图 7 - 6　日志文件某事务数据分析示例

superblock 与 BlueFS 日志文件及事务内容的对应关系如图 7 - 7 所示。图 7 - 7 中描述的事务组成字段为落盘状态下的数据结构，与定义事务的数据结构相比，事务的落盘数据多出了固定标识、事务长度、Op _ bl 长度、CRC 校验码等数据。

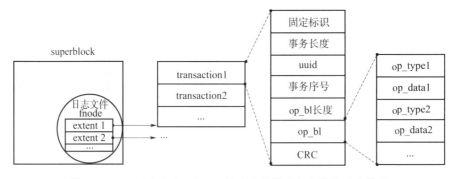

图 7 - 7　superblock 与 BlueFS 日志文件及事务内容的对应关系

随着运行时间的增长，BlueFS 的日志内容会持续增加，其所占用的磁盘空间也会越来越大，因此 BlueFS 实现了日志压缩功能，以防止日志数据过大，影响运行效率。

3）磁盘空间分配管理。

BlueFS 在内存中构建了分别用于记录空间列表、总空间大小、待释放空间等多个模板向量，并使用磁盘空间分配器 Allocator 管理磁盘空间的增加和移除。这些结构均存在于内存中，不落盘存储，在 BlueFS 回放日志时生成结构的初始数据，并在运行过程中动态更新。

4）目录与文件映射关系管理。

BlueFS 使用 dir ＿ map 和 file ＿ map 两个内存表格管理文件与目录映射关系，其中前者实现目录名与文件名以及文件 fnode 的关系映射，后者实现文件 fnode. ino 与 fnode 的关系映射。通过两个表格，BlueFS 实现了文件与目录创建和删除过程中的元数据管理。两个表格在 BlueFS 重放日志时构建，构建后常驻内存。

7.3　事务在 BlueStore 中的实现

7.3.1　事务处理的基本流程

7.1.2 节介绍了事务的组成，本节介绍事务在 BlueStore 中的实现。这里的事务指的是 OSD 上层传送过来的事务。BlueStore 通过统一的 queue ＿ transactions 接口收到事务后，首先进行本地寻址，这通过查找 onode 和磁盘空间分配表实现；其次处理执行单元中的写操作；最后进行元数据的写入，执行回调函数。各阶段比较清晰，其中元数据的写入步骤要处理的情况类型较多，程序代码量也较大。下面先对事务处理相关的状态机、队列以及写操作相关的事务类型进行介绍，然后在 7.3.2 节通过实例对写操作事务处理过程进行详细说明。

（1）状态机与事务队列

在事务执行的过程控制方面，BlueStore 中采用"队列＋状态机"的机制进行控制。由于写操作在完成本地寻址后立即进行了提交，因此需要控制的主要是元数据的写入顺序。事务队列采用 FIFO（Firest In First Out，先进先出）方式严格控制执行顺序；状态机控制着事务完成一个状态后才能进入下一个状态，确保事务按照正确的顺序执行，保证事务的 ACID 特性。事务内的各执行单元则被多个分工明确的线程调度并执行，执行时又受"队列＋状态机"的机制所控制。队列、状态机和线程三者间相互协调，有机统一，共同完成事务的执行。

状态机控制着事务状态的切换，是数据处理程序中常采用的方法。BlueStore 在实现时将状态的定义值依转换顺序而增加，这样做有利于在队列中判断事务状态的程序执行。按照事务执行的顺序，先定义数据异步写操作的状态，然后定义 KV 元数据写操作的状态，再后针对延迟写进行状态定义，最后是事务完成后的最终状态。其中，有些状态在某些情况下可以跳过，但不会逆向执行。状态机相关的状态定义如表 7 - 3 所示。对于普通写类型，不需经过 STATE ＿ DEFERRED ＿ QUEUED、STATE ＿ DEFERRED ＿ CLEANUP、STATE ＿ DEFERRED ＿ DONE 状态；对于延迟写类型，就直接跳过 STATE ＿ IO ＿ WAIT 状态。BlueStore 的状态机处理函数为 BlueStore：＿ txc ＿ state ＿ proc，感兴趣的读者可参阅源代码。

表 7 - 3　状态机相关的状态定义

状态	取值	含义
STATE_PREPARE	0	初始状态,每个事务进入主控队列后处于此状态
STATE_AIO_WAIT	1	异步 I/O 写操作请求提交后,事务处于的状态
STATE_IO_DONE	2	异步 I/O 写操作执行完毕后,事务处于的状态
STATE_KV_QUEUED	3	KV 元数据写操作进入队列后的状态
STATE_KV_SUBMITTED	4	KV 元数据写请求提交后的状态
STATE_KV_DONE	5	KV 元数据完成后的状态
STATE_DEFERRED_QUEUED	6	延迟写进入队列后的状态
STATE_DEFERRED_CLEANUP	7	延迟写清理完对应 KV 日志后的状态
STATE_DEFERRED_DONE	8	延迟写完成的状态
STATE_FINISHING	9	事务执行后处理清理操作的状态
STATE_DONE	10	事务完成

　　队列由两类多个队列组成,一类是 OpSequencer 控制器定义的两个队列,控制事务在 BlueStore 中的全生命周期;另一类是 KV 元数据处理相关的多个队列,控制元数据写入的子阶段。在 OpSequencer 控制器中,q 队列是控制执行顺序的关键。每个 PG 一个 OpSequencer 控制器,控制 PG 内所有事务的执行顺序。控制器的作用原理是在队列中的事务关键状态发生变化时,检查队列前面的其他事务的状态是否处于该事务的状态之后,是则继续执行,进行下一步状态转换;否则不执行状态转换,等待后续处理机会。

　　OpSequencer 控制器定义如下。

```
class OpSequencer : public Sequencer_impl {          //位于 BlueStore.h 源文件中
    typedef boost::intrusive::list<
    TransContext,
    boost::intrusive::member_hook<
    TransContext,
    boost::intrusive::list_member_hook<>,
    &TransContext::sequencer_item> > q_list_t;
    q_list_t q;                    //主控队列,控制事务的全生命周期
    boost::intrusive::list_member_hook<> deferred_osr_queue_item;
    //延迟写操作队列
    …
}
```

　　控制事务执行顺序的典型代码如下。

```
void BlueStore::_txc_finish_io(TransContext * txc)  //位于 BlueStore.cc 源文件中
{
    OpSequencer * osr = txc->osr.get();
```

```
std::lock_guard<std::mutex> l(osr->qlock);
txc->state = TransContext::STATE_IO_DONE;   //设定 txc 事务当前状态
txc->ioc.running_aios.clear();
OpSequencer::q_list_t::iterator p = osr->q.iterator_to(*txc);
while (p != osr->q.begin()){     //从当前事务开始,向 q 队列的前部遍历
  --p;
  if (p->state < TransContext::STATE_IO_DONE){
  //如果有事务处于 STATE_IO_DONE 状态之前
    return;   //则直接返回,txc 事务也不送入状态机转换状态,等待后续被调度
  }
  if (p->state > TransContext::STATE_IO_DONE){
  //发现有大于此状态的,结束循环,停止查找
    ++p;
    break;
  }
}
do {
  _txc_state_proc(&*p++);
  //所有处于 STATE_IO_DONE 状态的事务依次送入状态机转换下一状态
} while (p != osr->q.end() &&p->state == TransContext::STATE_IO_
  DONE);
...
}
```

上述代码中,TransContext 为事务本地化后的类型,其在 Transaction 类基础上又封装了 RADOS 对象的 onode、延迟写队列等信息。上述代码的主要思路如下:从给定事务开始,向队列前部逆序遍历并检查每个事务的状态,如果有事务状态小于 STATE_IO_DONE,则说明队列中有事务还不具备进入状态机转换状态的条件,直接返回,等待后续再被调度时再行检查;在排除上述情形的情况下,通过第一个 while 循环,找出状态处于 STATE_IO_DONE 的一些事务,并在第二个 while 循环中将这些事务交给状态机进行处理。这段代码是事务“保序”的关键典型代码,读者可仔细阅读。

(2) 写操作事务处理类型

BlueStore 处理事务的写操作执行单元时,根据写操作是否是覆盖写、追加写、写数据的大小将其分为多种情况进行处理,但从大的类别上主要分为 SimpleWrite（普通写）和 DeferreWrite（延迟写）两类。对于待写入的内容数据的长度小于一个磁盘块的写操作,将内容数据的写操作与元数据操作一起封装成一个延迟写事务,以 DeferreWrite 方式将内容数据和元数据一起预先写入 RocksDB 内,后续再将内容数据正式落盘。对于内容

数据长度超过磁盘块的大的写操作，将整块的部分按 SimpleWrite 方式先将内容数据落盘，然后再执行后续步骤；对于不足整块的部分，也以 DeferreWrite 方式进行处理。延迟写事务直接将数据和元数据先写入 KV 数据库，写入后就反馈上层应用成功写入，此后择机进行实际数据在块设备上的落盘写入。由于 KV 数据库可以采用高速 SSD 或 NVRAM 等介质承载，因此处理速度会更高；同时，若在实际数据落盘过程中出现错误，重放 KV 数据库中的信息即可解决，仍能保证事务执行是安全的。

7.3.2　写操作事务处理实例

本节仍以向 RADOS 对象 hw 写入 "hello world!" 为例说明事务在 BlueStore 中的实际处理过程，进一步阐述 BlueStore 的事务控制模型，以及 BlueStore 对 KenelDevice 类型的硬盘和 RocksDB 数据库的操作方法。

本例程实际写入的内容为 "hello word!"，加上字符串终止符 "\0"，共 12B。由于写入的内容较少，因此 BlueStore 采用延迟写事务类型进行处理。事务处理过程中，先写入 KV 元数据，"hello world!" 内容数据也以元数据的形式先写入 RocksDB 数据库，然后择机将 "hello world!" 实际数据写入磁盘。

写操作事务通过统一的 queue_transactions 接口传入 BlueStore 后，首先进行事务本地化对象 txc（类型为 TransContext，意为带上下文的事务，在 BlueStore 中将其简称为事务）的创建，创建之始 txc 的状态即为 PREPARE，写操作事务处理流程自 txc 事务对象的诞生开始。

下面结合本例说明事务处理的整体流程。

1）在 PREPARE 阶段，完成元数据写操作任务提交前的全部准备工作。

实例在此阶段处理过程如下。

自写操作事务对象 txc 诞生后，首先事务进入 OpSequencer 控制器的队列，进入队列有利于在后续阶段对事务处理进行保序管理；然后创建 hw 的 onode，并从磁盘空间分配器 StupidAllocator 中分配磁盘空间，本例中分配了一处 65536B 的磁盘空间；再后，由于 hw 对象长度为 12B，为短内容的写操作，BlueStore 使用了 deferre 延迟写模式，因此创建延迟写事务，并存入事务的 deferred_txn 列表内。延迟写任务中详细记录了要写入的数据 data 和要写入磁盘的位置 extents。由于写入的数据要求按块对齐，因此实际写入的是 4096B。

对于元数据，与 7.2.4 节 RocksDB 基本用法描述的相同，在本阶段采用 RocksDB 原子写批处理方式，将 OMAP 等元数据的写操作内容利用数据库批处理对象（KeyValueDB：：Transaction）t 进行 put 操作，等待下一阶段的最终提交（put 操作与最终提交的关系参见 7.2.4 节中的示例）。

从 BlueStore 对元数据的处理可以看出，BlueStore 事务处理路径比较短，在第一个阶段就完成了元数据的 put 操作，这也是其高性能的因素之一。

接下来在本阶段继续进行延迟写操作的处理。因为本例事务是 deferre 延迟写模式，所以此处并不直接提交写请求，而是先构建延迟写事务 deferred_txn，存放在 txc 中，并将写操作转换为元数据操作，put 入 KeyValueDB：:Transaction t 中。与上述 OMAP 操作一样，put 后等待下一阶段的 RocksDB 批处理的提交。写操作到元数据操作的转换过程也比较直接，以 L 为前缀（RocksDB 以前缀划分类别，L 为延迟写事务类别），以序列号 deferred_txn ->seq 为 key，value 是 extents、data 等的序列化编码。

在此阶段形成的数据结构示例如图 7-8 所示。

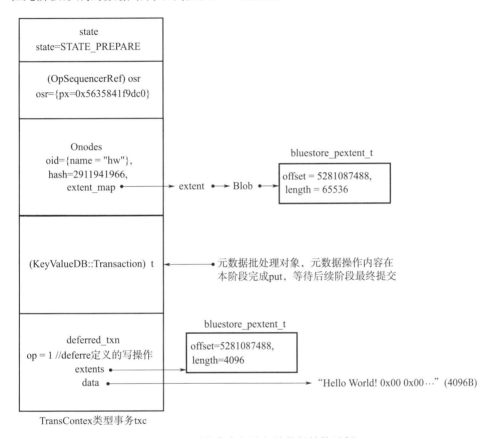

图 7-8　写操作事务及相关数据结构示例

图 7-8 中，数据 "HelloWorld!" 使用 Ceph 通用结构 bufferlist 存储。由于 TransContex 支持多个上层事务转换为一个 TransContex 对象，因此 TransContex 对象内相关结构多以 C++ 容器存储。在本例实验中，一个上层事务转换为一个 TransContex 对象。通过 TransContex 对象及相关程序逻辑，本阶段完成了任务提交前的准备工作。

最后，将该事务提交至状态机处理函数 BlueStore：:_txc_state_proc，进行下一阶段的处理。

因为是延迟写事务，所以事务状态直接跳过 STATE_AIO_WAIT 状态，进入 STATE_IO_DONE 状态。

2）在 STATE_IO_DONE 阶段进行事务队列保序处理，确保队列前面的事务状态都不小于 STATE_IO_DONE 状态。

本例事务在此阶段主要是进行保序处理，保序处理的关键代码见 7.3.1 节。保序处理的方法就是在保序器的 FIFO 队列中，从本例事务开始，向队列前部依次查看每个事务的状态，如果发现有的事务状态小于本例事务的状态，就说明本例事务处理得太快，则停止处理本例事务，将其留在队列内，等待下次遍历队列时再行处理。

对于本例，因为队列中没有其他事务，所以本例事务经保序处理后由状态机处理函数 BlueStore:: _ txc _ state _ proc 将其置入 KV _ QUEUED 状态。

3）在 KV _ QUEUED 阶段，提交元数据 RocksDB 批处理任务。

完成保序处理后，设置事务为 KV _ QUEUED 状态，正式进入 KV _ QUEUED 阶段，开始进行 RocksDB 批处理任务的提交与元数据的落盘。此过程会先将事务置入 kvqueue 相关内部处理队列，然后通知独立的元数据同步线程 kv _ sync _ thread 进行处理，这也意味着此处有一次线程切换。元数据同步线程根据 kvqueue 内部队列依次执行 db ->Write()函数提交原子批处理任务，实现元数据落盘。本例的"Hello World!"数据也作为元数据的一种，在这一过程中存入 RocksDB 数据库，但这种存入 RocksDB 数据库的方式属于预写入，后续还需进行正式落盘。

```
void BlueStore::_kv_sync_thread()
{
  ...
    int r = cct ->_conf ->bluestore_debug_omit_kv_commit ? 0 : db ->submit_
     transaction(txc ->t);
    assert(r = = 0);
    _txc_applied_kv(txc);
  ...
}
```

submit _ transaction()函数里面调用 RocksDB 原子批处理任务处理函数 Write()提交任务。

```
int RocksDBStore::submit_transaction(KeyValueDB::Transaction t)
{
  ...
  rocksdb::Status s = db ->Write(woptions, &_t ->bat);
  ...
}
```

此后还会进行缓存清理工作（flush 操作），以进一步确保元数据落盘。然后，在元数据同步线程内设置事务状态为 KV _ SUBMITTED。

4）在 KV _ SUBMITTED 阶段，通知上层完成写操作，deferre 操作进入单独队列。

这一阶段由独立的元数据终结线程 kv _ finalize _ thread 执行。元数据终结线程依据

kvqueue 相关内部队列，接受线程同步机制条件变量的唤醒，唤醒后将待执行的、通知客户端完成写操作的回调函数置入回调函数调用队列，并触发专门的异步回调线程执行回调函数。

由于实际数据 "Hello World!" 在此阶段已经以元数据的形式存入 RocksDB 数据库，即使后续步骤出现问题也可通过重放使数据真正落盘，因此此处就可以安全通知上层数据写入完成。

完成上述工作后，元数据终结线程 kv_finalize_thread 将事务设置为 KV_DONE 状态。

5）在 KV_DONE 阶段，直接将事务置为 DEFERRED_QUEUE 状态。

此时已将数据预写入 RocksDB 数据库，因此可将事务状态直接设置为 DEFERRED_QUEUE 状态，准备进行后续的延迟写。

6）在 DEFERRED_QUEUE 阶段，将事务置入延迟写内部队列，择机将写操作落盘。

在该阶段，先将本例事务置入 deferre 内部队列，然后将事务从 kvqueue 内部队列中弹出。

此后 BlueStore 会根据 defequeue 队列中的排队情况等相关因素，选择是否立即进入下一状态，如果 defequeue 队列中的事务较少，则本例事务在 defequeue 队列中等待较长时间。在本实例中，为了便于说明事务处理的全过程，在 ceph.conf 中将参数 bluestore_deferred_batch_ops 为 1，让其尽快进行数据的落盘操作。

条件满足后，元数据终结线程 kv_finalize_thread 将调用 BlueStore::_deferred_submit_unlock()函数。在该函数中，执行 libaio 的异步写接口 aio_submit()，完成写操作请求向硬盘设备的提交。

```
void BlueStore::_deferred_submit_unlock(OpSequencer * osr)
{
    ...
    deferred_lock.unlock();
    bdev ->aio_submit(&b ->ioc);
}
```

针对写操作完成状态确认工作，异步写回调线程 Aio_thread 调用 libaio 编程模型的接口函数 io_getevents()，循环检测写操作完成状态。检测到写操作完成后，将事务设置为 DEFERRED_CLEANUP 状态。

```
int aio_queue_t::get_next_completed(int timeout_ms, aio_t * * paio, int max)
{
    ...
    do {
        r = io_getevents(ctx, 1, max, event, &t);
```

```
    } while (r = = - EINTR);
...
    }
```

7）在 DEFERRED_CLEANUP 阶段，清理 KV 中的 deferred 日志。

异步写回调线程通过线程同步机制唤醒元数据同步线程 kv_sync_thread 继续执行。因为数据已写入硬盘并得到了确定，所以元数据同步线程在此阶段清理 RocksDB 数据中的延迟写日志，防止日志被重复回放。

8）转由元数据终结线程处理 STATE_FINISHING 阶段工作。

STATE_FINISHING 和 STATE_DONE 都属于事务最后的清理阶段，均转为元数据终结线程 kv_finalize_thread 处理。在 STATE_FINISHING 阶段，元数据终结线程处理空间共享、关联 PG 等防止冲突的任务后，直接将事务设置为 STATE_DONE 状态，进入下一阶段处理。

9）在 STATE_DONE 阶段，择机将事务移出控制器 q 队列。

这是事务处理的最后一个阶段，本阶段会将事务移出主控队列、释放所占用的资源、删除 txc、删除延迟写队列等。

写操作事务整体流程如图 7-9 所示。共有 4 个线程参与了这一过程，过程中还涉及了多个任务队列、线程同步机制、状态机控制等程序设计方法，这些方法在程序设计中经常用到。

本章小结

BlueStore 是 Ceph 系统自顶向下 I/O 读写的最后一站，其直接操控磁盘，将来自上层的数据落盘。为此 BlueStore 实现了一套自有的文件系统，直接分配并管理磁盘空间，并利用 KV 数据库存放元数据。在程序接口方面，其主要承接 OSD 层发送过来的 PG 事务，因此本章详细介绍了 RADOS 对象在 BlueStore 中的描述方式、事务的分解及操作转换、数据落盘的实例过程。至此，Ceph 自顶向下的全流程介绍完毕。第 8 章将针对 RADOS 故障恢复进行介绍。

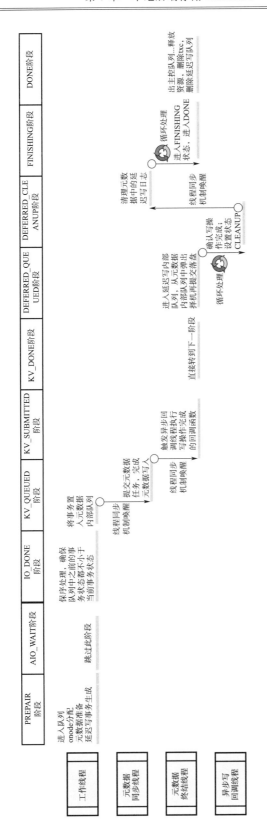

图 7 - 9　写操作事务整体流程

第 8 章　RADOS 故障恢复

Ceph 基于 RADOS 提供高可靠、高性能、分布式的统一存储。RADOS 集群主要由大量的 OSD 节点和少量 Monitor 节点组成，其中 OSD 节点为具有自管理和自学习能力的智能化节点，在硬件上一般由通用计算设备实现。在这种架构下，通用计算设备出现故障在所难免，因此 RADOS 故障恢复是 Ceph 系统的一种必不可少的、常态化的保证高可靠的措施。

RADOS 系统内任一 OSD 设备出现故障都会导致 PG 执行 Peering 过程，以尽快拉起 PG 对外继续提供服务；对于需要进行数据恢复的 PG，则采用基于日志的快速恢复方法或采用基于对象遍历的全量恢复方法进行数据恢复，这些过程的执行仍然主要由 OSD 节点负责，Monitor 节点配合，因此本章可以看作第 6 章 "OSD 节点" 的延续。因为数据恢复是以 Peering 为基础的，所以接下来首先介绍 Peering 过程，然后介绍数据恢复。

8.1　Peering 同组互联机制

Peering 过程是大部分故障处理的必经阶段。Peering 翻译为同组互联，表示 PG 内各副本之间的互联以及 PG 元数据的一致性同步，各副本属于同一个 PG，互联是这些组内各副本之间的互相协调和角色转换，因此将其翻译为同组互联比较符合 Peering 过程的实质内容。有些书籍将其翻译为对等互联，其意义是一样的。

进行 Peering 处理意味着 PG 各副本间的数据可能出现了不一致，因此启动 Peering 过程。Peering 的作用是尽可能实现 PG 各副本元数据层面的一致，并将 PG 尽快拉起，以恢复数据读写，避免数据读写服务的长时间中断。对于内容数据，Peering 本身不进行数据的恢复，而是通过 Peering 的处理，对于可通过 PGLOG 恢复的数据，形成各副本缺失对象的 missing 列表；对于不可通过 PGLOG 恢复的数据，形成需要 backfill 的集合，并交由下一阶段处理。

在 Peering 启动环节，PG 主要基于 OSDMAP 的变化判断各副本间数据是否可能存在不一致的情况，并据此启动 Peering 过程。在 Peering 执行过程中，PG 通过比对各副本的 PGLOG 来判断各副本间数据的差异，并最终形成 missing 列表或 backfill 集合。下面分别对 Peering 的启动时机和 Peering 的执行过程进行介绍。

8.1.1　Peering 的启动时机

OSD 的状态波动将导致 OSDMAP 发生变化。存活的 OSD 在收到新的 OSDMAP 时，会将自身承载的所有 PG 置入待处理队列 peering_wq。此后由专门的线程处理队列，判断 OSDMAP 的变化对 PG 产生的影响，并决定是否对一些受影响的 PG 执行 peering 操作。由于此处有置入队列和处理队列中的任务两个过程，因此这也意味着此处有一次线程切换。待处理队列定义如下：

```
struct PeeringWQ : public ThreadPool::BatchWorkQueue<PG> peering_wq;
```

对于队列中的 PG，首先使用新的 OSDMAP 更新 PG.osdmap_ref 字段。在 PG 处理数据读写操作时，会基于该字段判断客户端与 PG 所引用的 OSDMAP 的一致性。

OSDMAP 的变化并不意味着所有的 PG 都需要进行 Peering 处理，如果 OSDMAP 的变化并不影响 PG 各副本集合的组成，就不会执行 Peering 操作，此时直接将 PG 出队，继续正常提供数据读写服务。在此过程中 PG 状态没有发生变化，入队前处于 active＋clean 状态的 PG，此过程中及出队后其 PG 状态仍然为 active＋clean，但更新了 PG. osdmap_ref 所引用的 OSDMAP。因为 PG 状态没有发生变化，所以对于 PG 正在处理的读写任务而言并不会产生直接影响。但 PG 在执行写操作时，会在 PrimaryLogPG::do_request() 函数中将客户端操作请求的 epoch 值与 PG. osdmap_ref 中的 epoch 值进行比对，只有 PG. osdmap_ref 中的 epoch 值不小于操作请求自带的 epoch 值时才正常执行读写操作；否则会将操作请求置入 PG 内部的其他队列，等待 OSDMAP 的更新，更新后再继续执行写操作。因此，OSDMAP 的变化与 PG. osdmap_ref 字段的更新会间接影响 PG 的数据读写服务，只是这种间接影响对 I/O 效率影响不大。

判断是否需要执行 Peering 操作的函数是 PastIntervals::is_new_interval()。

```
bool PastIntervals::is_new_interval(…) {
  return old_acting_primary ! = new_acting_primary ||
    new_acting ! = old_acting ||
    old_up_primary ! = new_up_primary ||
    new_up ! = old_up ||
    old_min_size ! = new_min_size ||
    old_size ! = new_size ||
    pgid. is_split(old_pg_num, new_pg_num, 0) ||
    old_sort_bitwise ! = new_sort_bitwise ||
    old_recovery_deletes ! = new_recovery_deletes;
}
```

OSD 接收到新的 OSDMAP 后，基于 CRUSH 算法计算出 PG 的主副本和从副本，并结合 OSD 的状态形成 new_acting、new_acting_primary、new_up、new_up_primary、new_size、new_min_size 等新的状态信息，然后从 PG 中提取出对应的旧的状态信息，根据两者状态的不同决定是否进行 Peering 处理。从上述判断函数中可看出，PG 的 Acting 集合、up 集合、Acting 主副本和 up 主副本、PG 副本数和最小副本数等任一发生了变化，都需进行 Peering 处理。

对于不必要进行 Peering 处理的 PG，更新 PG 的 OSDMAP 引用后，将其出队，PG

进入正常状态 Active＋clean，继续提供存储服务。

除了上述 OSDMAP 发生变化的情况外，OSD 启动时也需要对每个 PG 进行 Peering 同组互联。OSD 在启动过程中先向 Monitor 节点上报自身已启动的消息，Monitor 节点收到消息后感知到 OSD 存活情况发生了变化，将生成新的 OSDMAP 并下发。OSD 接收到新的 OSDMAP 后，先在本地落盘进行持久化保存；然后调用 OSD：：consume ＿ map（）函数，对每个 PG 判断是否需要启动 Peering 过程。

此外，新建 PG 时，主副本 PG 也会启动 Peering 过程，目的是利用 Peering 的元数据同步功能完成 PG 在从副本上的创建。

8.1.2　PG PastIntervals 与 Peering 初步处理

对于需要进行 Peering 处理的 OSDMAP 更新，系统会在上述 is ＿ new ＿ interval（）判别函数的基础上，进行 Peering 过程的初步处理。其中，首先会创建一个新的 interval，存放在程序对象 PastIntervals[1] 内，用于进一步判断 PG 的状态。

Interval 是回溯 PG 历史状态的一个重要数据结构，用以判别在一定时期内 PG 的 up 与 Acting 集合有没有发生变化。其典型组成及主要数据结构示例如下。

```
Interval1 = {
    up = {1, 2}, acting = {1, 2},     //该周期内的 up 集合和 acting 集合
    first = 2818,  last = 2819,     //本 interval 内的起始与终止 epoch
    maybe_went_rw = true,  //本周期内有无对 PG 进行过写操作,true 表示进行了写
    primary = 1,  up_primary = 1  } //acting 集合中的主副本、up 集合中的主副本
```

OSDMAP、PG 的基础信息（存放在 info 数据结构内，以下简称 info 信息）、PGLOG 三者共同确定 PG 的数据状态，其中 OSDMAP 是确定 PG 数据完整性的根本依据，其作用非常关键，尤其对于常发生的 OSD 短时间离线的情形。对于 OSD 短时间离线后又重新启动的情形，Monitor 节点会向 OSD 发送离线期间的各版本 OSDMAP，OSD 依据这些 OSDMAP 生成 interval，并对历史 interval 进行比对，对比时会根据 maybe ＿ went ＿ rw 字段判断离线期间有没有对 OSD 上的 PG 进行数据写操作、对应 PG 上的数据是否完整。

举一个极端情况下的例子，以两副本 PG 44.3 为例，其正常状态时的 OSD 映射关系为 {1, 2}，OSD1 为主副本，OSD2 为从副本。此后依次发生 OSD1 宕掉、OSD2 单独存活、OSD2 宕掉、OSD1 重新启动，并在 OSD2 单独存活期间进行了数据写操作。

```
Epoch1:OSD1,OSD2
Epoch2:OSD2 //超时时间未到,OSD1 未被 out 出集群,OSD2 单副本运行
Epoch3:    //OSD1、OSD2 全部宕掉
Epoch4:OSD1 //超时时间未到,OSD2 未被 out 出集群,OSD1 单副本运行
```

① 见第 6 章 6.2 节 "PG 在 OSD 内的实现" 有关 PG 运行实例主要数据结构的描述。

OSDMAP 中并未记录每个 PG 到 OSD 的映射关系，PG 需要依据 OSDMAP 中的 OSD 信息计算出来两者的映射关系。在 Epoch4 期间 OSD1 重启后，Monitor 节点会分别发送 Epoch2、Epoch3、Epoch4 给 OSD1，OSD1 利用 OSDMAP 使用 CRUSH 算法计算出 Epoch2 时实例 PG 44.3 到 OSD 的映射关系为 {2}，Epoch4 时其映射关系为 {1}。PG 同时结合 maybe＿went＿rw 的设置情况，形成如下 interval。

```
Interval1 = {
  up = {1, 2}, acting = {1, 2},
  first = 2818,  last = 2819,
  maybe_went_rw = true,
  primary = 1,  up_primary = 1  }
intervlal2 = {
  up = {2},  acting = {2},
  first = 2820,  last = 2821,
  maybe_went_rw = true,
  primary = 2,  up_primary = 2 }
```

OSD1 重启后，PG 44.3 的副本在回溯 intervals 的过程中，即可依据 interval2 中的信息推断出在 OSD2 单独存活期间发生了数据读写，进而感知到 OSD1 上的 PG 副本数据不完整，据此将 PG 设置为 DOWN 状态，只有等待 OSD2 再次启动后才可继续正常提供服务。

上述情形是一种比较极端的情形，两个 OSD 设备相继发生了故障，并在故障期间 PG 发生了数据写操作。因此，经过简单的 Peering 前期处理后将 PG 状态设置为 DOWN 状态，不再继续执行 Peering 的后续步骤。大部分情况没有这么极端，一般情况下通过比对 PastIntervals，构建出 PG 的 PriorSet 集合，详见 8.1.3 节中"1）Peering 相关 OSD 集合的构建"。

8.1.3　Peering 的执行过程

对于确定要执行 Peering 过程的情况，将由 PG 主副本主导进行后续的步骤。

1）Peering 相关 OSD 集合的构建。

Peering 的目标是达成新 OSDMAP 下 PG 各副本在元数据层面上的一致（这里元数据主要指的是 PGLOG 数据），然后 PG 才能恢复对外的数据读写服务，后续内容数据的恢复则通过 recovery 或 backfill 方式在后台并行执行。

在执行 Peering 的过程中，不能只框定新 OSDMAP 下 PG 副本集合，因为有些必要的历史数据在旧 OSDMAP 下的 PG 副本集合内，这种情况在集群内新增 OSD 的情形下更为普遍。

在 Peering 过程中，会分别创建 PriorSet、up、Acting、ActingBackfill 等不同用途的 PG 副本集合。其中，PriorSet 是根据 PastIntervals 名统计而来的全部相关 OSD 集合，包含各相关 interval 包含的全部集合；up 指的是根据新 OSDMAP 计算出来的，当前处于 up

状态的 PG 副本；Acting 集合是当前正在生效的 PG 副本集合。当 up 集合具备可用条件时，Acting 集合与 up 集合相同；当 up 集合不具备可用条件时，Acting 为当前可用的副本集合，此时其实质上是 Monitor 节点为 PG 设置的临时副本集合。在 Peering 过程中还会形成 ActingBackfill 集合，其包含所有 up 集合和 Acting 集合的总和，因为 Acting 集合中的 PG 都可通过 recovery 进行增量修复，而不属于 Acting 集合并处于 up 状态的集合只能通过 Backfill 进行全量修复，因此该集合称为 ActingBackfill 集合。

以某两副本 PG 为例，当向集群内新增 OSD 时，该 PG 到 OSD 的映射关系变化举例说明如下。

Epoch1:OSD1,OSD2

Epoch2:OSD2,OSD3 //在 Peering 未完情况下又添加了如下 OSD4 设备

Epoch3:OSD3,OSD4 //新增 OSD4,导致 OSDMAP 再次发生变化

则形成如下 PriorSet：

(OSD1,OSD2,OSD3,OSD4),

PriorSet 集合由 PastIntervals::PriorSet PG::build_prior() 函数生成，感兴趣的读者可参阅源码。Peering 过程相关 OSD 集合示例如图 8-1 所示。后续步骤将基于该例进行介绍。

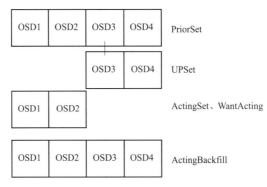

图 8-1　Peering 过程相关 OSD 集合示例

2）主副本 PG 获取其他副本的 info 信息，并确定拥有权威日志的 OSD。

本步骤的主要任务是在 PriorSet 集合内寻找并确定拥有权威日志的 OSD。Priortset 是在回溯历史 interval 的过程中收集到的，是与 Peering 过程相关的所有 OSD 的集合，其中记录了处于 up 状态的相关 OSD 和处于 DOWN 状态的相关 OSD。

查找拥有权威日志的 OSD 时仅在处于存活状态的 OSD 中寻找，PriorSet 用 priorset.probe 成员记录处于存活状态的 OSD。查找过程中首先通过 PG::RecoveryState::GetInfo::get_infos() 函数向 priorset.probe 内的 OSD 发送 getinfo 请求，获取 PG 副本的 info 基础状态信息。

PG 以 PGLOG 为依据进行状态和元数据的同步，同步时需要首先确定拥有权威日志的 OSD，后续需要增量 recovery 恢复的对象和需要全量 backfill 恢复的 PG 副本均在比对

本地日志和权威日志的基础上产生。

　　PG 的 info 成员结构记录了 PGLOG 的状态信息，包括 PGLOG 的最近一次写操作的日志位置、PGLOG 最老的尾部位置、PG 的 epoch 信息等。其中，last _ update 表示本地已完成数据安全落盘的日志位置，其会随写操作的内容数据在本地一起落盘（但此时数据在其他副本上可能还未完成落盘，数据全部落盘的日志位置由 last _ complete 标识）。

　　从 6.3 节 OSD 操作请求的处理过程可看出，PG.info 数据在主副本 PG 中作为写操作事务的 omap _ setkeys 执行单元一同落盘，在从副本 PG 中与写操作在同一个事务组中落盘。事务的原子性、一致性等特性保证了 PG.info 信息与其 PGLOG 以及写操作内容数据的一致性。PGLOG 主要数据结构引用关系如图 8 - 2 所示。

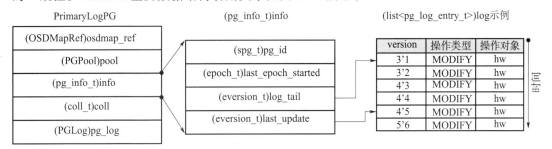

图 8 - 2　PGLOG 主要数据结构引用关系

　　确定权威日志的原则是优先选取具有最新信息的日志，如果满足上述条件的有多份，则选择日志条目最多的日志；如果满足这些条件的还有多份，则优先选择主副本的日志。

　　基于上述 info 数据结构，info.last _ update 标识数据在 PG 本地已安全落盘的最新记录，last _ update 值最大的标识其所持有的 PGLOG 和数据是最为完整的，因此优先选取具有最大 last _ update 值的副本 PGLOG 作为权威日志。

　　Info.log _ tail 标识 PGLOG 尾端，在 last _ update 相同的情况下，log _ tail 的值越小，表示该副本持有的 PGLOG 条目越多。因此，如果存在多个副本具有相同 last _ update 值，则优先选取 log _ tail 最小的副本 PGLOG 作为权威日志。

　　如果满足上述两个条件的 PG 副本仍有多个，则选取其中主副本 PG 的 PGLOG 作为权威日志。因为 missing 列表的计算、recovery 和 backfill 的执行均由主副本发起和控制，选择主副本 PG 有利于减少不必要的日志传递与计算。

　　last _ update 和 log _ tail 均为 eversion _ t 类型，该类型包含表示具体版本号的version 和表示 osdmap 版本号的 epoch 两个字段。在进行比较大小的计算时，优先以epoch 字段为判断依据，当 epoch 字段相同时再比较 version 字段。这种以 OSDMAP 版本为优先的比较方法倾向于优先信任最新的 OSDMAP，因为新的 OSDMAP 代表了更为稳定的副本结构。虽然存在不同副本的 epoch 值小、version 值大的极端情况，但这种比较方法并不会导致数据丢失。下面举例分析，如图 8 - 3 所示。

　　根据上述以 epoch 字段为主的选择规则，选择出的权威日志并不包含（4' 6 MODIFY hw）和（4' 7 MODIFY hw）两条日志，但这并不影响权威日志的权威性。因

权威日志

version	操作类型	操作对象
3'1	MODIFY	hw
3'2	MODIFY	hw
4'3	MODIFY	hw
4'4	MODIFY	hw
4'5	MODIFY	hw
5'6	MODIFY	hw

其他副本日志

version	操作类型	操作对象
3'1	MODIFY	hw
3'2	MODIFY	hw
4'3	MODIFY	hw
4'4	MODIFY	hw
4'5	MODIFY	hw
4'6	MODIFY	hw
4'7	MODIFY	hw

图 8-3　分歧日志示例

为根据 PG 写操作的处理规则，需要 acting 列表中所有 PG 反馈写操作完成才会向客户端答复写操作的最终结果。在上述示例中，4'6、4'7 两条日志仅代表在 PG 副本本地的操作状态，但由于权威日志所在 PG 还未完成 version 为 7 的 MODIFY 操作，因此系统还未向客户端答复最终的操作结果，所以并不影响权威日志的权威性。上述这种特例情况被称为分歧日志（divergent entries），Peering 会对其进行特殊的分析处理。多数情况下的权威日志在 epoch 和 version 两个值上都是最大的，这时就不存在特殊处理分歧日志的情况。

如果 pg. info 中的 last_update 等基础元数据因为意外情况而发生损坏，将导致选择权威日志失败，进而导致 PG 进入 incomplete 状态，终止 Peering 过程。incomplete 状态表示在 Peering 过程中选择权威日志、确定 Acting 副本的过程中发生了错误。对于多副本模式，其常见的是 pg. info 中的 last_update、last_epoch_started 等数据损坏，或者存储池 Pool 的 min_size 参数设置过大，同时 OSD 的 osd_allow_recovery_below_min_size 参数设置为 false 而引起的；对于纠删码模式，也可能是因为存活的 PG 副本数量小于 K 值引起的。当使用 ceph-objectstore-tool（ceph 的命令行工具，可以操作 PG 和 RADOS 对象，用以查看、修改 PG、对象和相关的日志记录）对 PG 进行 mark-complete[①] 标记操作时，其本质也是使用 OSD superblock 中的相关数据对 pg. info 中的 last_update、last_epoch_started 等值进行重置。

3）构建 want_acting 集合，以尽快恢复数据读写服务，同时形成 backfill 列表和 acting_backfill 列表。

构建新的 want_acting 集合的目的是利用现有的数据尽快恢复 PG 的对外数据读写服务。对于多副本模式，成功选取权威日志意味着至少有一份完整的数据，从原理上看就可以尽快恢复对外服务。在实际产品设计上，构建的 want_acting 集合 PG 副本数量应不小于 min_size 数值，不大于正常的 PG 副本设定值。want_acting 集合中的 PG 副本都应能够通过 recovery 方式恢复，这样在完成元数据同步后 PG 就可以恢复对外服务。

want_acting 集合是 PriorSet 的一个子集，其由 PriorSet 集合中符合上述条件的 PG 副本组成。want_acting 集合的构建过程如下。

首先，将 primary 加入 want_acting 集合。primary 确定的方法是如果 up 集合中的主副本能够通过 recovery 方式恢复，则继续使用其作为主副本；如果不能，则将拥有权威日

---

① 将 PG 手工标记为 Complete 状态。

志的 PG 副本作为主副本。

其次，依次在 up 集合和 Acting 集合中选取符合条件的其他 PG 副本。这里的 up 集合是 PG 依据新收到的 OSDMAP 后利用 CRUSH 算法计算而来的副本集合，Acting 集合既与 OSDMAP 有关，同时由于 Ceph 系统支持 PGTemp 通告机制和预测机制，因此其也与 PGTemp 的组建结果有关。因此，Acting 集合与 up 集合并不总是一致。当使用 ceph osd map default. rgw. log hw 命令看到 Acting 与 up 集合内容不一致时，说明启用了 PGTemp 机制。PGTemp 机制原理见后述 "4）判断是否启用 PGTemp 机制，如果需要则发起 OSDMAP 更新。"

最后，在 PriorSet 集合内的其他 PG 副本中选取，选取的 PG 副本个数不大于管理员设定的存储池副本数，不小于存储池最小副本数。如果选取的 PG 副本个数小于设定的存储池最小副本数，则 PG 会进入 DOWN 状态，并终止此 PG 的 Peering 过程。

对于常见的单个 OSD 出现短时间离线重启的故障，在系统配置允许的时间范围内，故障 OSD 并未从 CRUSHMAP 中被移除，只是 OSD 处于 DOWN 状态，系统会在 Peering 过程中将其从 up 集合和 Acting 集合中移除，此时新的 up 集合和 Acting 集合会比正常状态下 PG 副本数量少一个，但不会触发 recovery 或 backfill 操作。如果剩余的 PG 副本个数不少于存储池最小副本数，经 Peering 过程简单处理后，PG 仍能对外提供数据读写服务，故障 OSD 上线后 PG 将恢复正常。如果离线时间超过 out 设定的时间，则故障 OSD 会从 CRUSHMAP 中被移除，Monitor 节点会针对这种情况再次发布 OSDMAP 更新，PG 再次进入 Peering 过程，重新分配承载 PG 副本的 OSD，并进行数据 backfill 操作。

与确定权威日志的原理一样，构建 want _ acting 集合也只需比较 PriorSet 中各 PG 副本的 info 信息，并不需要遍历 PGLOG 日志数据，也不需要检查 PG 内的对象内容数据。这样可以尽快查找出通过日志恢复，甚至不需要通过日志恢复就可直接使用的 PG 副本集合，让 PG 尽快对外提供数据读写服务。对于多副本模式，上述功能由 PG：：calc _ replicated _ acting（）函数完成。在该函数内同时完成了 wantacting、backfill、acting _ backfill 列表的构建。

backfill 列表归集那些必须通过 backfill 操作才能恢复的 PG 副本，列表成员仅从 up 集合中选取，因为 Peering 及后续 recovery 和 backfill 的最终目标就是把 up 集合中的 PG 副本数据恢复为一致状态。确定 PG 副本必须进行 backfill 操作的函数如下：

```
void PG::calc_replicated_acting()
{…
if (cur_info. is_incomplete() ||
    cur_info. last_update < MIN(
  primary ->second. log_tail,
  auth_log_shard ->second. log_tail)) {
    backfill ->insert(up_cand);
…}
```

其中，primary 代表可通过日志恢复的主副本 PG，auth _ log _ shard 代表拥有权威日志的 PG 副本。当 primary 自身拥有权威日志时，两者为同一个值。

若当前 PG 副本处于 incomplete 状态，或者其 cur _ info. last _ update 小于主副本 PG或权威日志所在 PG 副本的 log _ tail，表明当前 PG 副本的日志与合并后的权威日志没有重叠，当前 PG 副本无法通过日志进行数据恢复，只能通过 backfill 操作进行数据回填，因此将其加入 backfill 列表。

acting _ backfill 列表为 WantActing 列表与 backfill 列表之和。对于本例情况，其由{1，2，3，4} 组成，其中 {1，2} 属于通过 PGTemp 机制确定的临时 Acting 集合，起到临时支撑 PG 数据读写服务的作用；{3，4} 为最终要拉起的 PG 副本，{3，4} 要同步的数据由 {1} 提供。Peering 过程完成后，在拉起 {3，4} 前，对该 PG 的数据写操作需对{1，2，3，4} 各副本都要执行。如果写操作与正在执行的 backfill 操作冲突，则在该副本上仅更新日志信息，后续再在 backfill 过程中回填，最终实现数据一致。这样做的目的是加速 backfill 数据同步的过程，以尽快拉起目标 PG 副本，使 PG 恢复正常状态。

构建 WantActing 等集合的过程示例如图 8 - 4 所示。

4）判断是否启用 PGTemp 机制，如果需要则发起 OSDMAP 更新。

本例中的这种情况涉及 PGTemp 机制。因为用以继续支撑 PG 数据读写的列表只能是{1，2}（存放在 WantActing 中），当前的 Acting 集合为 {3，4}（在没有 PGTemp 机制生效时 Acting 集合与 up 集合相同，而 up 集合是基于 OSDMAP 通过 CRUSH 算法计算而来的），与 WantActing 集合不一致。这些集合的不一致实际反映了此时 OSD3 和 OSD4 中此时还没有数据，不能使用 {3，4} 继续支撑 PG 数据读写。因此，需要启用 PGTemp 机制，以 "直接规定" 的方式强制指定 PG 寻址结果为 {1，2}，并将这些 PGTemp 信息发送给 Monitor 节点，随后 PG 进入 WaitActingChange 状态等待。为了能让 Ceph 集群内的其他节点以及客户端感知到这种临时 PG 映射的存在，Monitor 节点收到 PGTemp 信息后会将其记录在 OSDMAP. pg _ temp 成员内，形成一个新的 OSDMAP，并发起 OSDMAP的更新；PG 收到此更新后，再依次执行上述各步。因为新的 OSDMAP 中存有生效的PGTemp 临时映射信息，acting 列表变为 {1，2}，与 wanting 列表相一致，不会第二次触发 PGTemp 机制，因此收到更新后的 OSDMAP 后可跳过本步继续执行 Peering 的后续步骤。

其实当 backfill 完成、acting 与 up 具备一致起来的条件时，PG 还要再告知 Monitor节点取消 PGTemp，Monitor 节点还要再一次发起 OSDMAP 的更新。由此可见，OSDMAP 的更新在 Ceph 集群内是相当频繁的。

判断是否启动 PGTemp 机制的关键程序如下。

```
bool PG::choose_acting()
{
    ...
    map<pg_shard_t, pg_info_t>::const_iterator auth_log_shard =
```

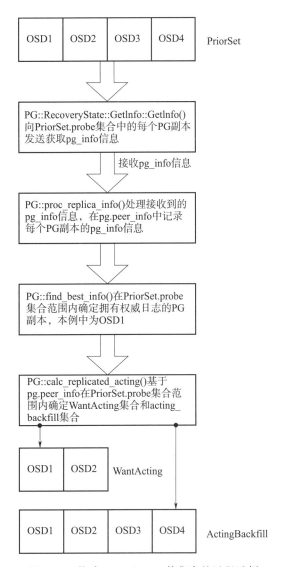

图 8-4　构建 WantActing 等集合的过程示例

```
find_best_info(all_info, restrict_to_up_acting, history_les_bound);
//确定权威日志
...
calc_replicated_acting(                     //计算 want 列表
    auth_log_shard,
    get_osdmap()->get_pg_size(info.pgid.pgid),
    acting,
    primary,
    up,
    up_primary,
```

```
        all_info,
        restrict_to_up_acting,
        &want,
        &want_backfill,
        &want_acting_backfill,
        &want_primary,
        ss);
    ...
  if (want！= acting) {
    want_acting = want;
    if (want_acting == up) {
      ...
        osd->queue_want_pg_temp(info.pgid.pgid, empty);  //提出取消 PGTemp 请求
      } else
        osd->queue_want_pg_temp(info.pgid.pgid, want);  //提出启动 PGTemp 请求
      return false;
    }
    ...
}
```

上述程序中，当 want 与 acting 和 up 都不一致时，说明需要临时支撑 PG 数据读写的集合与当前生效的集合不一致，需要启用 PGTemp 机制，并发送消息通告 Monitor 节点。

后续当 PG 完成 backfill，进入 Active/Recovered 状态后，如果此时存在生效的 PGTemp，则 want 集合与 acting 集合一致，但与 up 集合不一致，说明具备取消 PGTemp 的条件，将调用 osd->queue_want_pg_temp（info.pgid.pgid，empty）通告 Monitor 节点取消 PGTemp。

（5）主副本获取其他副本的 PGLOG 数据，处理分歧日志。

在主副本 PG 获取其他副本的 PGLOG 阶段，先解决主副本自身的日志问题，再基于其他副本的 PGLOG 处理分歧日志。解决主副本自身日志问题分为两种情况：①如果主副本 PG 自身不拥有权威日志，则通过进行日志合并、分歧日志处理形成主副本自身的 missing 列表，这种情况在下面统称为"合并日志"；②如果主副本 PG 已经拥有权威日志，则跳过此步。主副本处理其他副本的 PGLOG 时，不进行日志合并，在该阶段只处理有分歧的日志，并在这一过程中先形成部分 missing 列表，在后续 active 阶段再处理其他副本缺失的日志，同时形成完整的 missing 列表。

当主副本不拥有权威日志时，则发送 pg_query_t::LOG 消息请求权威日志；收到应答后，调用 PG::proc_master_log() 函数进行处理，其内先调用 PGLog::merge_log() 函数进行日志合并，再处理主副本的分歧日志。

合并日志时，首先将权威日志的比主副本现有更老的部分日志追加在主副本现有日志的尾部；然后对于比主副本现有日志 version 值更大的权威日志条目，判断是否存在分歧日志，并将分歧日志从主副本日志中分离出来；再后将权威日志中 version 值更大的条目合并到主副本现有日志；最后处理分离出来的分歧日志。合并日志容易理解，本节不展开说明。通过合并日志和处理主副本的分歧日志，主副本 PG 拥有了权威日志，此后 PG 主副本将基于自身的权威日志再处理其他副本的 PGLOG。

主副本处理其他副本的 PGLOG 情形如下，主副本在 ActingBackfill 集合内选取副本 info 非空、日志有重叠的副本，日志重叠的情况通过比较副本 info.last_update 与权威日志的 log.tail 判定，last_update 标识 PG 从副本数据已安全落盘的最新记录，当从副本 info.last_update 大于权威日志 log.tail 时说明日志有重叠。对于日志有重叠的副本，主副本依次向其发送 pg_query_t::LOG 或者 pg_query_t::FULLLOG 消息请求日志；收到应答后，调用 PG::proc_replica_log() 处理收到的日志，其中重点是处理分歧日志。

分歧日志考虑的因素较多，本节重点说明。在主副本合并权威日志时，分歧日志指的是主副本现有日志中的、与权威日志不一致的部分；在主副本处理其他副本的日志时，分歧日志指的是其他副本日志中的、与主副本权威日志相比不一致的部分。两者差别很大，在理解下述处理过程时需注意区分。

分歧日志指的是一些异常日志，如非权威日志的 epoch 值与权威日志不一致。产生分歧日志的原因主要是 OSDMAP 更新在各副本间的执行进度不一致等情形引起的，但产生分歧日志的情况并不会频繁发生，正常的 OSD 状态变化一般不会产生分歧日志，只会产生缺失日志，分歧日志属于一种特殊例外情况。

分歧日志和缺失日志的区别如图 8-5 所示。缺失日志指的是分离出分歧日志后，非权威日志与权威日志相比所缺少的部分日志。主副本 PG 拥有权威日志后，会在下一阶段再处理其他副本的缺失日志。

权威日志

version (epoch'version)	操作类型	操作对象
3'1	MODIFY	hw
3'2	MODIFY	hw
4'3	MODIFY	hw
4'4	MODIFY	hw
4'5	MODIFY	hw
5'6	MODIFY	hw
5'7	MODIFY	hw
5'8	MODIFY	hw
5'9	MODIFY	hw

缺失日志

非权威日志

version (epoch'version)	操作类型	操作对象
3'1	MODIFY	hw
3'2	MODIFY	hw
4'3	MODIFY	hw
4'4	MODIFY	hw
4'5	MODIFY	hw
4'6	MODIFY	hw
4'7	MODIFY	hw
4'8	MODIFY	hw

回盘

分歧日志

图 8-5　分歧日志与缺失日志的区别

PGLOG 的 version 值由 〈epoch'version〉 两部分组成，权威日志拥有最大 version

值，即拥有最大 version. epoch 值。因为 version 值的大小以 version. epoch 字段为优先，version. epoch 值大，则认为 version 值整体大，只有在 version. epoch 值相等时，才再比较 version. version 字段。对于分歧日志，判断分歧日志的依据是 version. version 字段，判断过程是首先找到基准日志条目 first _ non _ divergent，first _ non _ divergent 是权威日志中不大于从副本日志头部日志的条目，图 8 - 5 中 first _ non _ divergent 为条目 4'5。然后在基准日志的基础上，自从副本日志的头部开始遍历，遍历时只比较 version. version 字段值。如果其值大于 first _ non _ divergent 的 version 字段，则说明对应的副本日志条目要么在权威日志中不存在，如 4'7、4'8 条目；要么其 epoch 值与权威副本相关条目的 epoch 值不同，如 4'6 条目。因此，判定其为分歧日志，图 8 - 5 中分歧日志为 4'6、4'7、4'8 3 个条目。

处理分歧日志的总原则是不相信分歧日志，并尽力纠正被其影响的对象数据。分歧日志的存在，表明其所属的副本数据受到了影响，同时分歧日志的操作又是不可信的，因此需要修改磁盘上的对象数据以及其影响到的 missing 列表。具体实现时，PG 将分歧日志按照对象的维度重新归集，并针对受影响的对象调用 _ merge _ object _ divergent _ entries（）函数逐个处理。_ merge _ object _ divergent _ entries（）函数将分歧日志分为 5 类情况分别进行处理。

①第 1 种情况主要是针对"合并日志"设计的。针对待处理的对象，如果非权威日志的无分歧日志中存在针对该对象的 version 值更大的操作，则说明在产生分歧日志后又对该对象进行了新的写操作，这时应以新的写操作为准。这种情况下，在主副本本地删除该对象，这通过本地事务实现；如果该对象已经存在于 missing 列表中，则将 missing 条目中的 have 值置为 0，表明其在本地不存在。主副本日志与权威日志合并场景如图 8 - 6 所示。图 8 - 6 中，分歧日志为 4'6、4'7、4'8，而在合并后的主副本日志中存在 version 更新的 5'9 日志记录，因此根据上述规则删除 hw 对象，并将其加入 missing 列表。

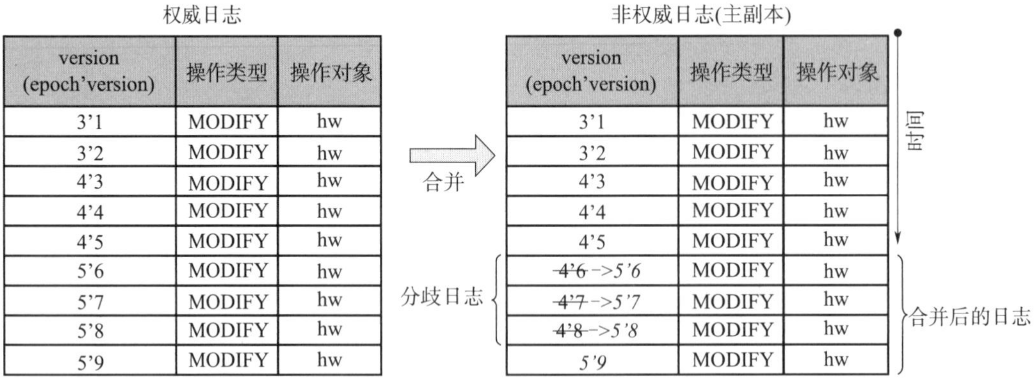

权威日志			非权威日志(主副本)		
version (epoch'version)	操作类型	操作对象	version (epoch'version)	操作类型	操作对象
3'1	MODIFY	hw	3'1	MODIFY	hw
3'2	MODIFY	hw	3'2	MODIFY	hw
4'3	MODIFY	hw	4'3	MODIFY	hw
4'4	MODIFY	hw	4'4	MODIFY	hw
4'5	MODIFY	hw	4'5	MODIFY	hw
5'6	MODIFY	hw	4'6->5'6	MODIFY	hw
5'7	MODIFY	hw	4'7->5'7	MODIFY	hw
5'8	MODIFY	hw	4'8->5'8	MODIFY	hw
5'9	MODIFY	hw	5'9	MODIFY	hw

图 8 - 6　主副本日志与权威日志合并场景（斜体日志为合并后的日志）

这一情况主要出现在主副本合并权威日志的过程中，已经拥有权威日志的主副本在处理从副本的日志时，不进行日志合并，只处理分歧日志和回发缺失日志。第 1 种情况一般只在极端少数情况下会发生。

②第 2 种情况针对在分歧日志中有新创建对象操作。5 种情况是按照顺序依次排除的，第 2 种情况的有效运行以排除第 1 种情况为前提条件。判断新创建对象的依据是最老分歧日志条目的 prior _ version 值为 0，或者最老分歧日志的操作类型为 CLONE。第 2 种情况常出现在主副本处理其他副本日志的情况下，其运行示例如图 8 - 7 所示。

权威日志(主副本)

version (epoch'version)	操作类型	操作对象
3'1	MODIFY	hw
3'2	MODIFY	hw
4'3	MODIFY	hw
4'4	MODIFY	hw
4'5	MODIFY	hw
5'6	MODIFY	hw
5'7	MODIFY	hw
5'8	CREATE	hw2

} 缺失日志　分歧日志 {

非权威日志(其他副本)

version (epoch'version)	操作类型	操作对象
3'1	MODIFY	hw
3'2	MODIFY	hw
4'3	MODIFY	hw
4'4	MODIFY	hw
4'5	MODIFY	hw
4'6	MODIFY	hw
4'7	MODIFY	hw
4'8	CREATE	hw2

回退

图 8 - 7　第二种情况下日志处理运行示例

这种情况下，分歧日志表明对象 hw2 之前不存在，因此如果 missing 列表中存有 hw2 的条目，将从 missing 列表中先删除该对象；如果不在 missing 列表中，则直接忽略这条分歧日志。在下一阶段处理缺失日志时，会依据权威日志将 hw2 加入 missing 列表；在后续的 recovery 阶段恢复 hw2 对象时，会删除分歧日志中创建的旧 hw2 对象。

如果第 2 种情况发生在“合并日志”情形下，则会在此处通过本地事务删除新创建的对象。

③第 3 种情况是待处理对象已经存在于 missing 列表之中。这种情况属于异常中的异常情况，因为当对象处于 missing 列表中时，表明该对象在该副本上还没有完成 recovery 恢复，此时针对该对象的写操作请求会在主副本上阻塞，得不到执行，也无法形成 PGLOG 日志。在这种情况下，PG 选择不信任分歧日志，而相信分歧日志产生之前的对象版本（(eversion _ t) entries. begin()->prior _ version）。默认情况下选择将对象回退至该可信版本，可通过设置 missing 列表条目的 need 值为 prior _ version 实现；如果 missing 列表条目的 have 值等于 prior _ version，说明无须回退，此时删除 missing 列表中对应的记录。

④第 4 种是针对日志可回滚的情况。在 PGLOG 中有 mod _ desc. can _ local _ rollback 字段标识日志是否可回滚。日志回滚是针对纠删码模式而言的。对于多副本模式，日志在内存中初始生成时其 can _ local _ rollback 为 true。此后日志会随着写操作事务在事务提交后端存储前设置其为 false，表明其为不可回滚。因此，多副本模式不存在该情况，本书以多副本模式为主线，此种情况未做深入分析。

⑤第 5 种情况是除上述 4 种之外的其他情形，此时将待处理对象加入 missing 列表中，并设置其 have 值为 0，need 值为 prior _ version，表明在该副本上没有可信的对象数据，

并在后续 recovery 过程中将待处理对象恢复到可信的 prior_version 版本。如果缺失日志中有对应的更新的日志条目，处理缺失日志时还可依据权威日志再更新 need 值。

6）处理正常的差异日志，形成完整 missing 列表，同时进行日志同步。

PG::proc_replica_log() 函数顺利完成后，主副本 PG 发送 Activate 事件，推动 PG 进入 Active 状态。在该状态下将进行差异日志的同步，并遍历差异日志，形成完整的 missing 列表；同时进行日志同步，为最终激活 PG 做准备。

差异日志是其他副本与权威日志相比缺失的部分日志，为了确保其他副本的日志完整性，主副本 PG 需要整理出此部分日志，并将这部分日志发送给相关副本。其他 PG 副本收到消息后，仍然调用 PGLog::merge_log() 函数进行日志合并。为了区分原有日志与新合并过来的日志，其他副本使用 info.last_complete 字段标识 recovery 修复进度。last_complete 及其以前的为不需要 recovery 修复的，即副本的原有日志；last_complete 之后的为待修复的，在此处即主副本发送过来的缺失日志。

缺失日志在 PGLOG 中的引用关系如图 8-8 所示。

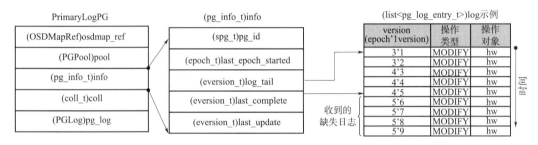

图 8-8　缺失日志在 PGLOG 中的引用关系

从上述步骤中可看出，PGLOG 和 PG.info 在 Peering 过程中发挥着重要作用。PGLOG 同步和 PG.info 的更新是 PG 恢复读写服务的重要前提，这样能确保各副本的日志是连续的、准确的，后续再次发生 OSD 故障时仍需基于 PGLOG 和 PG.info 进行处理。对于可通过 recovery 恢复的 PG 副本，按照上述方式将缺失日志、info 信息封装在 MOSDPGLog 消息内发送给相应副本。对于需要通过 backfill 恢复的 PG 副本，主副本将完整日志（条目数受 osd_min_pg_log_entries 参数控制）、info 信息封装在 MOSDPGLog 消息内发送给相应副本；相应副本收到消息后，使用 info.last_backfill 指示该副本 backfill 的进度，并择机进行数据全量恢复。PGLOG 和 PG.info 这些数据均为元数据，数据量小，部分数据还存在于内存中，因此处理起来是比较快的。

在该步骤内，还将针对 ActingBackfill 集合内每个可进行 recovery 恢复的 PG 副本基于上述缺失日志进行遍历，形成 missing 列表，并与第 5）步中基于分歧日志形成的 missing 一起，形成完整的 missing 列表，存放在 PG.peer_missing 成员中。missing 列表中的对象称为降级对象。

为了后续 recovery 的顺利执行，还需统计每个降级对象权威版本的位置信息，因此在该步骤内还将依据 info 信息分析权威版本所在的 OSD，并记录在 PG.missing_loc 中。分析权威版本的位置信息不需要遍历日志，仅依据 PG 副本的 info 信息和 missing 列表即可确定。实际实现时采用排除法，首先，如果 PG 副本的 info. last_update 小于降级对象的 need 版本号，则说明该 PG 副本的最新更新还没有覆盖到降级对象，排除；其次，基于 info. last_backfill 值判断 PG 副本是否完成了对降级对象的 backfill 操作，并据此执行排除操作；最后，依据 PG 副本的 missing 列表判断副本中是否缺少降级对象的权威版本；除上述情况之外的 PG 副本均拥有对象的权威版本。

PG. missing_loc 中有成员 missing_loc，记录每个降级对象权威版本所在的 OSD 编号。因为一个降级对象的权威版本可能在多个 OSD 上，所以 OSD 编号由 set 集合形成整理，后续 recovery 时将随机选取 set 内的 OSD 进行对象数据恢复操作。

对于在降级期间被删除的对象，主 PG 副本将在 missing 列表中设置该条目的 flags 为 FLAG_DELETE，标志其已经被删除；后续在 recovery 阶段，根据该标志通知相应的 PG 副本进行对象删除操作。

本步骤实现函数为 PG∶∶activate()。missing 列表、missing_loc 成员结构与主副本 PG 实例的关系如图 8 - 9 所示。

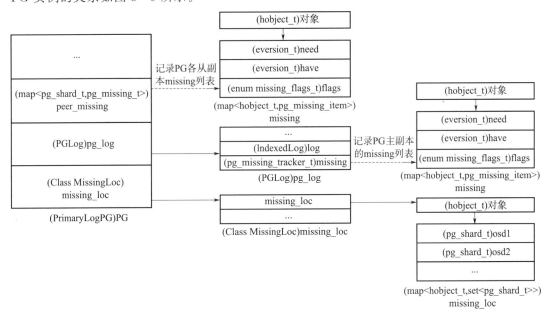

图 8 - 9　missing 列表 missing_loc 成员结构与主副本 PG 实例的关系

7）重新激活 PG，接受读写请求。

在该步骤中，从副本先将自身置于 acting 状态，然后从副本向主副本发出 MOSDPGLog 消息；主副本 PG 收到其他从副本的全部应答后，主副本自身进入 acting 状态，这样 PG 的全部副本都进入激活状态，PG 开始对外恢复数据读写服务。

此时如果 PG 内部队列中有被阻塞的读写请求，则会将请求添加到待处理队列中，继续进行数据读写。

虽然至此 PG 重新激活，对外可继续提供数据读写服务，但由于此时有些对象仍处于降级状态，有些对象仍处于 backfill 过程中，还没有完全恢复，因此有部分数据读写请求需要特殊处理，下面针对读和写分别介绍。

对于数据读请求，因为读请求由主副本单独处理，如果目标对象恰好在主副本上处于降级状态，则要将读请求阻塞，等待主副本完成该对象的 recovery 处理后再继续处理；其他情况下则可正常地处理读请求。读请求不涉及 PGLOG 的修改，因此该类请求处理起来比较简单。

对于数据写请求，如果目标对象在任一副本上处于降级状态（对象在 missing 列表中）或正在进行 backfill，则阻塞写请求，等待该限制条件解除后再继续处理；其他情形下如被修改的对象不满足该限制条件，或者创建一个新对象，则正常处理写请求。写请求处理函数 PrimaryLogPG：：do_op()调用 is_degraded_or_backfilling_object()函数检查目标对象是否处于降级状态或正在进行 backfill 操作。相关代码如下。

```
1 bool PrimaryLogPG::is_degraded_or_backfilling_object(const hobject_t& soid)
2 {…
3 if (pg_log.get_missing().get_items().count(soid))//判断是否处于 missing 列表中
4 return true;
5 assert(! actingbackfill.empty());
6 for (set<pg_shard_t>::iterator i = actingbackfill.begin();
7 i ! = actingbackfill.end();
8 + + i) {
9 if ( * i = = get_primary()) continue;
10 pg_shard_t peer =  * i;
11 auto peer_missing_entry = peer_missing.find(peer);
12 if (peer_missing_entry ! = peer_missing.end() &&
13 peer_missing_entry ->second.get_items().count(soid))
14 return true;
15
16 // Object is degraded if after last_backfill AND
17 // we are backfilling it
18 if (is_backfill_targets(peer) &&
19 peer_info[peer].last_backfill < = soid &&
20 last_backfill_started > = soid &&
21 backfills_in_flight.count(soid))
22 return true;
23 }
24 return false;
25 }
```

函数中，第 3 行是在主副本自己的 missing 列表中查找（位于 PG. pg ＿ log. missing 中），第 11～13 行是在其他副本的 missing 列表中查找（位于 PG. peer ＿ missing 中），以确定目标对象是否在 missing 列表中，即是否处于降级状态。第 18～21 行是判断目标对象是否正在进行 backfill 处理。backfill 操作按照各对象的排序顺序依次推进恢复进度，排序依据是对象名的 hash 值的二进制翻转值，按翻转值由小到大的顺序排序。第 19 行中的（hobject ＿ t）last ＿ backfill 为目标 PG 副本已最新修复完的对象，第 20 行的（hobject ＿ t）last ＿ backfill ＿ started 为本次调度的排序值最大的修复对象。backfills ＿ in ＿ flight 为主副本维护的正在被修复的对象集合，当程序中的条件都满足时，判定目标对象处于 backfill 过程中。

对于可正常执行的写请求，因为写请求要更新 PGLOG，如果目标对象在 backfill 副本中还未进行 backfill 恢复操作，则只向从副本发送一个空操作，以及日志更新数据。从副本收到后只进行日志更新，不进行实际写操作。判断目标对象状态以及构建空操作均在主副本中进行，主副本通过函数 ReplicatedBackend：：issue ＿ op（）调用函数 ReplicatedBackend：：generate ＿ subop（），构建向从副本发送的 MSG ＿ OSD ＿ REPOP 消息；函数 ReplicatedBackend：：generate ＿ subop（）调用函数 should ＿ send ＿ op（），判断对象在目标副本上的状态，并根据其返回值决定是否构建空操作。相关代码如下。

```
bool should_send_op(
   pg_shard_t peer,
   const hobject_t &hoid) override {
   if (peer = = get_primary())
      return true;
   assert(peer_info. count(peer));
   bool should_send = //判断对象在目标副本上的状态
      hoid. pool ! = (int64_t)info. pgid. pool() ||
      hoid < = last_backfill_started ||
      hoid < = peer_info[peer]. last_backfill;
   if (! should_send)
      assert(is_backfill_targets(peer));
   return should_send;
}
```

backfill 操作是由主副本统一调度、多个需 backfill 的从副本共同参与、按批次处理的协同恢复操作，每个批次内可恢复多个对象，批次内恢复对象的数量受配置参数控制。多个需 backfill 的从副本的恢复进度基本保持一致，当进度存在差异时，会在下一批次处理中尽量找齐。上述代码中，last ＿ backfill ＿ started 用于标识多个从副本整体上的恢复进度，不大于该值的对象均完成了 backfill 操作；大于该值的对象其 backfill 状态不确定，也存在在某些副本上已经完成 backfill 操作的可能性。peer ＿ info［peer］. last ＿ backfill

用以具体标识特定副本的 backfill 进度，其值在对象完成 backfill 后立即更新，不大于该值的对象在该副本上已经完成 backfill 操作。函数中，hoid. pool ！＝（int64 _ t）info. pgid. pool()用于确认目的对象所属存储池的一致性，程序通过 hoid ＜＝ last _ backfill _ started 以及 hoid ＜＝ peer _ info［peer］. last _ backfill 将目标对象与 backfill 进度标识相比较判断对象 backfill 状态。

8.2　数据恢复总述

一般情况下，对于需要 Peering 处理的 PG，Peering 处理过程基于新旧两个 OSDMAP，结合 PG 副本的 info 信息和日志信息重新确定了 PG 新的 up 集合、Acting 集合、ActingBackfill 集合、backfill _ targets 集合等集合信息，形成了 missing 列表和 missingloc 列表；同时，将 PG 设置为 Acting 状态，使其能够对外提供数据读写服务。RADOS 数据恢复就是在 Peering 过程的基础上，对于 ActingBackfill 集合中的 PG 副本，如果其 missing 列表存在待恢复的对象，则用 recovery 方式进行恢复；对于 backfill _ targets 集合中的 PG 副本，则采用 backfill 方式进行恢复。

backfill 与 recovery 两者采用的数据恢复方式不同，backfill 恢复需要遍历对象元数据，recovery 恢复仅基于日志。如果一个 PG 既有 recovery 恢复，也有 backfill 恢复，则需要分别进行资源预约。但同时，两者又是相互紧密联系的，恢复操作都由主副本 PG 主导；两者均在数据恢复主控函数 PrimaryLogPG：：start _ recovery _ ops()中分批次启动恢复操作；在实际对象数据操作上，两者在本质上均使用 PUSH 操作，即操作发起者将数据推送给操作接收方，操作接收方再将数据落盘写入；在数据恢复操作资源消耗控制上，两者采用一套资源控制机制。

一般情况下，由 OSD 状态变化引起的 PG 数据恢复会对正常的客户端数据读写服务产生影响，但对于一个具有一定规模的 Ceph 集群而言，这种影响是局部的；同时，由于存储池 Pool 基于 PG，依照 CRUSH 算法将数据均匀分散到各 OSD 设备上存放，因此数据恢复产生的局部影响如果控制不好，会对 Ceph 集群的整体服务能力产生大的负面作用，造成 I/O 性能的大幅度波动和客户端读写操作的卡顿。所以，需要对数据恢复操作进行资源消耗控制，限制其操作频率，控制其操作优先级。

Ceph 从 3 个层面对数据恢复操作加以控制。

1）在 Ceph 集群整体层面，系统会控制各 OSD 内同时执行数据恢复的 PG 个数，这通过在执行数据恢复操作前进行资源预约实现。数据恢复由主副本控制，主从副本共同参与完成，主副本在进行数据恢复操作前要进行资源预约，从副本操作前也需要进行资源预约。资源预约机制会判断 OSD 内的当前执行数据恢复的 PG 个数以及预约请求的优先级，当 PG 个数超过配置的设定值时会将 PG 置入内部队列等待，直至满足并发条件。通过主从副本的共同预约，达到在 Ceph 集群整体上控制数据恢复并发数的目的。设定值通过参数 osd _ max _ backfills 控制，默认值为 1。资源预约通过 OSD 的 local _ reserver 和

remote _ reserver 两个成员实现，前者控制 OSD 内 PG 主副本的并发数，后者控制 OSD 内 PG 从副本的并发数。local _ reserver 和 remote _ reserver 两个成员定义在 OSDService 类中，代码摘抄如下。

```
class OSDService {
...
   AsyncReserver<spg_t> local_reserver;
   AsyncReserver<spg_t> remote_reserver;
}
```

具体实现时，OSD 调用成员的类函数 AsyncReserver<spg _ t>∷ do _ queues()进行资源预约。

```
1 void do_queues() {
...
17   while (! queues. empty()) {
18     auto it = queues. end();
19   if (in_progress. size() >= max_allowed) {
20     break; // no room
21   }
22   // grant
23   Reservation p = it ->second. front();
24   queue_pointers. erase(p. item);
25   it ->second. pop_front();//未超设定值,出队
26   if (it ->second. empty()) {
27     queues. erase(it);
28   }
29   f ->queue(p. grant);
30   p. grant = nullptr;
31   in_progress[p. item] = p;
32 }
33 }
```

do _ queues()函数的第 19 行判断当前的并发数量，如果超过设定值 max _ allowed，则 PG 继续在队列中等待；第 23~31 行是并发数量未超过设定值的情形，此时在第 25 行将 PG 从队列中出队，在第 29 行准备执行回调函数，在第 31 行将 PG 加入正在执行的统计结构中。

2）在推进数据恢复进度时，系统会控制每批次操作的对象个数和操作请求的优先级。recovery 资源预约或 backfill 资源预约成功后，由主副本控制开始进行数据恢复操作。数

据恢复操作分为 PULL 和 PUSH 两种，而 PULL 恢复本质上是一种反方向的 PUSH 操作，即由从副本向主副本的 PUSH 操作。因为数据恢复会涉及众多对象，所以主副本会按批次推进恢复进度，每批次操作的对象数量受配置参数 osd _ recovery _ max _ single _ start 控制，其默认值为 1。各批次之间依次顺序执行，当主副本收到上一批次操作的应答消息后，再调用函数 OSDService：queue _ for _ recovery()将下一批次的操作请求置入 OSD 的缓冲队列 awaiting _ throttle 中，经该队列缓冲后再进入 PG 全局队列 op _ shardedwq。

将 PG 置入缓冲队列的关键函数 queue _ for _ recovery()的定义如下。

```
void queue_for_recovery(PG * pg) {
  Mutex::Locker l(recovery_lock);
  if (pg->get_state() & (PG_STATE_FORCED_RECOVERY | PG_STATE_FORCED_
    BACKFILL)) {
    awaiting_throttle.push_front(make_pair(pg->get_osdmap()->get_epoch
      (), pg));//置入队列
  } else {
    awaiting_throttle.push_back(make_pair(pg->get_osdmap()->get_epoch
      (), pg));//置入队列
  }
  _maybe_queue_recovery();
}
```

缓冲队列 awaiting _ throttle 受到多渠道的监控。主副本在处理完每批次操作后会调用函数 OSDService：_ maybe _ queue _ recovery()查看并处理缓冲队列，主副本在处理完每批次恢复操作的应答消息后也会调用此函数，同时 OSD 还有一个定时器线程也会调用该函数监控缓冲队列。函数 OSDService：_ maybe _ queue _ recovery()的定义如下。

```
void OSDService::_maybe_queue_recovery() {
  assert(recovery_lock.is_locked_by_me());
  uint64_t available_pushes;
  while (! awaiting_throttle.empty() &&
_recover_now(&available_pushes)) {   //查看缓冲队列
    uint64_t to_start = MIN(
      available_pushes,
      cct->_conf->osd_recovery_max_single_start);
    _queue_for_recovery(awaiting_throttle.front(), to_start);//置入全局队列
    awaiting_throttle.pop_front();
    recovery_ops_reserved += to_start;
  }
}
```

其中，_queue_for_recovery()函数会将下一批次的操作请求置入 OSD 的 op_sharedwq 全局队列。关于 op_sharedwq 全局队列在 6.3 节中有较为详细的说明。

在全局队列中，操作请求将与客户端正常的数据读写请求一同竞争。数据恢复操作请求的优先级默认为 3，受 osd_recovery_op_priority 配置参数控制。

3）在具体进行 PUSH 操作时，由于数据恢复操作是对象数据的全量恢复，每个操作的数据读写量都较大，与普通的客户端读写相比其资源消耗更大。为此，系统可通过 osd_max_push_cost 参数对单个 PUSH 请求携带的字节数进行限制，还可通过 osd_max_push_objects 参数对单个 PUSH 操作携带的对象数进行控制。其具体实现在后续的步骤中进行分析。

RADOS 故障处理过程涉及多个队列，以控制故障处理过程的有序进行。当 PG 收到新的 OSDMAP 通知后，先将 PG 进入 osd->peering_wq 队列，然后依次被调度和 Peering 处理；完成后如果需要数据恢复，则再进入 osd->local_reserver->queues 队列，进行资源预约；预约到资源后，将 PG 恢复请求按批次一个完成后再接一个地进入 osd->awaiting_throttle 缓冲队列，最终进入 OSD 全局队列 osd->op_sharedwq，与普通的客户端数据读写请求一起参与调度竞争。此外，PG 其他副本接收的数据恢复消息和 PG 主副本接收的数据恢复应答消息也都会进入其所属 OSD 的 osd->op_sharedwq 全局队列。OSD 和 PG 内还有多个其他处理意外情况的队列，这些队列会与锁机制配合应用，这对保证节点资源的合理调配和事务执行顺序具有重要作用，也是处理大数据量的软件系统常用的方法。数据恢复过程中相关主要队列如图 8-10 所示。

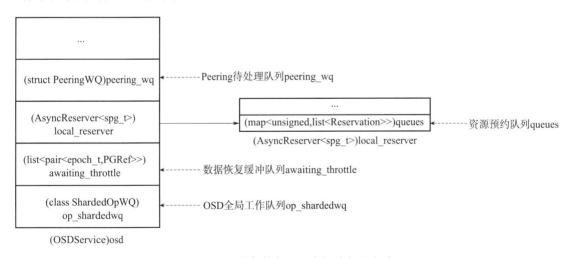

图 8-10　数据恢复过程中相关主要队列

8.2.1　recovery 增量数据恢复

在完成资源预约后，PG 开始进行 recovery 增量数据恢复。在 Peering 阶段已经为 recovery 准备好了操作依据，分别是 missing 列表和 missingloc 列表。其中，主副本和从副本的 missing 列表均由主副本持有，missingloc 列表也由主副本持有。一般情况下，

recovery 数据恢复时先恢复主副本，然后恢复其他从副本。

　　对于主副本上缺失的对象，采用 PULL 操作，完整的 PULL 操作由 MSG ＿ OSD ＿ PG ＿ PULL 请求消息和 MSG ＿ OSD ＿ PG ＿ PUSH 回复消息两部分组成。MSG ＿ OSD ＿ PG ＿ PUSH 回复消息是典型的 PUSH 操作，所以 PULL 操作是建立在 PUSH 操作基础之上的。PULL 操作的执行流程如下：由主副本发送 PULL 请求，目标从副本收到请求后按照 PUSH 操作处理流程读取数据，构建 MSG ＿ OSD ＿ PG ＿ PUSH 消息，并反馈给主副本。

　　从副本构建 MSG ＿ OSD ＿ PG ＿ PUSH 消息的过程本质上是数据读取的过程，其程序实现主要在函数 ReplicatedBackend：：build ＿ push ＿ op()中。因为对象的内容数据可能很大，所以 PG 需要控制单次操作的数据量大小，这通过配置参数 osd ＿ recovery ＿ max ＿ chunk 控制。配置参数 osd ＿ recovery ＿ max ＿ chunk 的值默认为 8388608，表示单次读取内容数据不超过 8MB。相关代码如下。

```
int ReplicatedBackend::build_push_op(const ObjectRecoveryInfo &recovery_info,
    const ObjectRecoveryProgress &progress,
    ObjectRecoveryProgress * out_progress,
    PushOp * out_op,object_stat_sum_t * stat,bool cache_dont_need)
{…
  uint64_t available = cct->_conf->osd_recovery_max_chunk;//读取控制参数
…
  if (available > 0){
    if (! recovery_info.copy_subset.empty()){
…
      out_op->data_included.span_of(copy_subset, progress.data_recovered_to,
       available);
    }
  }
  for (interval_set<uint64_t>::iterator p = out_op->data_included.begin();
    p ! = out_op->data_included.end(); + + p){
    bufferlist bit;
    int r = store->read(ch, ghobject_t(recovery_info.soid),
     p.get_start(), p.get_len(), bit,cache_dont_need ? CEPH_OSD_OP_FLAG_
     FADVISE_DONTNEED：0);//读取数据
     …
    out_op->data.claim_append(bit);
  }
…
```

```
out_op ->version = v;
out_op ->soid = recovery_info.soid;
out_op ->recovery_info = recovery_info;
out_op ->after_progress = new_progress;
out_op ->before_progress = progress;
return 0;
}
```

上述程序中,PG 使用 recovery＿progress 和 recovery＿info 两个数据结构记录对象的数据恢复进度,前者包括内容数据恢复进度、OMAP 数据恢复进度以及恢复结束标志,后者记录了待恢复对象的名称、大小和版本信息。在 PULL 恢复操作流程中,主副本发送的 MSG＿OSD＿PG＿PULL 请求消息携带这两个数据结构,这两个数据结构最终来源于主副本的 PG ->pgbackend ->pulling ->PullInfo 结构体。主副本 PG 使用该结构体记录数据恢复进度,这也说明主副本是数据恢复过程的真正控制者。数据恢复进度相关数据结构与 PG 实例的引用关系如图 8 - 11 所示。

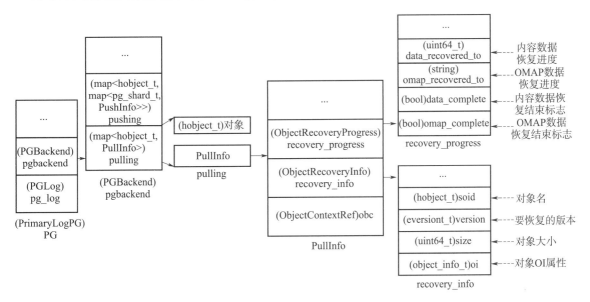

图 8 - 11 数据恢复进度相关数据结构与 PG 实例的引用关系

从副本完成 MSG＿OSD＿PG＿PUSH 消息构建后,将向主副本发送该消息,在发送消息的过程中也会控制单次发送的数据量大小。这种控制主要是在 ReplicatedBackend∷send＿pushes()函数中,通过 osd＿max＿push＿cost、osd＿max＿push＿objects 两个配置参数控制单个消息内包含的数据总量和对象个数。

```
void ReplicatedBackend∷send_pushes(int prio, map<pg_shard_t, vector<PushOp
  > > &pushes)
{
```

```
for (map<pg_shard_t, vector<PushOp> >::iterator i = pushes.begin();
    i ! = pushes.end();
     + + i) {
...
    while (j ! = i->second.end()) {
    uint64_t cost = 0;
    uint64_t pushes = 0;
    MOSDPGPush * msg = new MOSDPGPush();//构建消息
...
    msg->set_priority(prio);
    for (;
        (j ! = i->second.end() &&
    cost < cct->_conf->osd_max_push_cost &&
    pushes < cct->_conf->osd_max_push_objects);//通过配置参数控制
  + + j) {
    cost + = j->cost(cct);
    pushes + = 1;
    msg->pushes.push_back( * j);
      }
    msg->set_cost(cost);
    get_parent()->send_message_osd_cluster(msg, con);
  }
 }
}
```

默认情况下，osd_max_push_cost 参数值为 8388608，表示一个消息内数据总数不超过 8MB，与控制单次数据读取量的 osd_recovery_max_chunk 参数值相同；osd_max_push_objects 参数值为 10，表示一个消息内操作的对象数不超过 10 个。此外，在该函数内还设置了该操作的优先级，其数值为 3，来源于 osd_recovery_op_priority 配置参数。

MSG_OSD_PG_PUSH 消息到达主副本后进入 op_shardedwq，即进入队列，并按照优先级 3 接受 OSD 的全局调度；客户端常规读写操作的优先级默认为 63，因此 PUSH 操作的调度优先级是比较低的。符合调度条件后，消息出队，在处理函数 ReplicatedBackend::_do_pull_response()中形成写处理事务，提交给后端存储执行对象数据写入。

```
void ReplicatedBackend::_do_pull_response(OpRequestRef op)
 {
```

```
const MOSDPGPush * m = static_cast<const MOSDPGPush * >(op->get_req());
...
  ObjectStore::Transaction t;
  list<pull_complete_info> to_continue;
  for (vector<PushOp>::const_iterator i = m->pushes.begin();
      i ! = m->pushes.end();
      ++i) {
    bool more = handle_pull_response(from, * i, &(replies.back()), &to_
      continue, &t);//形成事务
    if (more)
      replies.push_back(PullOp());
  }
...
  get_parent()->queue_transaction(std::move(t));//提交事务
}
```

在上述代码中，handle _ pull _ response ( ) 函数内部会调用 ReplicatedBackend::
submit _ push _ data()函数生成事务内容。对于内容数据超过 osd _ max _ push _ cost 值
或 osd _ recovery _ max _ chunk 值的对象，因为需要多次交互才能完成对象的数据恢复，
所以 submit _ push _ data()函数会将恢复数据写入一个临时对象，待完全恢复后再删除原
对象，重命名临时对象，防止出现"破坏了原对象，新对象又没有成功恢复"的意外情
况。临时对象名以 temp _ recovering _ 开头，如实例对象 hw 的临时对象名为 temp _
recovering _ 44. 7 _ 6439'10324 _ 6446 _ head，其中 44. 7 为 PGID。对于内容数据没有超过
osd _ max _ push _ cost 值的对象，因为可以在一个事务内执行完毕，不存在这种风险，
所以 submit _ push _ data()函数直接删除原对象，写入恢复数据。ReplicatedBackend::
submit _ put _ data()函数的关键代码如下。

```
void ReplicatedBackend::submit_push_data(const ObjectRecoveryInfo &recovery_
  info,
    bool first, bool complete, const interval_set<uint64_t> &intervals_
included,...
  const map<string, bufferlist> &attrs,
  const map<string, bufferlist> &omap_entries, ObjectStore::Transaction * t)
  {
    hobject_t target_oid;
    if (first && complete) {
      target_oid = recovery_info.soid;//直接针对原对象
    } else {
```

```
    target_oid = get_parent()->get_temp_recovery_object(recovery_
        info.soid,
recovery_info.version);//针对临时对象
    …}
    if (first) {
        t->remove(coll, ghobject_t(target_oid));//删除对象
        t->touch(coll, ghobject_t(target_oid));
        t->truncate(coll, ghobject_t(target_oid), recovery_info.size);
    …}
    for (interval_set<uint64_t>::const_iterator p = intervals_included.begin
     ();
        p != intervals_included.end();
        ++p) {…
        t->write(coll, ghobject_t(target_oid),
        p.get_start(), p.get_len(), bit, fadvise_flags);//通过事务写入对象
    …}
    if (! omap_entries.empty())
        t->omap_setkeys(coll, ghobject_t(target_oid), omap_entries);
    if (! attrs.empty())
        t->setattrs(coll, ghobject_t(target_oid), attrs);
    if (complete) {
        if (! first) {
            t->remove(coll, ghobject_t(recovery_info.soid));
            t->collection_move_rename(coll, ghobject_t(target_oid),
coll, ghobject_t(recovery_info.soid));
        }
    …}
}
```

完成主副本的数据 recovery 恢复后，再进行从副本的数据 recovery 数据恢复。从副本的数据恢复完全基于 PUSH 操作进行。在本书基于 L 版本中，系统按照 ActingBackfill 集合中的从副本顺序逐个恢复，没有对各副本进行进度同步控制，存在进一步的优化空间。系统代码的作者对此的评价是这样的：

"this is FAR from an optimal recovery order. pretty lame, really."

恢复从副本时，PUSH 操作由主副本发起。在生成 PUSH 消息时，同样使用 recovery_progress 和 recovery_info 两个数据结构记录对象的数据恢复进度。与 PULL 操作不同的是，PG 将这两个数据结构记录在 PG ->pgbackend ->pushing ->（map<pg_shard_t,

PushInfo＞）－＞PushInfo 结构体内，中间增加了一个 MAP 结构，以区别不同的待恢复副本。恢复从副本时恢复进度相关数据结构与 PG 实例的引用关系如图 8－12 所示。

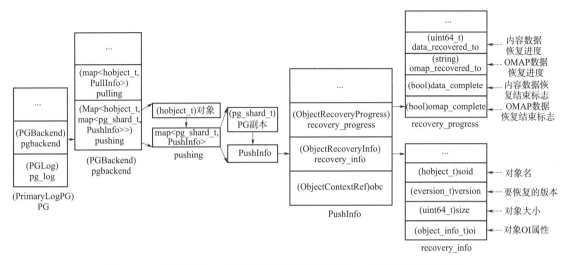

图 8－12　恢复从副本时恢复进度相关数据结构与 PG 实例的引用关系

生成 PUSH 消息后，主副本将向目标从副本发送 PUSH 消息。这一过程同样使用 ReplicatedBackend∷send_pushes()函数，并采用同样的方法控制数据总量和对象总数。目标从副本接收到 PUSH 消息后，将其送入从副本本地的 OSD 全局队列，按照优先级接受对应 OSD 的队列调度与执行。该过程中也调用了 ReplicatedBackend∷submit_push_data()函数，用于生成事务内容和对临时对象进行处理。

对于启用了快照功能的 PG 而言，recovery 增量数据恢复过程中还需要处理快照相关数据逻辑，恢复时要先完成克隆对象对应 head 对象的数据恢复。因为 Ceph 快照基于 COW 机制，所以在数据恢复过程中需要先基于对象 SS 属性中的 SnapSet－＞clone_overlap 分析对象数据的引用关系，确定对象的内容数据范围；然后读取数据，构建 PUSH 消息。

上述以最为常见的、对象在 OSD 设备离线期间被修改的情况为例介绍了主副本数据恢复和从副本数据恢复主要流程，其通过 PUSH 操作将待修复对象以全对象复制的方式进行恢复。对于在 OSD 设备离线期间被删除的对象，因为在 Peering 过程中构建 missing 和 missingloc 列表时主副本 PG 已经掌握了被删除对象的信息，所以 recovery 数据恢复时系统将把 PG 上的对应对象直接删除，而不再需要构建 PUSH 操作。在恢复主副本 PG 时，主副本 PG 基于 PG－＞missingloc－＞needs_recovery_map 判断出对象已经被删除，则直接构建事务提交给后端存储将对象删除，此过程不需要与其他副本进行交互。在恢复从副本时，主副本仍然基于 PG－＞missingloc－＞needs_recovery_map 判断出对象已经被删除，并向目标从副本发送 MSG_OSD_PG_RECOVERY_DELETE 消息；目标从副本执行完对象删除操作后返回 MSG_OSD_PG_RECOVERY_DELETE_REPLY，告知主副本删除操作的结果。在资源控制方面，删除操作仍然会被主副本 PG 计入每批次的操作，以限制数据恢复占用的 OSD 资源。

8.2.2　backfill 全量数据恢复

backfill 不是将目标 PG 副本的数据进行全部重写，而是以遍历对象元数据的模式进行对象状态判断和针对性修复。在遍历时，主要遍历对象的 OI 属性信息和 SS 属性信息，因为在 OI 属性中存有对象的版本信息，在 SS 属性中存有快照相关信息，并不需要遍历对象的内容数据，只有在判定对象缺失、需要进行全对象恢复时才读取对象的内容数据。

执行 backfill 前需要单独进行预约资源，即使同一个 PG 副本处于 backfill 和 recovery 状态叠加的状态（当 PG 副本处于 backfill 过程中时，因为此时 PG 副本已经拥有最新的 PGLOG，所以其所属 OSD 再次发生短暂故障后，PG 副本就会处于这种叠加状态），PG 副本完成 recovery，再次启动 backfill 前也需要再次进行资源预约。其预约方式和前述一致，主从副本均要预约，主副本预约 OSD－>local＿reserver 中的资源，从副本预约 OSD－>remote＿reserver 中的资源；但两者资源请求的优先级不同，backfill 资源请求的优先级低。这种处理方式有利于优先完成 recovery 数据恢复，因为 recovery 数据恢复对 PG 尽快恢复对外服务更为紧迫。

backfill 恢复操作仍以主 PG 副本为控制主体，按批次接受 OSD 的调度执行，本质的数据恢复动作仍是 PUSH 操作和删除操作。对于内容数据较大的对象，其也需要分多次发送 PUSH 消息，原理与 8.2.1 节中描述的一样。但在控制各从副本的 backfill 进度方面，系统按照对象的顺序分段同步推进各相关从副本的 backfill 进度，以达到各相关从副本尽量同时完成 backfill 的目的；同时，系统有相关的数据结构记录恢复进度，这样有利于 backfill 过程在意外中断情况下的再次恢复运行，起到类似"断点续传"的效果。每段内的对象最大数量受参数 osd＿backfill＿scan＿max 控制，默认值为 512。恢复过程主要是按段扫描，获取相关从副本段内现有对象的基本元数据；将获取的对象信息与主副本现有对象信息进行比较，根据比较结果采取相应的恢复方式，恢复方式包括对象已经是最新版本不需要恢复、以 PUSH 方式进行全对象恢复、对象多余需要进行删除操作 3 种。

在 PG 对象的排序方面，backfill 数据恢复依据对象的排序规则按照由小及大的顺序进行。对象排序是 RADOS 层面的一个基础功能，系统依据对象名的 hash 值的二进制翻转值（hash＿reverse＿bits）进行排序，默认情况下采用 CRUSH 算法中的 Jenkins 哈希算法计算 hash 值。例如，实例对象 hw 的 hash 值为 2538179983，对应二进制为 10010111010010011000110110001111；其二进制翻转值为 11110001101100011001001011101001，对应十进制为 4054946537。系统依据 4054946537 进行排序。

在后端存储采用 BlueStore 的情况下，对象的基本元数据信息存储在 RocksDB KV 键值数据库内，程序使用对应的 key 访问这些基本元数据。BlueStore 将翻转后的 hash 值编入 key 中，这样 key 就具有了大小顺序。BlueStore 在此基础上就可以很方便地使用 RocksDB 的迭代器 rocksdb∷Iterator 对对象基础元数据进行遍历。

后端存储以 collection＿list() 接口对 PG 提供遍历对象基础元数据的功能，FileStore、BlueStore 等后端存储实例均实现了该接口。

```
    * list contents of a collection that fall in the range [start, end) and no more
      than a
    * specified many result
    * @param c collection
    * @param start list object that sort >= this value
    * @param end list objects that sort < this value
    * @param max return no more than this many results
    * @param seq return no objects with snap < seq
    * @param ls [out] result
    * @param next [out] next item sorts >= this value
    * @return zero on success, or negative error
  virtual intcollection_list(CollectionHandle &c,
      const ghobject_t& start, const ghobject_t& end,
      int max,
      vector<ghobject_t> *ls, ghobject_t *next) {
    return collection_list(c->get_cid(), start, end, max, ls, next);
  }
```

在控制 backfill 恢复进度的数据结构方面，系统设计了 BackfillInterval 等数据结构，用以控制并同步不同副本的数据恢复进度。

```
    * BackfillInterval, Represents the objects in a range [begin, end)
    * Possible states:
    * 1) begin == end == hobject_t() indicates the the interval is unpopulated
    * 2) Else, objects contains all objects in [begin, end)
  struct BackfillInterval {
    eversion_t version; /// version at which the scan occurred
    map<hobject_t, eversion_t> objects;
    //段内对象信息,依据该信息判断对象在副本上的版本与状态
    hobject_t begin;
  hobject_t end;
```

BackfillInterval 结构用于描述相关副本 backfill 段的基础信息，其中最为关键的是 BackfillInterval->objects 成员，其内存放了段内对象及其版本信息。这些信息通过扫描获得，当 PG 新开始 backfill 或上一段完成恢复后，主副本 PG 向相关从副本发送 OP_SCAN_GET_DIGEST 消息；从副本收到消息后，调用后端存储的 collection_list 接口获取对象基本信息并反馈主副本，其中对象的版本信息源自对象的 OI 属性。BackfillInterval->objects 中的对象信息是判断对象状态、决定对象是否需要恢复的根本依据。主副本通过 PG->backfill_info->objects 存放主副本自身持有的对象权威信息，

通过 PG ->peer_backfill_info ->objects 存放相关从副本的对象基本信息。peer_backfill_info 是 map 结构，当有多个从副本需要 backfill 时，可分别存放每一个副本的段内对象信息。

　　主副本 PG 内有多个数据结构指示 backfill 的进度，其中比较关键的是 PG ->last_backfill_started 和 PG ->peer_info.last_backfill。last_backfill_started 用于指示 PG 全局的恢复进度，对于需要全对象恢复的对象，在构建完 PUSH 消息后，发送 PUSH 消息前更新其值；peer_info.last_backfill 用于指示 PG 从副本的恢复进度，主副本在确定从副本已完成 PUSH 操作，收到从副本的 MSG_OSD_PG_PUSH_REPLY 消息后更新其值。PG 副本在 backfill 期间要接收客户端的读写请求，如果写请求的目标对象在相关副本上正在执行 backfill 操作，主副本将阻塞该请求。主副本判断对象是否在执行 backfill 操作的依据之一就是 peer_info.last_backfill <= 目标对象 <= last_backfill_started。因为这些信息均由主副本持有，所以判断操作可由 PG 主副本独立完成。

　　backfill 全量恢复相关数据结构与 PG 主副本的引用关系如图 8-13 所示。

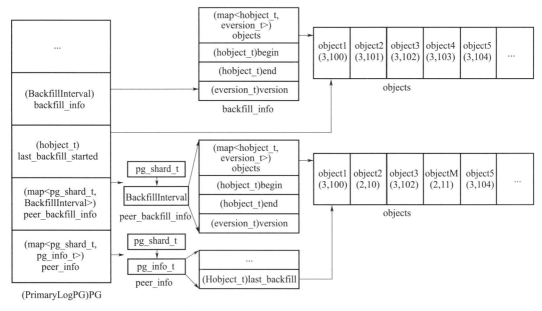

图 8-13　backfill 全量恢复相关数据结构与 PG 主副本的引用关系

　　图 8-13 中列举了 object1～object5 等段内对象实例，对于 object1，由于主副本和从副本的版本一致，因此不需要恢复；对于 object2，由于从副本上的对象版本（2，10）小于主副本上的对象版本（3，101），因此需要全对象恢复；对于 object4，从副本中没有该对象，其也需要进行全对象恢复；对于 objectM，主副本中没有对应的对象，从副本中的 objectM 为多余的，应该被删除，主副本发送 MSG_OSD_PG_BACKFILL_REMOVE 消息，通知从副本删除该对象。backfill 过程的主要控制逻辑由 PrimaryLogPG::recover_backfill() 函数实现。

本章小结

Peering 机制和 recovdery 及 backfill 数据恢复方法是 Ceph 系统的常态化的高可靠保证机制，通过这一机制从软件上解决了通用硬件设备可靠性不足的问题。这一过程主要依靠日志信息开展，如依据 PGLog 验证多副本情况下数据一致性。这种基于日志信息而不是遍历内容数据的设计方式大大提高了故障恢复效率，同时也要求程序实现时需要确保日志数据准确可靠地落盘。因此，本书前面的相关章节介绍了 Ceph 采用将日志封装进事务，并随应用层的写操作一同落盘的方法，用事务的原子特性保证日志数据的可靠性。

根据 BASE 理论，分布式系统需要设计一种将任意节点的状态同步到最新状态的机制，可以要求某个节点在发现系统中存在较新的状态后，自动将自身状态与较新状态之间的变更序列补齐。Ceph 系统使用本章所介绍的方式满足了上述要求，使 Ceph 具有了分布式系统的故障独立性。